AESTHETIC STUDY ON

EXTERIOR

哈尔滨近代建筑外装饰的

DECORATION OF

审美研究

何颖 著

MODERN

ARCHITECTURE IN HARBIN

U0294597

中国建筑工业出版社

图书在版编目（CIP）数据

哈尔滨近代建筑外装饰的审美研究／何颖著．—北京：中国建筑工业出版社，2018.7
ISBN 978-7-112-22296-4

Ⅰ．①哈…　Ⅱ．①何…　Ⅲ．①建筑装饰－室外装饰－建筑美学－研究－哈尔滨－近代　Ⅳ．①TU238.3

中国版本图书馆CIP数据核字（2018）第118553号

责任编辑：石枫华　毋婷娴
书籍设计：韩蒙恩
责任校对：李欣慰

哈尔滨近代建筑外装饰的审美研究

何　颖　著
*
中国建筑工业出版社出版、发行（北京海淀三里河路9号）
各地新华书店、建筑书店经销
北京锋尚制版有限公司制版
北京京华铭诚工贸有限公司印刷
*
开本：787×1092毫米　1/16　印张：20　字数：311千字
2018年8月第一版　　2018年8月第一次印刷
定价：78.00元
ISBN 978-7-112-22296-4
（32179）

目 录
CONTENTS

第1章

绪论

作为近代城市，哈尔滨的历史刚逾百年。哈尔滨城市的发展是在特定的历史条件下促成的。1898年中俄签订《东省铁路公司续订合同》，哈尔滨作为铁路附属地城市开始建城。在短短的50年时间里，哈尔滨从一座北方的小渔村，发展成为国内外知名的新兴现代城市，它的近代建筑见证了历史风云的变幻，映射了这一特殊历史时期的社会思潮。

1.1　哈尔滨近代建筑的美学思想

历史积存的哈尔滨建筑是人类文化融汇的结果，是在特殊历史背景下建成的。建筑装饰本身始终在表明，建筑艺术存在的基础正是永恒的价值和内涵及这些价值与内涵在不同历史时期所经受的变化之间的不稳定平衡。哈尔滨近代建筑的外装饰也凝结了这一时期人类文化的碰撞与交融。

随着中东铁路的修筑，哈尔滨首先受到俄国殖民文化的入侵。伴随着中东铁路建成通车，大量的外国商人也相继涉足哈尔滨，哈尔滨的殖民地化，客观上不仅加速了资本主义的发展，同时也融汇了西方建筑文化，使哈尔滨的城市面貌迅速形成。哈尔滨的发展速度是惊人的，19世纪末还是鲜为人知的小渔村，从1898年建城，到1920年城市人口已近16万人，1934年达50万人，到1945年全市人口已达68万人。

中东铁路建成通车之后，不仅带来了大量的俄国以及其他各国移民，也促进了哈尔滨当地工商业的迅猛发展。哈尔滨逐步成为近代中国一个重要的反映西方工业文明新体系、新思潮的建筑基地。哈尔滨近代建筑也从一个侧面反映出西方建筑艺术的发展方向。与此同时，建筑装饰在审美方面也更多地体现出人类文化的差异与融汇。

一方面，哈尔滨近代建筑主要受到18~19世纪俄罗斯建筑艺术发展的直接影响。17世纪中叶，沙皇俄国从西伯利亚到达满洲边境，至此打开了中国悠久的孤立局面，开启了东西方之间的直接接触。到19世纪发展成为一股引发中国与西方之间直接碰撞的力量。众所周知，俄罗斯建筑艺术的发展与其宗教文化的发展息息相关。俄罗斯是一个政教合一的国家，俄罗斯文化的首要特征是基督宗教性。当欧洲的文艺复兴把古希腊文化融合进基督教文化而孕育出欧洲现代文明时，俄罗斯人却真正把基督教精神继承下来了。宗教借助艺术得以深入人心，艺术依靠宗教获得长远发展。在哈尔滨近代建筑发展的奠定期（1898~1917年），受到俄罗斯民族传统文化的影响比较强烈，在城市的经济政治核心区域相继建造了极具代表性的东正教堂和俄罗斯民族传统建筑。

另一方面，各国移民的相继涌入也带来了西方文化的新潮流，并且发生了俄罗斯文化与西方文化的思想交锋。整个19世纪是自由主义思想和保守主义思想在俄国既互相缠绕又互相争斗的形式极为复杂的年代，同时也是俄国国内的西方派和斯拉夫派的竞争最为引人注目的时代。19世纪末至20世纪初的"白银时代"是俄罗斯历史上真正的"文艺复兴"，因为这一时期俄罗斯文化艺术以及社会思想的发展达到了一个相当的高度。在绘画、音乐、文学、诗歌等文化艺术的各个领域都有巨匠诞生。从东西方相互关系的角度来看，白银时代是具有俄罗斯独特精神的文化产品真正开始为世界所接受的年代，乃至于获得了国际社会的普遍承认。资本主义的发展把工业进步的成就带入建筑中来，促进建筑技术的完善，新的建筑物开始出现。从建筑艺术发展方向上看，受到文化的强烈冲击，这一时期建筑体现强烈的折中主义风格倾向。其迅速发展主要集中于哈尔滨近代建筑的发展期（1917~1931年），并且在大量的公共建筑上都体现折中主义的艺术倾向。

1.1.1　哈尔滨近代城市发展史

作为一种令人激动和使人心醉神迷的现象，美在现实世界中变得越来越普遍和重要。人们无时无刻不在感受着美，但是美的概念本身就要求把美表现于艺术作品之中，对于直觉观照成为外在的，对于感觉和感性想象成为客观的东西。因此，美只有凭这种对它适应的客观存在，才真正成为美和理想，建筑装饰之美亦如此。

建筑装饰是一种纯粹的外在风格表现物。无论是西方古典建筑还是中国传统建筑，建筑装饰都体现出具有美感的艺术形式，并进一步反映出社会、文化、宗教等深层精神文化内涵。随着历史发展，建筑外装饰的表现形式逐渐成为表达建筑功能和社会文化的美学符号。

哈尔滨是在特定历史条件下发展起来的具有自己特色的新兴近代城市，其近代建筑不仅反映出西方建筑艺术的发展潮流，同时也体现出中国传统建筑的复兴，是西方建筑思潮与中国传统建筑文化碰撞交融的产物。建筑装饰作为建筑之美的外在表现形态，能够体现装饰自身重要的感官价值。因为建筑是由事物本身决定艺术的开始，所以装饰对于以材料和形式去表现精神内涵和意蕴发挥着重要的作用。对于建筑装饰之美来说，它依托于特定历史时期的社会历史背景、受到人类文化发展的影响并且体现美学思想的贯通，在这些方面的影响之下呈现出满足于建筑内容和表现方式的外在形式。这种外在形式也成为人们欣赏和解读它的依据。

哈尔滨近代建筑外装饰从一个侧面映射出西方建筑艺术潮流的发展和美学倾向，同时也反映了中国本土文化的复兴。因此，对于建筑装饰独特的审美现象，就必然采取全方位、多角度地系统研究，以西方美学思想和中国传统美学观念作为学术研究的大背景。

哈尔滨近代建筑整体上反映了西方建筑艺术的发展脉络，建筑装饰之美也从一个侧面反映了西方美学思想。西方美学源于三个基础：对事物本质的追求，对心理上知、情、意的明晰划分，对各门艺术的统一性定义。由于上述特点，西方古典美学表现出推崇逻辑演绎、数理推理法、强调经验归纳等特征。古希腊晚期亚里士多德就认识到方法对于科学研究的重要性。推崇理性思维，贬低感觉经验，认为只有运用逻辑推理的方法，才能认识真理。西方建筑美学重视数理推理，讲究比例尺度。从数量比例观点出发，影响美的形式因素，如完整（圆球形最美）、比例对称（"黄金分割"最美）、节奏等。数的概念经过绝对化，美仿佛就只在形式。根据这一规律设计建筑，从而实现可以由数字证明的美感，用数学关系来预示视觉上的和谐。最后，在文艺复兴时期为了抵制宗教神权和追求人文主义，有部分人提出要重视经验和理性，也就出现了经验主义美学。在这一思想影响下，在大量的建筑实践、艺术鉴赏和审美现象中，运用归纳法揭示艺术美的本质，阐释美的规律，并进一步建构了建筑艺术的美学体系。

哈尔滨近代建筑的美学思想，不仅反映了西方传统美学观念，同时也体现中国传统美学情景交融的审美意境。中国美学基于整体思维和辩证思维的哲学基础，华夏先民不仅认为天人合一、万物普遍联系，而且反对知、情、意的明确划分。在他们的哲学思想模式中，表现整体的时空统一观，反对精神的逻辑分析，善用具象表达，疏于严谨的抽象梳理。中国传统的思想模式强调整体性，对这个整体的把握只能靠直觉顿悟。在这种思维体系的长期熏陶下，中国人对艺术追求的最高境界是"意境"，而意境通过"直觉"和"顿悟"这一审美行为而获得。最后是坚持辩证系统观。中国的传统哲学是一种朴素的辩证唯物主义思想。中国传统哲学肯定自然存在并强调自然之道的作用，把世界视为一个普遍联系的有机整体，表现出重整体、着眼于运动的辩证思维特点，从而建立起一系列观照自然的哲学范畴，并产生深远影响的审美思维。

1.2 哈尔滨近代建筑外装饰的审美价值

无论中国还是西方传统建筑，建筑外装饰都是建筑不可或缺的重要部分，它赋予建筑以形式内涵和精神文化等意义。装饰具有重要的感官价值，它对于建筑意义的表达发挥重要作用。从形式层面看，装饰是一种约定俗成，也是人们借以识别不同建筑艺术走向的依据之一。因此，从装饰视角研究哈尔滨近代建筑的审美价值，研究目的在于确立建筑装饰之美的理论，并且完善建筑装饰审美价值系统。

哈尔滨近代建筑有着多元化的艺术走向，其发生、发展和变化的历史反映出社会历史的发展过程、人类文化融汇、美学思想的贯通。因此，哈尔滨近代建筑装饰具有独特的审美价值。

首先，建筑装饰的审美价值反映美学思想。自古至今，美是和谐统一的观点得到人们的广泛赞同，建筑装饰之美也是如此。形式和谐论、数理和谐论、对立和谐论、社会和谐论等，这些理论是塑造一个和谐完整的美的事物的重要因素。体现和谐关系的建筑装饰也成为我们研究的重点。西方美学思想史上认为美是真的表现，善是美之基础，并且涉及真、善、美三者的关系，将美学与伦理学相结合，强调美善一致。如黑格尔认为，以最完善的方式表达最高尚的思想那是最美的。

其次，建筑装饰审美价值表达建筑意义。建筑对意义的表达，比形式美的追求更为重要。因此，通过古典柱式、山花、拱券加以裂解变形去表达内涵，达到表"意"目的。而建筑各个构成要素，诸如穹顶、墙壁、柱、门窗、入口等，均可视做文学作品中的语汇，而形态构成则视为文章中的语法和句法。凭借这套独特的语言系统，就可以表达某种意义，去实现建筑"美"塑造的目的。

最后，建筑装饰审美价值再现艺术理想。德国里普斯认为美和审美价值是主观移情的结果，是对象化了的对于自我的"价值感觉"。哈尔滨近代建筑的装饰形式反映了这一时期人们的价值取向和审美倾向，同时它也是人们精神情感的寄托物。正因如此，建筑装饰形式从一个侧面反映出艺术的"价值感觉"。

从建筑装饰审美的角度进行审视研究，可以挖掘出哈尔滨近代建筑装饰元素形态的构成、特征以及整体演变过程，进而挖掘出独具哈尔滨城市建筑风貌的、具有地域性和独特文化发展背景的建筑形态及组群特征，为城市未来的发展以及新建筑的创造提供可资借鉴的理论依据。

1.3　基本概念与相关内容表述

1.3.1　美与装饰

阿尔伯蒂对美与装饰的特征作了非常精确的定义："美是一个物体内部所有部分之间的充分而合理的和谐，因而，没有什么可以增加的，没有什么可以减少的，也没有什么可以替换的，除非你想使其变得糟糕。"对于装饰的定义，他写道："装饰可以被定义为对亮丽之处加以增补，或对美观之处加以补充的一种形式。从这一点出发接踵而来的是，我相信，美是某种内在的特质，你所发现的那些充满于形体之各个部分中的这种特质或是可以被称作美的；而装饰，却不是内在固有的，那是某种配属性的或附加上去的特征。"美与装饰之间的区别也是清晰的。美是基本观念的一个完全理性和根源性的结构。而装饰则是现象，是对这个结构的个别性表达和修饰。

1.3.2　建筑装饰与建筑外装饰

建筑装饰是依附于建筑实体的装饰。"从狭义上看，建筑装饰与建筑功能无关，仅是以美化建筑为目的的建筑外饰物。而从广义上讲，建筑装饰是从整体到局部将影响视觉的装饰要素都进行有目的地设计与安排，并且赋予一定的意义与内涵的装饰活动。可以说，建筑装饰直接参与、深化了建筑艺术的造型过程，在这个过程中赋予建筑美的内涵和价值。在这里，建筑装饰所起的主要作用是承担精神文明创造。拉斯金认为，"装饰是建筑艺术的主要组成部分，建筑之所以被称之为艺术，被看成一种文化，与建筑装饰的参与有很大关系"。

建筑外装饰则是依附于建筑外立面的实体装饰。因为装饰是纯感觉要素的安排，所以建筑外装饰则是建筑外立面装饰要素依据一定方法进行的一种有目的的活动。"一方面，遵循有系统、有组合、有对称或其他法则结合而成的几何形态；另一方面，根据建筑师的计划而产生，以有机或无机、自然或非自然的几何形态为内容，实现建筑外立面的美化。

首先，建筑外装饰体现时代性特点。审美观受自然观支配，随着社会发展变化，建筑装饰也必然体现出时代性特点。"在工业文明以前，世界各民族在建筑艺术创作中积累了丰富的建筑装饰语汇，它们适应于不同的气候条件、材料结构、审美习惯，带有强烈的民族性与地域性特征。这种建筑装饰体现非功能性形象，具有手工艺的非机械形象。工业革命以后，钢铁、水泥、玻璃的大量应用加上机械设备不断发明，使工程技术转移到工业社会基础之上，于是机械美学的理论体系建立起来，人们对建筑装饰的认识发生了根本转变。

其次，建筑外装饰作为建筑空间的艺术界面，在概念上可以独立，而在现实生活中不能单独存在，它总是依附于某种具有一定体积、一定重量、一定强度和材质等物理指标的物质实体。建筑外装饰作为空间外在形式，本身具有显性特点，它将人们抽象的设计意义转化为具体形象，反映于设计者的设计意象与设计构思，成为一种既有符号与象征意义，又有物质功能的多媒体，使它所围合的空间环境具有了特定意义，强化了空间环境气氛。在这种情况下，建筑外装饰更为积极地突破了功能作用而进入艺术与心理的领域。

最后，表现性建筑装饰注重于空间或界面特殊意义的表达。其一，是以具象或抽象的形态符号传达外在形式隐含的特殊意义。在传统建筑装饰中表现为传达宗教信仰，祈求平安吉祥，或是表达约定俗成的东西；其二，采用视觉语言中叙述和说明的方法直接表现其内容，人们不需要进行深入的想象活动，而从表面形象特点和整体环境中就能获得美感。换个视角，从建筑装饰的内在意义和外在形式来看，建筑装饰又可分为表现性建筑装饰和修建性建筑装饰，前者侧重于建筑内在意义的表达，后者侧重于建筑本身外在形式的处理。

1.3.3　建筑外装饰元素

如果把建筑整体当作一个集合，那么建筑的组合要素都可以称作该集的元素。根据功能和性质差异，这个集合的元素又分为建筑元素和装饰元素。西方传统建筑以建筑柱式为基础元素，建筑形式由基部、檐口、墙、窗子、门及门廊、阳台和栏杆等元素组成。这些建筑元素在不同艺术流派的建筑外装饰上表现出不同的装饰特征和审美属性。从审美角度看，建筑元素也是装饰元素之一，它不仅满足功能需求，同时也满足审美层面的精神需求。

除此之外，建筑外立面的装饰元素则是纯粹满足审美需求的附加装饰，例如墙面装饰包括建筑檐部墙面、窗间墙、窗下墙等，以及建筑墙面的浮雕和装饰壁柱等。在审美过程中，建筑外装饰元素突出表现自身的艺术符号特征。在这里，符号的作用也就是经验在形式和结构上的构成作用。正因如此，建筑的装饰元素也可以称之为建筑艺术的符号形式。装饰元素的符号形式与其他符号形式一样，有着两方面的内涵：一种是物质的呈现，一种是精神的外观。

1.4 本书的主要内容

本书以哈尔滨近代建筑的外装饰为主要研究对象，通过研究将阐释其独特的审美价值及美学现象。建筑装饰之美的意义也并不是单纯地具有某些外在规律，表达某些思想情感。建筑装饰复杂的美学现象，吸引我们从不同角度、不同层面来分析其美的缘由。

在西方形式美学以及现象学美学的理论系统下研究哈尔滨近代建筑外装饰之美，通过研究建立了一个建筑装饰之美的完整观念。建筑美是由不同层面的影响因素共同作用于一座建筑上的结果，而具体的建筑作品的美学品格、美学倾向和美学归属也都游离于其中，表现出独具各自特征的美学特质。正如建筑形式与内容、手段的辩证关系，不仅需要满足功能使用方面的要求，同时也需要满足精神和审美方面的要求，而这些要求的实现需要凭借物质技术手段以及建筑空间形式。基于建筑形式与精神需求、物质功能、技术手段三个方面的对立统一关系，才能赋予建筑艺术以各种美的属性，同时也拓展了建筑装饰艺术的发展（图1-1）。

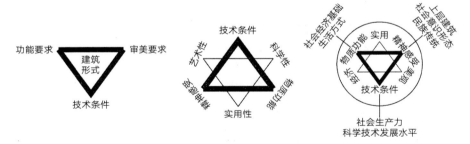

图1-1 建筑形式与内容的辩证关系

既然建筑艺术需要承担使用者的物质需求和精神感受方面的要求，而使用者是不能脱离社会环境而孤立存在的。因此，作为建筑艺术不可分割的重要组成部分之一，其外装饰必然也反映一定社会经济基础、民族文化传统、生活意识形态等特点。建筑装饰的审美价值也主要源于物质和精神两个层面，物质是实现艺术的潜能，精神则是促成艺术发展的动力。建筑装饰之美也正蕴涵于

建筑功能需求与艺术形式的美学内涵
之中，从而更好地满足使用者的精神
诉求。概括地说，建筑外装饰的审美
价值存在于其物质功能和科学技术、
审美形式和艺术形式、美的精神和意
蕴、自然环境和人文环境、审美主体
和审美客体等这些因素所构成的网络
之中。这些塑造美的因素依据汪正章

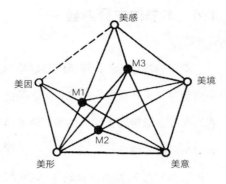

图1-2　美的影响因素网络

的美学理论相应地归纳为美"因"、美"形"、美"意"、美"境"、美"感"
等要素。也就是说，具体的建筑艺术作品（如图1-2，M1、M2、M3）是游离
于由美"因"、美"形"、美"意"、美"境"、美"感"所构成的网络空间，
受到这五个因素的共同作用，而它所呈现的艺术美的面貌也取决于它在网络中
的定位（图1-2）。具体的艺术作品所体现的审美价值也体现它在网络中的游动
以及最终定位，这个过程具有很大的选择度和自由度。它具体定位在哪里，很
大程度上取决于建筑师在设计过程中所遵循的美的客观规律以及对建筑艺术审
美尺度的主观把握。

对于哈尔滨近代建筑外装饰的审美研究突出五个重点。其一，探讨了哈尔
滨近代建筑外装饰的形成因素，并且提出决定建筑外装饰之美的重要审美因
素；其二，在调研和测绘哈尔滨近代建筑外装饰具体装饰实例的基础上，提出
哈尔滨近代建筑外装饰的艺术特征及其审美属性；其三，结合形式美学以及审
美形态学的理论研究，从形式构成、形态表象、语言符号等不同层面逐层分析
了哈尔滨近代建筑外装饰所表现的美学意匠、意蕴、意趣，提出了建筑外装饰
内在形式逻辑的本体规律；其四，在哈尔滨近代建筑独特的文化艺术背景下，
建筑外装饰也有其独特的艺术环境，形成了独特的装饰审美意象，运用语用学
"模因论"，经过深入研究提出了影响建筑外装饰审美意象的强效因子；最后，
分析建筑艺术美"感"的产生发展过程，在审美过程中，审美主体与审美客体
之间相互作用从而引发独特的建筑外装饰的美学现象。由此，哈尔滨近代建筑

外装饰的审美价值也体现在由这五个方面架构的框架之内。本文在研究过程中将这五个方面从形式表象、物象内涵以及审美主客体相互作用的审美现象分为三个阶段，即从"因"之表象生成到"形、意、境"由表及里的物象内涵，再到"感"之审美经验（图1-3）。

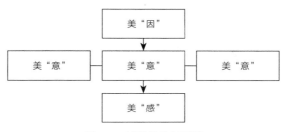

图1-3　建筑装饰的审美阶段

第2章　CHAPTER TWO

哈尔滨近代建筑外装饰之美"因"

　　哈尔滨近代建筑反映了西方艺术思想，因此，我们探寻建筑外装饰之美的主要影响因素是依据西方美学思想奠基人亚里士多德著名的关于一切事物形成、变化的四个原因，即"四因说"。亚里士多德讲一个东西之所以完成靠四个原因——"四因"（four cause）："质料因"（material cause）、"形式因"（formal cause）、"动力因"（efficient cause）、"目的因"（final cause）。要说明事物的存在，就必须在现实事物之内寻找原因。质料、形式、动力、目的，被亚里士多德确定为事物产生、变化和发展的四种内在原因。哈尔滨近代建筑装饰之美符合事物产生、变化和发展的客观规律。因此，亚里士多德的"四因说"成为我们深入探寻装饰之美"因"的理论基础。

　　美的"四因说"是关于美的生成、结构和发展变化因由的一种界说。"四因"是创造的根据，其所产生的结果就是建筑艺术的最终完成。相应地，特定历史时期的建筑装饰作为一种结果之所以存在，也是"四因"的结果。亚里士多德举例说："房子存在首先必有材料因，即砖、瓦、土、木等。这些材料是建造房子的潜能，要从潜能转到现实，它们必须具有一座房子的形式，即它的图形或模样，这就是房子的形式因。要材料具有形式，必须经过创造活动，建筑师就是房子创造因。此外，房子在由潜能趋向现实的过程中一直在趋向一个具体的内在的目的，即材料终于获得形式，房子最终达到完成，这种目的就是房子的最终因。""质料因"是构成物质的质料因素，美存在于物质，表现在质料组成的整体之中；"形式因"是事物内容的表现方式，美的形式在于以秩序、匀称和确定性表现了特定的内容；"动力因"是事物变化的根源，美是事物关系的总和，随着关系的变化而变化；"目的因"是人的动作和创造活动的缘由，创造美和艺术的目的在于以美好的创造物使人心灵得到"净化"。

　　"四因说"较早地从因果关系上论述了美的生成、变化根由和美的特征、功能。"四因"中最重要的是"形式因"与"质料因"，形式加在质料上就成为一个东西；再加上"动力因"、"目的因"就成为一个发展。通过"四因"说明一个个体的完成，这是分解说明中的"因故"关系。这种说明就是西方宇宙论。任何一个个体就是万物，万物都要依照四个原因来说明。

　　本章以"四因"说理论为依据探究哈尔滨近代建筑装饰之美"因"。这"四因"并不是独立存在的，而是在"四因"共同作用之下而形成、变化和发展的。如果没有质料，形式将无所皈依，而没有形式，动力和目的也只是空谈。"四因"是在"潜能性"与"实现性"基础上发展起来的，它是具体的，并且能够对事物最终之完成发挥决定作用的、重要的影响因子。

2.1　质料因素

依据"四因说"的理论观点，事物的存在首先必有"材料因"，他对"材料因"的定义即"构成事物的原料"。亚里士多德所谓的"材料"包含我们通常所说的"物质"以及"物质"以外一切可以造成一件事物的东西。这首先体现出事物存在的物质性因素的决定作用。材料是一切事物最初的基础要素，也是构成每一事物的原始物质。对于各门艺术系统来说，如建筑、雕刻、绘画、音乐、诗歌等，它们都有构成自身的材料，因而有其材料因。而建筑装饰本身就是塑造建筑整体艺术形象的物质实体，其材料因也主要是指塑造建筑装饰艺术形象的基础建筑材料，如砖、瓦、土、木、砂、浆、石等，它们是构筑建筑的物质材料基础，同时也是建筑装饰之美存在的不可或缺的重要物质因素。

因为艺术不仅由物质承载着，而且也是由物质本身滋养和维系着的。如果没有物质，艺术就不能存在；如果没有物质，艺术也将不成其为艺术。哈尔滨近代建筑的基础结构普遍采用木结构、砖结构和钢筋混凝土结构，相应地，在建筑装饰材料上则主要以木材、砖、石为主，建筑外饰面则普遍采用抹灰工艺饰面。局部装饰中广泛采用铁艺装饰构件，这是技术与艺术完美结合的装饰表现。这些在哈尔滨近代建筑中比较常见的建筑装饰材料，在建筑上体现材质特性，通过不同的施工手法突出表现了哈尔滨近代建筑独特的装饰之美。

2.1.1　木雕琢

木材是一种天然材料，经过工匠的艺术加工之后作为建筑材料应用在建筑主体结构或者建筑构件的装饰上。木材以其素朴、自然的材质特征表现建筑淳朴、自然之美，是一种独特的材料语言。在《俄罗斯建筑史》一书中对于木材有这样的记述："北方肃穆的自然，简陋的技术，唯一的材料（木材），这些迫使建筑师只能运用合理的比例塑造建筑的体量感，突出建筑外部轮廓的美与均称，同时也将木材应用到室内装饰和陈设中，以此来扩展建筑形式的艺术表现力……"哈尔滨有相当数量的体现俄罗斯民族文化和艺术传统的建筑，这些建筑最富有艺术特色的是采用木结构体系，或者采用木材做装饰构件。建筑的木装饰形态却体现了精湛的雕琢工艺以及独特的装饰潜力。这些朴实而独特的木材装饰的建筑，有精美的户外楼梯、有雕花的窗饰、山花板、栏板柱以及栏杆等，透过这些装饰艺术我们可以深刻地感悟到艺术家的设计灵感。哈尔滨木材产量较少，因此受到材料的限制，木装饰也仅用在住宅、商店等小规模建筑中，数量不多（表2-1）。

哈尔滨近代木装饰建筑（1899~1937年）　　　　　　　表2-1

序号	现有名称	原有名称	位置	年代	设计者
1	无	圣·尼古拉大教堂	南岗区尼古拉教堂广场	1899年	鲍道雷夫斯基
2	黑龙江省社会科学联合会	中东铁路局官员住宅	南岗区联发街	1900年	不详
3	哈尔滨铁路博物馆	中东铁路局官员住宅	南岗区联发街	1900年	不详
4	波特曼西餐厅	不详	西大直街12号	20世纪初	不详
5	哈尔滨车辆厂车间	东省铁路哈尔滨总工厂水塔	工贸街23号	1907年	不详
6	哈尔滨车辆厂轧钢车间	东省铁路哈尔滨总工厂锻造分厂	工贸街23号	1907年	不详
7	哈尔滨车辆厂轧钢车间烟囱	东省铁路哈尔滨总工厂锻造车间烟囱	工贸街23号	1907年	不详
8	红军街38号住宅	中东铁路理事事务室兼住宅	南岗区红军街38号	1908年	不详
9	公司街78号住宅	中东铁路会办公馆	南岗区公司街	1908年	不详
10	某商店	不详	邮政街307号	1910年	不详

续表

序号	现有名称	原有名称	位置	年代	设计者
11	不详	不详	邮政街305号	1910年	不详
12	哈尔滨铁路江上俱乐部	游艇俱乐部	斯大林公园内	1912年	米扬高夫斯基
13	哈尔滨市服装四厂	圣·阿列克谢耶夫教堂	南岗区革新街74号	1912年	不详
14	中共满洲省委机关旧址	中东铁路住宅	南岗区光芒街	1920年	不详
15	永安文化用品商店	某酒店	道里区尚志大街92号	1920年	不详
16	南勋幼儿园	不详	保障街	1920年	不详
17	江畔餐厅	江畔餐厅	斯大林公园内	1930年	不详
18	江畔公园饭店	斯大林餐厅	斯大林公园内	1937年	大谷周造
19	青年之家	不详	太阳岛极乐村	不详	不详
20	汉兴街20号住宅	某苏侨住宅	南岗区汉兴街20号	不详	不详
21	临江街36号住宅	某住宅	江北临江街36号	不详	不详
22	游览街8号住宅	某住宅	江北游览街8号	不详	不详
23	游园街4号餐厅	餐厅	江北游园街4号	不详	不详

近代时期，哈尔滨木装饰建筑体现出建筑艺术的淳朴之美。这些建筑分为两类，一类是整座建筑从结构到外部装饰全部采用木材，另一类建筑结构是砖木结构，局部装饰元素采用木构造。1899年建成的，位于哈尔滨南岗区中心位置的圣·尼古拉教堂是这一时期建造的大型井干式木结构建筑。教堂沿袭了俄罗斯木结构建筑艺术传统，通体采用木结构和木装饰（图2-1）。教堂平

图2-1　圣·尼古拉教堂的木装饰

面为集中对称式布局——东西向希腊十字形，教堂内部拥有巨大的穹顶空间。教堂外立面突出表现了木结构帐篷顶的传统形式，八角形帐篷顶顶端高举着一个洋葱头形小穹顶，中间以变细加长的鼓座相连接，塑造了耸入云霄的垂直感，与北方的自然环境相协调。教堂外装饰体现出木构造的精雕细琢，教堂主入口采用精美雕琢的室外木楼梯，门廊上的双坡顶交叉成火焰状的尖拱，拱心饰以精致的木刻花；钟楼的栏板及栏板柱的雕琢形态相映成趣，透过这些木构装饰我们可以深刻体悟到建筑师的设计精髓。教堂的钟楼栏板与墙面檐下部位形成一个统一的垂直感的竖向层次，而钟楼的栏板柱突显独立轻盈的形式特征，增强了建筑局部的通透感。这些构造特征以其精致的工艺、协调的比例体现出木材装饰的简朴、淳厚的艺术气息。

　　哈尔滨俄罗斯民族传统建筑的木装饰体现出特有的传统感、简朴及深刻的真实性。其装饰之美主要体现在建筑外装饰上体积的组合、建筑轮廓的美和比例匀称、经过推敲的细部比例和装饰图案以及墙面的规整简朴等方面，在每一个线条、形式或细部中去寻找，这些都是建筑物结构与功能上所需要的。最为典型的是哈尔滨俄罗斯民族传统的独立式建筑，它们在装饰上也普遍采用木材，表现出浓郁的俄罗斯民族的装饰传统，深刻表达了民俗艺术文化和浪漫主义情怀。如哈尔滨江北游览街8号独立式住宅以及斯大林公园冷饮厅（图2-2），这两座建筑外立面均采用木装饰构件，或突出表现某种艺术主题，或采用雕琢出来的几何形拼贴形态，塑造了丰富多样的装饰形态，也突出表现了源于自然的朴实、纯净之美。

　　　　a）江北游览街8号独立式住宅　　　　　　　　　　b）斯大林公园冷饮厅

图2-2　俄罗斯木构建筑的立面装饰

在建筑外立面的局部装饰上，哈尔滨一些独立式小住宅，在建筑阳台以及门斗等部位也采用木装饰。这些建筑的木装饰构件通常作为室外的栏杆，如独立式小住宅阳台栏杆和栏板柱等，其造型活泼、优美，充分体现了木材易于雕琢的材料特性（图2-3）。

| a）木门斗 | b）住宅阳台 | c）檐部及窗饰 | d）立柱及栏杆 |

图2-3　建筑局部的木装饰构件

2.1.2　砖砌筑

砖是近代哈尔滨城市建筑普遍应用的建筑材料。通过对哈尔滨近代建筑所作的调查研究统计，采用砖材料的建筑占城市建筑总数的89.5%（表2-2）。在哈尔滨近代建筑中，砖木结构与砖混结构的主要差别在于建筑物的楼板，而建筑墙体基本都是砖材料砌筑而成的。砖是哈尔滨近代建筑外墙面装饰最为普遍和常见的建筑材料。因此，砖也是塑造哈尔滨近代建筑装饰之美的重要物质因素。砖结构建筑建于哈尔滨建城初期，功能为中东铁路职工住宅或者办公、学校、医院等，属于俄罗斯民族传统风格。这些突出表现砖饰的建筑以中东铁路职工住宅数量最多，并且这些建筑集中于南岗区中东铁路火车站附近。

哈尔滨近代建筑结构与数量比例　　　　　　　　　　　　表2-2

建筑结构	砖木结构	砖混结构	木结构	其他结构
所占比例	51.4%	38.1%	6.2%	4.3%

砖材料分为青砖和红砖两种。其中，青砖是中国本土生产的传统材料，红砖则是由欧美传入中国，由俄罗斯人在当地生产的。哈尔滨近代时期俄式砖构建筑

主要采用红砖砌筑。在建筑外装饰上，砖砌筑塑造了哈尔滨近代建筑匀称、素朴之美。近代早期建造数量较多的砖构建筑，多是砖墙承重、人字木屋架的单层两坡顶。这些建筑位于哈尔滨市南岗区中心地带，形成一定片区，联排建造。建筑外立面墙体涂刷统一的乳黄间白的色彩，塑造了整体协调、淳朴清新的艺术效果（图2-4）。这些砖构住宅建筑虽然并没有同时期其他类型建筑外形上的壮观雄伟并且体现浓郁的艺术感，但是其独特的素朴之美也是哈尔滨近代城市中不可缺少的。例如，建筑砖墙面檐口处的砖砌造型，突出向下变化的、水滴状的形式感；建筑质朴的清水墙上凸起统一的隅石和窗券额，体现建筑立面装饰变化中又有统一。中东铁路职工住宅的砖砌造型虽然从建筑形体上造型单一、建筑结构简单，但它们突出表现了近代时期哈尔滨建筑装饰的重要形式特征。这些素朴的砖砌装饰的艺术特征在其他类型的砖结构建筑上或多或少地也有相应的表现。

　　早期建造的公共建筑类型多样，有商务学堂、医院、俱乐部、商场等，这些砖构建筑在建筑墙面以及建筑檐口砖砌装饰造型上相对于中东铁路职工住宅形式更为多样。如外阿穆尔军区司令部（现黑龙江省中医医院）（图2-5），建筑外立面墙体同样涂刷统一的乳黄间白的色彩，建筑的窗券额与中东铁路职工住宅的形式一致，建筑清水墙上也凸起统一的隅石。但与单层砖构建筑相比，外阿穆尔军

图2-4　中东铁路职工住宅局部砖饰造型

图2-5　原外阿穆尔军区司令部外立面砖饰

图2-6　原中东铁路医院药局砖饰造型

区司令部的建筑檐口的砖砌造型更突出层次感，造型也精致多样。这种砖构建筑檐口部位的装饰，采用砖叠涩的砌筑方法，砖叠涩与中国古代木构建筑的斗栱出挑类似，而砖块出挑处层与层之间形成束腰效果，突出建筑檐部的层次感。又如中东铁路医院药局（现哈尔滨医大四院急诊急救中心）（图2-6），檐口部位凹凸变化的锯齿砖砌造型是建筑立面上最为突出的装饰特征。它不仅突出砖砌建筑檐口部位的构造特征，同时也产生丰富的光影效果，强化建筑整体的艺术造型。

　　除此之外，近代时期哈尔滨较大型的俄罗斯东正教堂也普遍采用砖结构，由于这些建筑体型变化更为多样，砖饰形式也比普通住宅和公共建筑更多样、灵活，突出表现在建筑立面装饰元素以及建筑线脚的处理上，如圣·索菲亚教堂、圣母守护教堂、圣阿列克谢耶夫教堂等。这些教堂的外立面砖饰造型丰富并且线脚分明，突出强化教堂统一整体感的同时也体现出砖块的雕琢潜力。例如，圣·索菲亚教堂穹顶与鼓座的衔接处采用砖叠涩的造型手法，教堂的多种不同窗口造型采用砖砌尖拱和拱券技术结合，而教堂门口采用砖砌筑的双圆心的拱券结构，教堂墙面也通过砖块的叠砌形成浅浮雕的装饰效果。又如圣母守护教堂，教堂主入口上方半圆形窗的窗口线脚以及穹顶鼓座上的窗饰线脚充分体现出砖砌装饰的精雕细琢以及独特的造型潜力。再如圣·阿列克谢耶夫教堂，教堂的钟楼的砖砌形态集合多种造型手法于一身，其檐口采用叠涩处理，墙体转折处的线脚以及圆弧形的窗口造型都充分体现出砖饰的素雅、朴素之美（图2-7）。

a）圣·索菲亚教堂　　　　b）圣·圣阿列克谢耶夫教堂　　　　c）圣·母守护教堂

图2-7　俄罗斯宗教建筑外立面砖饰

2.1.3　石材饰面

石材是西方建筑的传统材料，我们也将西方建筑史称作一本石头史书。在中国北方地区石材的开采量比较少，而且成本较高，因此，石材作为建筑装饰材料的建筑在哈尔滨近代建筑当中仅此一例——哈尔滨中东铁路管理局办公楼（现哈尔滨铁路局办公楼）（图2-8）。可见这座建筑在哈尔滨近代建筑历史中独特的历史地位。

1904年建成、位于哈尔滨南岗区西大直街的中东铁路局办公楼，是当时哈尔滨第一栋最大的公共建筑，也是新艺术运动思潮的一个优秀作品，建筑平面呈横"日"字形，由7个单体经由过街门洞联结而成。建筑主立面高三层，横向长达182.24米，全部采用石材饰面。首先，建筑墙基选用厚实的花岗岩，为起到围护和稳定作用，大块的花岗岩规整排列，并饰以流畅的直线墙角，强烈地突显石材饰面的本色之美（图2-9）。其次，墙面上的花岗岩，每一块的切割形状和颜色都有变

图2-8　原哈尔滨中东铁路管理局办公楼

图2-9　原哈尔滨中东铁路管理局办公楼局部石材饰面

化，主体墙面上斑驳的暗绿色花岗岩与墙基花岗岩在体块以及形状上都体现差异，丰富了立面的装饰效果。建筑外墙面的绿色橄榄石贴面显得洗练简洁。"外墙饰面采取虎皮石形式，先在地面粗凿成形无缝密接试贴，然后装贴于墙面，再在墙面上琢磨，从而成为无灰缝密接平整的石材饰面。"最后，经过整齐地排列拼贴之后，石材饰面塑造出建筑形态自然而色泽丰富的装饰艺术效果，在建筑墙面转角处采用纵横交错的隅石，也进一步突显了大型公共建筑的体积感以及内敛浑厚的建筑性格。

2.1.4　墙面抹灰

抹灰指采用石灰砂浆、混合砂浆、聚合物水砂浆、麻刀灰、纸筋灰等对建筑物的面层抹灰和石膏浆饰面工艺。建筑抹灰分为一般抹灰、装饰抹灰和清水砌体勾缝。抹灰装饰的作用是为缔造丰富的建筑艺术形象、创造多样化的表现形态。《建筑十书》中讲述建筑外饰面抹灰的具体施工方法，"用掺砂的灰浆依照靠尺进行抹灰。那就是在长度方向要利用靠尺和拉线，在高度方向利用吊锤，在角隅处则利用直角靠尺进行。因为照这样做，在罩面层的表面上会出壁画就不会不适合了。在稍微干燥后要进行第二遍和第三遍。这样，掺砂的灰浆层就越加坚固，因而罩面层的强度经过多年也就愈加牢固。"

在哈尔滨近代建筑外立面装饰上，水泥抹灰是比较常用的装饰手法。如在柱式、门口、窗口、墙面及装饰图案等都比较常用。其主要功能是塑造整体的尺度比例、勾勒局部线脚、美化装饰元素。因为它与同时期其他建筑材料相比，并不受材料质地和形状的硬性限制，所以更容易塑造多样化的装饰形式。巴洛克建筑喜好繁杂多样的装饰细节，而这些繁复的装饰形态是木材、砖和石材这些材料所无法塑造出来的。因此，抹灰手法在巴洛克建筑装饰上发挥了造型上的强大潜力。哈尔滨"中华巴洛克"建筑上应用抹灰手法比较普遍。在建筑的女儿墙、柱式、窗口等部位以及墙面装饰上（图2-10），塑造了不同主题的装饰主题，表现出抹灰装饰能够塑造充实内容、立体形态多样的装饰特征。

除建筑装饰造型之外，抹灰多样化的造型能力还表现在对建筑装饰细部的处理上。它不仅进一步塑造多样形态，同时也精致地勾勒出装饰构件的轮廓线，强化了装饰构件在立面上的构图关系以及建筑立面整体的比例型制。如建筑柱式的檐部、柱身和柱础之间的抹灰线脚，柱头与檐部衔接的线脚等。这些不仅决定了建筑独立装饰元素的比例型制，同时对于建筑整体的比例也起到了很好的限定作用。建筑门口、窗口以及墙体横向的线脚等也是通过抹灰手法深入刻画装饰细节，深入而细致地推敲了建筑整体的比例关系以及装饰效果（图2-11）。无论是

图2-10 建筑局部抹灰装饰

a）原哈尔滨万国储蓄会   b）原汇丰银行   c）原东省特区区立图书馆   d）马迭尔宾馆

图2-11 建筑局部抹灰线脚

在建筑整体比例还是在建筑装饰细节，甚至建筑装饰主题，抹灰手法都对建筑艺术感的深入加工以及建筑局部细致的雕琢发挥了重要作用，从而塑造了近代建筑装饰的繁丰之美。

2.1.5　铸铁构件

古典建筑因为建筑材料、结构构造等原因建造进度缓慢、造价高昂，并且所提供使用面积有限等诸多弊端使其无法满足人们的需要。因此，18世纪下半叶到19世纪下半叶，西方国家爆发的三次工业革命促使大量生产的铁、玻璃等新型建筑材料开始广泛应用于建造新式的建筑。新的建筑材料和建筑结构越来越多地出现在建筑外部，表现出建筑师们对于设计与新时代相适应的新的设计理念。

哈尔滨在建城初期就引入欧美流行的新艺术建筑，这种符合时代发展的新潮建筑是建立在适应与改良工业化风格的思想基础之上的装饰艺术流派。对现代化新风格的探求，使它积极适应新社会需求。哈尔滨新艺术建筑的外装饰特征体现在普遍采用铁艺加工构件作为建筑局部装饰。这一时期哈尔滨新艺术建筑的女儿墙栏杆、阳台栏杆、穹顶构件、雨棚构件等均采用铸铁构件装饰，这些多样化的铁艺装饰取代了传统的建筑构件，以其轻巧灵活的装饰形式为近代建筑增添了些许的生机和活力，也表现了近代建筑在装饰材料的新进展。铁艺材料易于造型的特质也符合新艺术建筑装饰喜好线条装饰的艺术倾向。而铁艺构件的优点是韧性好，采用铁艺的装饰构件突出表现了多样化的艺术装饰形式，同时，其通透性好以及灵活的延展性也逐渐被哈尔滨近代时期其他风格的建筑所沿用（图2-12）。

a）女儿墙栏杆　　　　b）阳台栏杆　　　　c）穹顶构件　　　　d）雨棚构件

图2-12　哈尔滨近代建筑中的铁艺装饰构件

19世纪西方建筑取得的新成就是铁和玻璃两种建筑材料配合应用。对于建筑来讲不仅满足了采光的需要，也提供了更加缤纷的装饰效果。在哈尔滨近代建筑中，玻璃和铁配合应用在穹顶造型上。玻璃和铁件交替变换不仅体现了穹顶造型的动态变化效果，同时也增强了其整体通透感，极富艺术效果。

材料是建筑的物质形态，同时又表现出不同建筑在装饰上的个体差别。亚里士多德"四因说"理论中的"材料因"更多地强调建筑装饰的物质因素，也突出表现了物质性的影响因素。建筑装饰之美是通过物质化的形式对人产生视觉上的刺激而使人产生美感。因此，建筑装饰之美也同时受到以下其他因素的影响。

2.2　理式因素

"四因"中"形式因"是指"事物的限"，它"或为整体，或为组合，或为形式"，用以指称事物是什么，因而也是事物的本质规定和现实存在。柏拉图认为现实事物只是理式的派生物，而亚里士多德则认为现实事物归根结底也以先验的"理式"为根源。在希腊文中，"理式"和"形式"其实是一个词，它是指包括美的事物在内的一切事物的本质和定义。建筑外装饰之美作为一种存在事物，其装饰之美也是客观存在的，并且作为理式而存在。美的事物的"理式"，也就是建筑外装饰所体现出的独特之美的"共相""理式""范型"。

理式因素是事物内容的表现方式，美的形式在于以秩序、匀称和确定性表现了特定的内容。哈尔滨近代建筑外装饰之美体现自身独特的表现方式，依据古典主义美学——美在物体的形式、符合一定规律，即美的各种数学规律性、和谐的比例、多样统一等，探寻构成建筑外装饰的基本"理式"。这也是亚里士多德"四因说"中具有表现性因素的"形式因"。

2.2.1　数理形式与比例和谐

"数理形式"主要是毕达哥拉斯及其学派的美学概念，他们认为数的原则统治着宇宙、人间的一切现象，万物最基本的元素是数，"'数'乃万物之源。在自然诸原理中第一是'数'理。"美体现着合理的或理想的数量关系。这一哲学信条不仅意味着毕达哥拉斯及其学派将数作为世界的先在，认为"事物的存在是由于'模仿'数"；而且意味着所有的"存在的事物都是数……事物事实上是由数构成的"，"事物本身都是数"，即美的事物之所以存在也是因为数理的存在。艺术和建筑与科学之间的关系一直是哲学家们探讨的重要话题。他们也经常就（为新物理学所揭示的）大变革的宇宙论与巴洛克式艺术和建筑（在时间上差不多与这种宇宙论的发展相一致）之间的某种密切关系进行争论。这种关系也是西格弗里德·吉迪恩（Sigfried Giedion）的现代运动的古典历史——《空间、时间与建筑》——的重要主题之一。

在前人理论研究的基础上研究建筑装饰之美的构成因素，必然无法挣脱艺术、建筑与科学之间的纽带。数理形式对建筑装饰的影响也无外乎建筑整体与局部元素所突出表现的比例形式。基于毕达哥拉斯学派"数"的理念，形式亦即事物的原型。而万物按照一定的数量比例构成和谐秩序，这就是他们提出的"美是和谐"的观点。因此，从形式美的视角讨论美与艺术的规律，建筑装饰之美的形式的基础要素是在数理关系之下，体现和谐比例关系的形式要素，而数的泛化相应地也就是形式的泛化。

2.2.1.1 数的泛化

"建立在几何和算术的坚固基础之上的数学论证是唯一的真理，这能够深深印入脑中，避免一切不确定性；其他论述依据其主题在何种程度上使用了数学论证，从而具有相应程度的真理"。数的泛化，同时也是形式的泛化。首先突出表现在古典柱式上。自古希腊、古罗马时期，体现精确的模数比例的古典柱式，就是最好的例证。多立克、爱奥尼、科林斯，这三种古典柱式在哈尔滨近代建筑上以不同形式存在着，突出刻画了建筑整体与局部的比例形制。维特鲁威认为，不同柱式最本质的区别在于比例，受规则制约的柱式用整棵柱子的数理比例关系来确定自身以及建筑其他部位的形状。柱式都由三段式组成：基座、柱子和檐部。这三个主要部分本身也同样由三部分组成。柱式主要部分中任意一个的整体高度在小模数上都应该为一个固定整数。如果假定所有柱式的檐部高度相同，都是6个小模数，即两个大模数（直径）。此时各个柱式中柱子和基座的高度则各不相

同，那些显得轻巧的柱式在高度上会按照比例相应增加。基座与柱子的增量比例
分别为1模数和2模数。塔斯干柱式的基座与檐部的高度相同，都为6模数，多立
克为7模数，爱奥尼为8模数，科林斯为9模数；而混合柱式为10模数。在所有柱
式中，构成基座的三个部分的比例是相同的。柱础是基座高度的1/4；柱础上沿
线脚是其高度的1/8；而柱础的基底石高度往往是其2/3。多立克、爱奥尼、科
林斯三种古典柱式被视为经典的数理规律模式。

其次，"黄金分割"模数在建筑中的应用。起源于毕达哥拉斯学派的古希腊美
学思想主要是从自然科学观点去看美学问题。从历史角度看，建筑学是数学的一
部分，因为每一种传统建筑中都蕴含了数学。毕达哥拉斯学派最早发现了"黄金
分割"规律，即长宽具有一定比例$a:b=(a+b):a$的长方块，认为这样的黄金分
割段形式最美。以$\phi=1.618$为两边之比
的黄金矩形，这样公正的比例数深为人
们所推崇（图2-13）。在意大利文艺复
兴时期，伯拉孟特设计的坦比哀多，为
了调整二层的三维形体，就在一层和二
层使用了黄金矩形。黄金矩形一直被建
筑师视为规范建筑整体比例的数学工
具。哈尔滨近代建筑装饰之美合规律
性，在建筑整体及局部的构图中体现出
黄金比例。如原日本驻哈领事馆（现黑
龙江省对外友好协会）建筑主入口的装
饰单元以及建筑立面的开窗的比例关系
均符合"黄金分割"规律。又如原哈尔
滨铁路技术学校（现哈尔滨工业大学建
筑学院后楼），建筑一侧突出的塔楼以
及建筑主体的装饰单元同样符合"黄金
分割"（图2-14）。

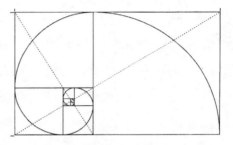

图2-13 "黄金分割"矩形

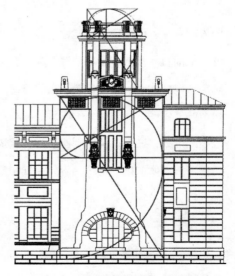

图2-14 建筑立面装饰单元的"黄金分割"

最后，各种曲线形式中蕴含的数理逻辑。自然界各种螺线是艺术创作过程中人们艺术思想的来源。各种有机和无机现象中相似的曲线形态的出现是有意识设计的一种证明。它表明了一种由普遍规律的运作所强加的共同的进程。数学是一门抽象的学科。螺线是我们头脑中的抽象观念。我们唤起该观念的目的是帮助我们理解一个具体的自然物，甚至是借助于得自数学的结论来考察该物体的生命和增长。只有通过这种方式，人的头脑才可能应付有机生命之变幻无常和令人困惑的各种各样的现象。由于科学所揭示的世界不可避免地是由研究型人脑所塑造的，因此也类似于艺术所揭示的世界。如此，对于二者而言，相同的比率和形状都是有效的。在植物、贝壳、动物的角以及许多其他自然现象中发现的联系也表现为黄金分割或螺旋形状。曲线形式在哈尔滨近代建筑外装饰中应用较普遍，如建筑外立面铁艺栏杆形态、木装饰形态以及建筑围墙的装饰造型等（图2-15）。

　　a）铁艺栏杆　　　　　　　　b）木装饰栏杆　　　　　　　c）建筑围墙装饰

图2-15　新艺术的曲线形态

2.2.1.2　比例和谐

从毕达哥拉斯到维特鲁威，都相信客观地存在着的美是有规律的，体现为几何与数的和谐。他们认为，建筑美的内在规律是与和谐统摄着世界的规律相一致的。这个规律就是数的规律。在建筑外装饰艺术中，数的规律反映出工具理性的价值观。相应地，建筑装饰艺术之所以美也在于长短不同的比例线条塑造了美的形体。古希腊建筑艺术的主要成就——古典柱式，就是比例和谐这种理式因素最完美的体现者。古典柱式按照一定的比例模数确立柱子各个构件间的比例关系。在建筑外装饰中体现和谐比例的柱式也因此成为确定建筑不同装饰元素之间构图关系以及整体构图比例的重要元素（图2-16）。

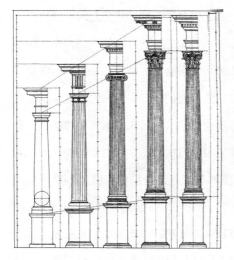

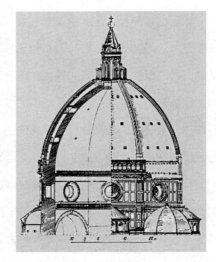

图2-16　古典柱式的比例形制　　　　　　　图2-17　佛罗伦萨主教堂穹顶

　　在数理关系上绝对对称、比例协调，并且整体结构和谐悦目的形式能够引发人们关注。毕达哥拉斯学派所认为的："一切立体图形中最美的是球形，一切平面图形中最美的是圆形。"这些简单几何形状也突出体现了比例的重要性。球形和圆形之所以是美的影响因素。文艺复兴时期伯鲁乃列斯基设计的佛罗伦萨主教堂穹顶造型，或者贝尔尼尼设计的圣彼得广场都体现着形式之中的数理关系（图2-17）。穹顶的艺术形式符合立体的球形以及平面的圆形这种美的形式规律，它不仅刻画了建筑的外部轮廓线、突出建筑转角位置的造型，也使临街的两个立面在构图上成为和谐统一的整体。马克思在阐述美的规律时曾说："任何事物，无论是自然界事物或社会事物，也无论是人所创造的艺术品，凡是符合美的规律的东西就是美的事物。"无论是在绘画、雕刻以及建筑之中，还是在空间、时间以及运动的科学概念中，人们都可以在连续性的意识中寻找数理形式与比例和谐的敏感性。

2.2.2　装饰构成与多样统一

　　建筑外装饰能够引发人们心理上、情绪上的某种反应，给人以美或不美的感受，这是因为在建筑装饰中存在着某种形式规律。建筑装饰必然表现某些内容，由于其表现十分得体，所以形式才是美的。如黑格尔认为，以最完善的方式来表达最高尚的思想那是最美的。建筑形式美法则就表述了这种规律。装饰形式具有一定的形状、大小、色彩和质感等形式特征，而形状及其大小又可抽象概括为点、线、面、体，最为基本的建筑形式美法则就表述了这些点、线、面、体以及色彩和质感的普遍组合规律。把这些部分按照一定的规律，有机地组合成为一个整体，其各部分之间的差别可以看出多样性和变化，而各部分之间的联系可以看出和谐与秩序。

2.2.2.1 装饰元素的协调统一

建筑外立面诸多装饰元素当中，窗是外立面上表现形式最为多样化的装饰元素。在《古典建筑形式》一书中叙述："在所有的建筑形式中变化最多的要算是窗子了。它们无论在用途上，或在尺度上都非常不同，而在形式上，更精确点说，在它们的处理方法上更是变幻无穷。"哈尔滨近代建筑窗通常采用多种窗的造型，在不同位置窗或为整体，或为组合形式，突出表现为一种内在变化的秩序，形态各异的窗不仅丰富了建筑的艺术形象，同时也成为塑造建筑装饰形式整体统一的重要因素。窗的变化形式塑造出建筑立面优美的旋律，同时也体现形式美法则中以简单的几何形状求统一。窗的基本形态变化塑造单一节奏感的变化形式，而有时建筑立面装饰元素的变化更为复杂多样。例如哈尔滨马迭尔宾馆立面装饰整体协调统一，而建筑开窗却呈现多种表现形态。我们以建筑主入口上方的三联圆额窗的组合单元为中心，其左侧窗饰为单一的规则变化形式，而其右侧窗饰则表现为有节奏的变化形式，其变化主要存在于窗口宽度以及窗饰单元的独立与组合形式（图2-18）。相应地，在建筑竖向关系上，窗饰元素也存在着大小形状的变化，表现为越往上窗额越圆，越往下窗额越方。在建筑复杂的装饰系统中，不仅窗饰元素如此，建筑其他装饰元素亦如此，它们共同遵循形式美的基本规律，形成协调统一的形式整体。

穹顶造型是勾勒建筑自身轮廓以及协调周边不同艺术走向建筑装饰的重要元素。如哈尔滨原中国大街（现中央大街），在全长1400米的街道两侧林立着众多不同风格的商业建筑，这些多元建筑风格在整体上以其完美的空间序列和优美的

图2-18　马迭尔宾馆的窗饰形态

图2-19　圣·尼古拉教堂与周边建筑

天际线而达到了高度统一。建筑穹顶造型在这里发挥了重要的作用。原松浦洋行（现教育书店）、马迭尔宾馆以及原协和银行（现妇女儿童用品商店）等风格各异的建筑屋面上选用了造型各异的穹顶，或大或小，或高或低，或方或圆，或尖或平，相互映衬，相互补充，形成统一而协调的装饰序列和起伏的天际线。又如原南岗区中心广场（图2-19），以圣·尼古拉教堂的帐篷顶为视觉中心，广场周围以原莫斯科商场（现黑龙江省博物馆）、原中东铁路管理局高级官员住宅、原秋林公司俱乐部（现哈尔滨市少年宫）等建筑屋面上的各式穹顶为陪衬，这些多元风格构成的建筑群遥相呼应，但是整体上又十分协调统一。

2.2.2.2 装饰形体的差异对比

此处所说的差异是指建筑外装饰中形体与形体之间微妙的变化，也就是指邻近要素间的渐变状态。如果仅仅大量重复运用完全相同的形象，就会引起视线的转移与情绪的低落。运用形象的差异，就能改变这种情形。如原哈尔滨弘报会馆（现黑龙江省日报集团），虽然整体装饰简洁明快，但

图2-20 原弘报会馆

是不乏观赏趣味。因为在建筑形体构成上存在差异对比的形式美规律。在整体造型上，突出中轴线位置体块向上的动势，而且屋顶叠层形成三角形尖角；在装饰元素上，中轴线位置矩形窗大小相对中心两侧较小，这种窗饰形体变化强化了视觉中心位置的凝聚力（图2-20）。

2.2.2.3 装饰系统的平衡稳定

人眼习惯于均衡的组合，而且均衡稳定的建筑装饰在感觉上也是舒服的，因为它符合形式美规律，能够满足人们的审美需求。对称形式本身就是最简单的平衡稳定。在建筑外装饰系统中，突出中轴线对称的立面中轴线两侧必须保持严格的制约关系。在哈尔滨近代建筑中，体现古典复兴风格的建筑的装饰形式普遍体现对称的组合形式而获得完整统一的形式美。如原横滨正金银行哈尔滨分行（现黑龙江省美术馆）（图2-21），建筑正立面以主入口为中轴线，6棵爱奥尼柱式以及开窗形式体现对称构图的均衡感。而近代时期哈尔滨体现中国本土文化复兴的建筑装饰也同样突出了对称均衡的形式特征。

此外，采用不对称关系也能体现均衡感。均衡是任何观赏对象中都存在的特性，因为对称形式产生均衡稳定感是因为中心两侧的事物在形式上产生等量的视觉效果，所以均衡中心两边的视觉趣味中心，分量相当就自然会产生均衡感。例如，哈尔滨马迭尔宾馆正立面窗饰元素虽然形式多样，中心两侧窗饰单元形成不等量对比，但是建筑装饰整体仍然具有平衡稳定感。因为建筑左侧复杂多变的女

图2-21　原横滨正金银行哈尔滨分行

儿墙装饰形态、建筑右侧变化节奏的窗饰单元、建筑转角穹顶等部位形成上与下、左与右，在重量和距离上的平衡关系。

2.2.3　建筑装饰的中心秩序

秩序被理解为任一组织系统功能不可代替的，无论其功能是物质上的还是精神上的。秩序也存在于任何程度的复杂性之中。如果没有秩序，就没有办法说明作品在努力述说什么。"如果秩序被认为是一种接受或放弃两可的性质，是可以抛弃而由他物取而代之的东西，那么只能产生混乱……在任何复杂程度上，秩序都是可以做到的：无论是复活岛（Easter Island）上的那些简单雕塑，还是贝尔尼尼（Bernini）所做的那些复杂雕塑，抑或移动农舍、一座博洛米尼教堂（Borromini church）。然而，如果没有秩序，就无法表达作品要说什么"。建筑装饰需要施于恰当的部位，这就突出建筑形式逻辑对装饰秩序的影响作用。所谓恰当的部位，就是建筑物造型收头的地方、转折的地方，并且很多成功的装饰都是把结构的一部分加以美化。

2.2.3.1　视觉中心秩序

对于审美主体来说，装饰秩序也是一个形式上的系统，是引导视觉的形式因素。视觉中心即以视觉思维为中心，在哲学当中表现为"反映论"，在艺术中则把各种各样的感觉最后都转化为视觉术语，在建筑装饰的视觉艺术中尤为如此。西方文化是一种视觉中心主义的文化，哈尔滨近代时期的建筑装饰，在一个侧面也同样体现视觉中心主义的装饰倾向，体现在建筑装饰秩序的形式规律上。在建筑装饰形式上，也常把视觉感知作为感觉方式的基础，而忽略一些其

图2-22　装饰形态的视觉中心

功能作用，突出其形式特征。具体是通过呈对称或平衡的方式排列突出的重要装饰物，或者通过建立一种可见的、等级化秩序。如近代时期建造的东正教堂的穹顶，不同的穹顶造型以及排布方式营造不同的视觉中心效果（图2-22）。

2.2.3.2　主题中心秩序

"主题"以各种方式出现在艺术当中。在建筑装饰系统中，不仅在装饰形式上突出艺术主题，并且用轴线对称、对比的手段去创造主题性的时空序列。哈尔滨近代建筑装饰艺术表现出多样化的装饰艺术主题，不同的装饰主题相应成为建筑立面装饰的重要表现对象。如风格纯正的新艺术建筑装饰，其装饰主题表现了艺术体系的核心思想，主题中心秩序主要集中于建筑中轴线位置，如建筑入口装饰、轴线位置窗饰以及女儿墙、檐口具有直接表意作用的装饰形态（图2-23）。此外，集仿多种风格的折中主义建筑装饰，其装饰主题突出表现了某种艺术流派的装饰倾向，主要的具有艺术表现作用的装饰形式也成为建筑装饰的秩序中心。

2.2.3.3　语言中心秩序

这里所说的"语言"源于"语言

图2-23　装饰形态的视觉中心

中心主义"，语言中心主义又称为逻

各斯主义（logos），它来源于希腊语

的legein（说）。在现代哲学当中，

逻各斯被理解为万物显现的方式和根

据。建筑装饰艺术语言显现的方式和

根据，并不是一成不变的秩序规制，

而更侧重于一种无秩序的效果，并非

图2-24　装饰语言的中心秩序

简单地指秩序极端缺乏。一个无秩序排列的组成必须在它们本身之中有秩序，或

者它们之中缺少控制关系将不会破坏任何东西。折中主义的建筑装饰本身就说明

了装饰语言的多种糅杂并存，而装饰秩序并非混乱无章，而是以艺术语言为中

心的秩序效果（图2-24）。在装饰形式和装饰风格上并没有突出的、统一的主题

要素，而装饰元素作为装饰语言，以其为中心就体现了具有多变韵律感的装饰

秩序。

2.3　驱动因素

　　"四因"中的"动力因"是使一定的质料取得一定形式的驱动力量，"是变化

或静止的最初源泉"，即"那个使被动者运动的事物，引起变化者变化的事物"。

"一般地说就是那个使被动者运动的事物，引起变化者变化的事物"。美的事物

的存在也是在动力因的作用下，从而达到符合审美需求的一种状态。这里所谓的

"动力"，也就是事物的本质和目的实现过程中的动力。

　　哈尔滨近代城市建筑装饰作为一个独立的艺术系统，它所表现的各种艺术走

向和装饰形态都是在这些外在动力因素驱使之下产生的。著名历史学家罗荣渠指

出，"世界各国走向现代化的进程可以分为内源性现代化与外源性现代化两种。

与西方资本主义国家的内源性现代化转型不同，中国的现代化进程是在外部力量

的被动冲击下开启的。1840年第一次鸦片战争之后，帝国主义列强的入侵，外

力的不断冲击与中国现代化进程的被动性、外源性特征相似，中国近代城市转型的契机首先受到国外列强势力的强行携入，集中体现在列强以武力为后盾开辟的租界区、租借地以及铁路附属地城市。面对日益深重的民族危机，以19世纪60年代开始的洋务运动为开端，中国社会出现了推动现代化变革的动力；进入20世纪，这种现代化内力成为推动中国社会进步的主导力量"。中国的现代化进程是在外部力量的被动冲击下开启的，而哈尔滨作为中国近代历史上的典型铁路附属地城市，其建筑装饰也体现出独特的社会变革与历史文化发展的印迹。

2.3.1　社会经济发展的外在动力

2.3.1.1　中东铁路的修筑

中东铁路的开通带来了大量的俄罗斯移民，长期居住在此的俄罗斯人按照本民族的传统建造房屋，建造了大量铁路职工住宅和东正教堂。因此，哈尔滨近代建筑中较多地反映出俄罗斯建筑的特点。哈尔滨教堂建筑在城市景观构成上发挥了积极作用，教堂作为建筑艺术载体，也充分反映出俄罗斯民族的传统特性，同时期大量的砖石结构和木结构建筑的装饰，也表现出俄罗斯建筑的特有风格。这一时期建造的俄罗斯建筑实例很多，有教堂、司令部、住宅、公墓、俱乐部、餐厅等。如位于哈尔滨城市规划重要地理位置的圣·尼古拉教堂和外侨公墓入口（现文化公园入口），它们都是俄罗斯民间常用的木结构建筑形式；以及俄国游艇俱乐部（现江畔餐厅），它是体现俄罗斯民族传统建筑风格的一组大型水上娱乐场所。

中东铁路也将欧美流行趋势带入这一时期的哈尔滨。从1898～1917年，在这段时间里哈尔滨城市基本格局初步形成（图2-25）。在哈尔滨近

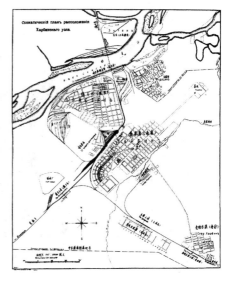

图2-25　哈尔滨初期城市规划（1910年）

代建筑艺术潮流发展上，风格最为纯正的新艺术建筑登上了近代城市发展的历史舞台。这一时期最早进入哈尔滨的外籍建筑师是俄罗斯人。由于这一时期的俄罗斯正处于学习西方先进文化的历史阶段。这就使得俄罗斯建筑师将欧洲蓬勃发展的新艺术运动相继带入了哈尔滨。更突出的表现是，在欧洲新艺术走向衰退的阶段，哈尔滨仍在延续发展。在这一时期哈尔滨城市规划版图上可以看出，以哈尔滨火车站为中心，近代建筑活动最为活跃和集中，新艺术建筑集中于和中东铁路有关的建筑（图2-26）。此外，一些形态各异的折中主义建筑也相继出现，集中于南岗区、道里区以及原傅家甸（现道外区靖宇街）一带。

2.3.1.2　金融工商业迅猛发展

中东铁路建成通车以后，1907年哈尔滨辟为商埠，大量的外国商人也相继涉足哈尔滨。外国移民的大量涌入带来了巨大的资金投入和繁荣的对外贸易发展。1917～1931年，这段时间是哈尔滨城市建筑发展的重要阶段。这一时期，外国势力继续向哈尔滨渗透，大量的外国资本和移民也继续涌向哈尔滨，从1918～1931年，先后又有爱沙尼亚、拉脱维亚、丹麦、葡萄牙、荷兰、立陶宛、瑞典、意大利、比利时、波兰、捷克等国在哈尔滨设立领事馆，促使哈尔滨的金融、商业、工业和居住建筑的建造又推向一个新的高潮"。哈尔滨作为典型的"后发外生型现代

图2-26　原哈尔滨火车站

化"城市能够迅猛发展，反映出其从建城初期就全面推进、全方位发展的态势。巨大的资金流入和繁荣的对外贸易成为新型城市文化建立的依托，也为哈尔滨城市建筑的迅猛发展奠定了经济基础，同时也促进了哈尔滨金融业与工商业的发展。

与此同时，外国资本在哈尔滨的活动增强、城市人口的迅速扩展，推动了一批新建筑的诞生。20世纪初大量的折中主义建筑在中国不同程度地发展起来。折中主义建筑师博取众家之长而汇集于一身，从而形成了折中主义建筑风格。折中主义建筑在装饰上随着某种艺术成分的多少仍然形成各具倾向性的特点，这就是哈尔滨近代建筑的艺术特征，构成了丰富而优美的城市风貌。在哈尔滨城市发展初期，折中主义潮流也主要体现在大型公共建筑上，并且在近代建筑蓬勃发展时期，折中主义建筑的数量逐渐超过了新艺术运动建筑，上升为主流。多样丰富的折中主义形态给哈尔滨近代建筑带来缤纷多彩的建筑面貌，整体上又具有古典风格的共性。在工商业比较发达的区域建设了多座洋行，这些建筑是具有不同艺术倾向的近代折中主义建筑实例。

以文艺复兴为主的折中主义建筑。如华俄道胜银行（现黑龙江省文史研究馆），突出横向环围腰带，底层墙体仿重块石砌筑，强化稳定感。而成墙体沿角隅部位设浅薄的科林斯双臂住。墙身横凹线纹造成轻石块效果，墙角部位的檐上设封闭的女儿墙，中间轴线部位的屋顶以法式方底穹顶突出构图中心，檐下设有成双托檐石（图2-27）。

图2-27　原华俄道胜银行

以巴洛克为主的折中主义建筑，往往同其他风格建筑的形式因素同时交混存在，并且相互渗透。如松浦洋行（现教育书店），建筑外观华丽、复杂、轮廓丰富，充实了中央大街的天际线。建筑下两层为基座，开设大玻璃窗，突出了商业气氛；上部两层悬挑出科林斯壁柱，以强调光影变幻的装饰效果。墙面窗额均做了高线脚、高浮雕，在入口和尾端部位分别加设阳台和断折小山花顶，屋顶层采用阁楼结合女儿墙组成阁楼层。主入口顶

图2-28　原松浦洋行

端冠戴造型突出色彩醒目、带采光圆窗的明肋穹顶。建筑入口两侧巨形人像浮雕，更增强了建筑的艺术魅力（图2-28）。

以古典复兴为主的折中主义建筑。如原汇丰银行（现中国银行），既有古典复兴的成分，又有巴洛克手法。建筑采用贯通二层楼高成双的巨型圆柱，使底座层和主体层合乎逻辑地结合为一体，体形简洁、色彩朴素，灰色水刷石墙面，没有繁琐多余的装饰。再如原横滨正金银行哈尔滨分行（现黑龙江省美术馆），由6棵爱奥尼壁柱控制主立面，以灰白色花岗岩做外装修贴面。建筑造型敦厚、坚实有力，体现出银行建筑的坚固、安全性格特征。又如体现古典复兴的原伪满中央银行哈尔滨支行（现中国工商银行），原万国储蓄会、美国信济银行（现哈尔滨市老年大学）。

2.3.1.3　大哈尔滨都市计划

1917年，俄国爆发十月革命推翻了沙皇政府。1926年，东省特区行政长官公署宣布成立哈尔滨特别市，结束了沙俄残余势力把持哈尔滨市政的局面。至此，原沙俄政府的"满洲问题"计划在实施了28年后宣告结束。1931年，日本军国主义发动侵略东北的"九一八"事变。次年，日本扶持下的伪

"满洲国"问世。在日伪统治期间，哈尔滨的工商业受到了巨大的打击，尤其是在哈尔滨的一些外国商人纷纷撤出投资逃离哈尔滨。日本占领哈尔滨之后，立即着手规划和实施大哈尔滨都市建设计划。新规划同样采用欧美新的城市规划理论，使哈尔滨再次成为欧美现代城市规划思想的试验场。新规划仍然采用栅状街网和放射形广场、街道相结合的布局，并在南岗区和道里区规划新的行政中心和商业中心，促使哈尔滨近代城市建筑发生再一次的迅猛发展。

这一时期的建筑艺术风貌呈现出两种倾向：一种是沿袭既有建筑艺术基调，即折中主义风格建造近代建筑；另一种是引入了当时欧美流行的现代主义运动特色建筑。这些现代建筑以功能需求为出发点，建筑体形简洁，净化装饰，突出几何形体，立面装饰上普遍采用线脚和花纹装饰，适应工业化时代要求。

装饰艺术建筑在装饰形式上从古代埃及华贵的装饰特征中寻找借鉴，原始艺术的影响，具有强烈时代特征的简单几何外形，舞台艺术强烈的节奏与韵律感的影响，汽车设计的影响以及形成自己独特的色彩系列。哈尔滨20世纪30年代，比较典型的装饰艺术建筑共有6座，分布于南岗区和道里区（表2-3）。

哈尔滨装饰艺术建筑汇总　　　　　　　　　　　表2-3

序号	建筑名称	建造年代	建造地点	建筑概况	备注
1	新哈尔滨旅馆	1936年	南岗区西大直街124号	地上5层，地下1层，砖混结构	国际饭店
2	日本满铁林业公司办事处	不详	南岗区西大直街132号	地上3层，地下1层，砖木结构	哈尔滨铁路分局房产工程处
3	国际运输株式会社	20世纪30年代	南岗区北京街15号	地上3层，地下1层，砖木结构	已毁
4	哈尔滨市粮食局	20世纪30年代	道里区地段街98～102号	地上3层，砖混结构	今某酒吧
5	今振华轻板工程公司	不详	道里区经纬街64号	地上3层，砖混结构	钢筋混凝土楼板
6	犹太私人医院及住宅	1931年前	道里区红专街29～31号	地上3层，地下1层，砖木结构	今红专街某住宅

此外，还有一批现代主义建筑。现代主义建筑运动20世纪20年代产生于欧洲，并以其强大的震撼力向其他地区和国家扩散。在日本占领下的东北地区的主要城市，如沈阳、大连、长春、哈尔滨等地，出现了一批由日本建筑师导入的现代主义建筑。这些现代主义建筑明显地具有功能主义的倾向。如1934年始建的前田钟表珠宝店（现新华书店社科部），1936年建造的丸商百货店、登喜和百货店、新哈尔滨旅馆（现国际饭店），1938年建成的满洲电信电话株式会社（现哈尔滨市电信局道里分局），1938年建造的弘报会馆（现黑龙江省日报社）等（图2-29）。这些现代主义运动建筑为简洁的几何形体，采用平屋顶，摒弃任何多余的装饰。

a）原丸商百货店   b）原新哈尔滨旅馆   c）原满洲电信电话株式会社   d）原弘报会馆

图2-29　现代主义建筑

2.3.2　多元文化交融的内在影响

近代哈尔滨是一个典型的移民城市，外来的建筑师是推动建筑装饰的外在创造因素，而城市文化的二重构造性和二元结构性是推动城市建筑装饰发展的内在因素。"由于多种内核文化在不同的区域之间存在力度上的差异，使哈尔滨不同的城区就有不同文化的建筑产生"。哈尔滨作为"约开口岸"城市，随着各国移民与商人数量的增加，以美、英、法为代表的西式文化，以及伊斯兰阿拉伯文化、犹太文化等多民族文化杂然并存于哈尔滨，促使哈尔滨近代城市宗教建筑呈现多元并存的艺术状貌。

2.3.2.1　俄罗斯文化体系的输入

近代哈尔滨在强大的西洋文化氛围中，俄式文化占据独特地位。由于哈尔滨是由沙俄帝国一手规划和建设起来的城市，最早进入哈尔滨的建筑师是俄罗斯人，这就不可避免地要把俄罗斯本民族的建筑样式带入哈尔滨。在哈尔滨存在着大量的反映俄罗斯民族传统特色的建筑。据历史记载，"东正教神父亚历山大·如拉弗斯基来到哈尔滨。铁路辖区内的第一座东正教堂在香坊区霍尔瓦特庄园附近的一个席棚里设立……该教堂被命名为圣·尼古拉教堂"。这样，东正教正式传入了哈尔滨。随着俄国侨民的不断增多，东正教堂在哈尔滨的建造数量便增多。"根据资料统计，从1898年在香坊建立的第一座简易东正教堂开始，到20世纪30年代，哈尔滨曾建各类东正教堂约25座之多"（附表1）。早期，除南岗圣·尼古拉教堂之外，规模都很小。这一时期的教堂以小型木结构教堂居多，因为这一时期在哈尔滨的东正教徒几乎全部是俄籍侨民，居住比较分散，中国信徒极少。

　　1920年以后，随着俄国侨民的激增和哈尔滨东正教区的建立，教堂规模也扩大。1920~1928年，这期间哈尔滨共建东正教堂14座。这一时期也成为哈尔滨东正教发展的繁盛时期。这一时期建造的大型教堂，其规模都在千人以上。如1923~1932年建造的圣·索菲亚教堂，是哈尔滨最大的东正教堂。1930~1940年重建的圣母领报教堂可容纳1500人。1930~1935年建造的圣·阿列克谢耶夫教堂规模也在1500人左右。这些大型教堂的建造，也是为适应宗教事务的迅速发展。这是俄罗斯东正教文化在哈尔滨城市迅猛发展的具体表现（图2-30）。

2.3.2.2　西方艺术文化的渗入

　　哈尔滨位于东北松花江畔的一隅，这里是水路交通的交汇点，自然环境优美，沙俄殖民主义者选择在这里建城是顺乎自然合乎地理的。而哈尔滨的自然地理环境，一定程度上同莫斯科有些相似，因而沙俄殖民主义者怀着眷恋故土的心情，早在1898年就确定模仿俄国古都莫斯科的面貌建设哈尔滨。

a）外侨公墓圣母安息教堂　　　　b）圣母守护教堂　　　　c）圣·索菲亚教堂

图2-30　哈尔滨东正教堂

首先，流行于欧美的新艺术运动思潮东进。哈尔滨在建设初期主要受到新艺术运动的影响，也可以说哈尔滨是伴随着新艺术盛行发展起来的城市。发起于西欧的新艺术运动在19世纪末曾经席卷欧美各国，当时的沙俄也积极追随这场艺术运动，并将之适时地传入哈尔滨。新艺术建筑是哈尔滨现代转型中，最具有典型性和代表性的纯正的艺术体系。哈尔滨与西欧、俄罗斯同步进行了新艺术建筑的探索，在建筑类型的多样性、建筑材料的独特性、风格发展的阶段性与完整性、建筑规模以及传播时效等方面均很独特，而体现在建筑装饰上的装饰形式以及表现手法就必然有不同主题以及艺术处理上的差异。

其次，数量众多的折中主义建筑的广泛出现，使西方复古主义建筑思潮逐步在哈尔滨发展成为城市主流。19世纪下半叶，盛行于欧美各国体现西方传统建筑特征的折中主义思潮不可避免地出现在近代哈尔滨的建筑体系当中。折中主义建筑装饰的艺术形式包罗万象，从其艺术倾向上分类有文艺复兴式、巴洛克式、古典复兴、浪漫主义，此外还有无突出特征的折中主义建筑。

最后，地方民族建筑艺术杂然并存于近代哈尔滨。"从19世纪末到20世纪40年代，当欧洲的反犹太人浪潮妄图将犹太民族灭绝的时候，一些俄国和欧洲其他国家的犹太人开始向中国东北地区的哈尔滨迁移。犹太人来到哈尔滨生活、工作、学习，从事宗教、政治、经济、文化等活动，自然而然地逐渐形成了一个完整的'社会体系'，使哈尔滨一度成为东北亚最大的犹太人聚集地"。近代的犹太建筑也成为哈尔滨独具装饰特色的建筑典型。例如，建于1919年的犹太教会学校。这是一栋罕见的犹太教建筑，带有明显的伊斯兰特征，建筑特征十分突出，红色穹顶和红色钟乳饰件与米黄色墙面构成明快的外貌。檐壁饰以蜂窝状钟乳拱，入口部位设马蹄形券窗；建筑二楼全用尖券窗，尖券窗至今仍保留希伯来教独有的六角星符号（图2-31）。又如建于1918年的道里区外侨集居区中心的犹太教堂。建筑物处

图2-31　原犹太教会学校

图2-32　哈尔滨清真寺

于交叉路口转角部位，侧立面特点突出，清水砖墙的高直花饰相互呼应，形成庄严肃穆的气氛。

　　此外，在哈尔滨居民中有大量的回族，他们力求在建筑上体现自己民族和宗教的特征。例如，哈尔滨清真寺（图2-32）是一座伊斯兰教堂，总体造型简洁稳定，方形主体圆形穹顶，方圆合一敦厚朴实，端庄肃穆，强调了纪念性，是典型的伊斯兰建筑的作品。清真寺有自己独立的院落，主体结构采用阿拉伯建筑形式，平面为方形，中间为礼拜大厅，东西向布局，东向为入口，西向则是伊斯兰朝拜圣地方向。清真寺四个角端顶部冠戴小圆穹顶为宣礼塔；入口顶端中央冠戴洋葱头式穹顶造型；建筑轴线的西端设置三层高的望月楼。望月楼和其他的穹顶顶端均设有新月符号。又如道里区通江街108号的土耳其清真寺，亦称鞑靼寺。这是供外国侨民集居区中的穆斯林进行礼拜朝圣的伊斯兰教堂。建筑规模不大，但伊斯兰特征突出，属阿拉伯建筑体系，在方形主体上突起一个高高的宣礼塔，塔顶冠戴一个不大的尖圆穹顶，红白相间的墙面，尖券拱形高窗，表现了伊斯兰建筑的特征。

2.3.2.3　中国民族文化的复兴

　　在哈尔滨近代建筑的发展期产生了一股民族文化的复兴浪潮，从而建造了文庙、极乐寺、普育中学等中国传统形式的建筑组群，给哈尔滨这座西洋艺术味道浓郁的城市增添了些许中国传统建筑的色彩。如原普育中学（现哈尔滨第三中学）（图2-33），伪满时期曾为第四军管区办公楼，建于1923～1925年期间。

图2-33　原普育中学　　　　　　　　　　图2-34　哈尔滨极乐寺

该建筑采用绿色琉璃瓦大屋顶，朱红色钢筋混凝土仿木柱廊，深红色木窗，檐下饰以彩绘额枋，高高的台基座上一对雄狮守门，整栋建筑气势恢宏，地处三角地段，三面临街，同环境巧妙结合，为突出入口采用了双柱门廊；为适应柱距的变化，将横向雀替竖立，同时采用了高高的柱础石，在一、二层之间墙体保留了横向腰线，墙面施以米黄色粉刷。又如位于东大直街的极乐寺（图2-34），是哈尔滨唯一的一组大型佛教寺庙，建于1924年。整组建筑由黄或绿琉璃瓦顶，朱红柱廊和灰色瓦墙构成，体现了我国的传统形制。极乐寺大雄宝殿和极乐寺后殿是体现东北寒冷地方特征的古典建筑形式，这里没有斗栱，也没有开阔的大型敞窗，采用了东北民居常见的封闭的独立小窗。再如文庙，这是一组保护维修比较完好的中国传统建筑群，建于1926年，是仿清式建筑。大成门是中轴线上主要建筑之一，在洁白的汉白玉台基上，建筑金黄流利瓦顶，朱红门廊，蓝绿彩绘斗栱和额枋，在苍松翠柏之间，显得格外高雅庄重。文庙左右配殿为对称布局，采取灰色筒瓦屋顶，朱红门廊，镶以金饰角，蓝绿彩绘额枋，既鲜艳又朴素，整栋建筑坐落在平缓的台基上，给人以平易近人感。

　　除中国传统建筑形式之外，在民族文化复兴浪潮中还存在另外一种艺术形式，它反映近代中国的城市文化呈现中西二元文化特征。例如，哈尔滨傅家甸建筑的艺术形式反映出中西文化在本土上碰撞之下产生的一种独特的建筑装饰形态。在西方文化基础上，融入本土建筑文化，这种相互交融的状态使哈尔滨建筑装饰艺术的发展具有独特个性。随着中国民族资本在这一阶段的明显壮大，青岛、沈阳、天津等地的资本家纷纷来哈尔滨设厂、经商，哈尔滨傅家甸（现道外区）的建筑活动达到空前的繁荣，逐渐成为哈尔滨民族工商业发展的重要基地，也使这一地区成为典型的"自开口岸"区域（图2-35）。民族是长期形成的，民族心态也是相对稳定的，即使在外来建筑形制上，其装饰形态也不可避免地用来表达民族情感诉求。在西方经典装饰构件上，经过中国工匠的艺术加工，呈现出具有中国民俗传统寓意的装饰图案，体现出潜在的、稳定的民族心态。

图2-35　原傅家甸街景

2.3.3　主体建筑师的创造实践

近代哈尔滨的外国建筑师主要来自俄罗斯和日本。1898～1920年这段时期里，主持哈尔滨城市规划与建筑活动主要是来自俄罗斯的建筑师。近代晚期，日本的建筑师在哈尔滨的建造活动相对频繁，他们仍然依据俄罗斯建筑师的整体规划思想，但同时也随着现代主义步伐融入建造了简洁明快的现代建筑。

2.3.3.1　俄罗斯建筑师

（1）阿列克塞·克列缅季耶夫·列夫捷耶夫（图2-36）

他是哈尔滨城市最早的建设者。他负责主持建造了海关街、圣·尼古拉教堂附近的一些大型近代建筑。他在哈尔滨停留时间相比其他建筑师来说时间不长，但是他对于哈尔滨早期建筑活动产生很大的影响作用。在此期间，流行的新艺术

图2-36　阿列克塞·克列缅季　　　图2-37　米哈伊尔·马特维耶　　　图2-38　尤里·彼得洛维奇·
耶夫·列夫捷耶夫　　　　　　　维奇·奥斯克尔科夫　　　　　吉达诺夫

装饰手法也随他的作品广泛流传。

（2）米哈伊尔·马特维耶维奇·奥斯克尔科夫（图2-37）

他主持建设了原哈尔滨斜纹街（现经纬街）的剧院和马戏场。他也是将新艺术建筑引入哈尔滨的重要建筑师之一。在他改建的这些建筑的外墙面装饰上，清晰地看到新艺术建筑的艺术符号。他在哈尔滨的建筑工作主要集中在1921～1937年期间。在哈尔滨工作的俄罗斯建筑师队伍中，他是工作时间最长、工程最大的建筑师，被称为俄国文化的奠基人。

（3）尤里·彼得洛维奇·吉达诺夫（图2-38）

他在哈尔滨从事建筑活动37年，是一位非常高产的建筑师。他主持建造了乌克兰教堂、东省图书馆、圣母守护、土耳其清真寺、南满铁路驻哈办事处等建筑。他还设计了日本驻哈尔滨总领事馆、谢奥德基公馆、沿山街日满协会、地段街日本学校（现哈尔滨市兆麟小学校）等。日本天皇为表彰他在建筑领域的贡献特授予他"特殊价值贡献四级勋章"。

（4）德尼索夫

他是中东铁路技师，主持建造与中东铁路有关的重要办公建筑——中东铁路管理局办公楼。这座建筑对哈尔滨城市产生了深远影响。在建筑材料上选用当地少有的石材，建筑体量庞大，突出强化了当时的政治地位，建筑装饰艺术也采用当时流行的新艺术装饰手法。与中东铁路管理局办公楼对街相邻的中东铁路俱乐部也是他主持建造的。中东铁路俱乐部是以文艺复兴为主的折中主义建筑，与中东铁路管理局办公楼严肃庄严的艺术形象相比更具古典艺术气息。

（5）基特维奇

他是中东铁路技师，主持建造了中东铁路哈尔滨站。火车站是哈尔滨新艺术运动的重要标志性建筑，其装饰语言突出表现了新艺术宗旨。它不仅是当时城市的重要交通枢纽，同时也是哈尔滨近代建筑艺术发展的重要里程碑。

（6）鲍道雷夫斯基

他主持修建了圣·尼古拉教堂，是俄罗斯民族传统文化渗入近代哈尔滨的重要标志性建筑。其独特的地理位置突显了宗教文化对于城市的重要影响。圣·尼古拉教堂也是近代时期木结构建筑的重要代表。

（7）奥斯科尔克夫·西科耶夫

他主持建造了圣·索菲亚教堂。建筑平面为东西向希腊十字对称布局，砖工精细令人赞叹不已；以大小套叠的砖砌拱券构成母题，组成了丰富生动、活泼向上的整体。

（8）弗奥罗布

他主持建造了尼埃拉依教堂。教堂属哥特式，尖顶高坡尖拱高窗挺拔有力。建筑规模不大，平面呈十字形，但两翼伸出很小，实际上接近矩形。在入口钟楼顶部装饰俄罗斯建筑常见的六坡帐篷尖顶，更突出了主体的高耸效果。

（9）斯维利道夫

他来到哈尔滨正值近代建筑从新艺术到现代主义过渡的时期。他主持建造了霁虹桥、普育中学、新哈尔滨旅馆等建筑。这些建筑集中于火车站附近，并且建筑艺术走向与装饰手法各不相同。如霁虹桥是新艺术装饰手法、普育中学反映中国民族传统、新哈尔滨旅馆则是装饰艺术建筑代表。

2.3.3.2　日本建筑师

（1）大谷周造

他主持建造了哈尔滨斯大林公园的江畔餐厅。这是一座体现俄罗斯民族传统的建筑。高高的尖坡顶和矮矮的短木柱构成强烈的对比，尖坡顶的山花墙上开设一小窗，与背景图案巧妙地构成远眺虚境，若隐若现；带有禽类羽毛花饰的木柱廊小巧新颖，玲珑剔透。

（2）吉田友雄

他主持建造了哈尔滨会馆。这是一座折中主义建筑，建筑构图对称，主入口为内凹式，上部设阳台，局部使用了灵性纹饰图案。建筑底层为宽大的拱形窗洞，上部以方窗为主，带有发券式装饰。

2.4　实现因素

"四因"中的"目的因"，是指具体事物之所以存在所追求的目的——"做一件事情的'缘故'"，事物"最善的终结"。"目的因"指的是"追求什么"、"为了什么"。建筑的产生源于动力因的作用，这种作用的结果只是促成建筑修筑。而建筑追求某种艺术发展，或者达到某种精神诉求，这就体现出一个实现的过程。在这个过程中，目的被达成也就是本质的实现，即形式被确定，达到建筑装饰之美"最善的终结"。

在"四因说"中，从"形式"来讲"实现性"，从"质料"来讲"潜能性"。这个过程体现一个横向分解。还有一个纵观的动态的讲法，即从发展的观点看任何东西，每个个体都是一个发展。任何一个东西从发展的观点看，它总有一个发展的动力——"动力因"。这个发动的力量使一物往前发展。往前发展总有一个发展的目的——"目的因"。这个动态的分解就是表示一个东西的完成要通过一个发展的过程完成，这个发展过程名之曰"生成过程"（becoming process）。我们也可以更简单地分析"目的因"与其他因素（图2-39），"质料因"是直观可见之物，人们甚至可以触摸而深入了解质地；"形式因"和"动力因"是物体产生所客观存在的不可见之物，但

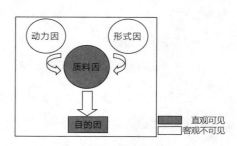

图2-39　"四因说"动态发展

是物体的存在却不能缺少；而"目的因"相对于"形式因"来讲是直观可见的，因为事物最终达到的结果是直观存在的。建筑装饰受到物质因素、形式因素、驱动因素的逐层影响，在实现因素上则更加通透，建筑装饰之美的方向性则更加明确。建筑艺术个体趋向于某一艺术流派、装饰形式表达某一思想宗旨，都是在既有现实因素相融合之后实现的。而其结果主要作用在建筑本体性装饰上，对于装饰艺术形式来说体现在装饰艺术的形式语言和装饰构造的形式特征两个方面。

2.4.1　结构构件的本体性装饰

2.4.1.1　结构装饰化

结构装饰化这种处理是对建筑结构自身进行的艺术修饰或者润色。寓装饰艺术于建筑结构之上，展现形式内在的美感。"装饰"一词作为动词，是指赋予建筑结构以装饰行为。装饰形式集中在建筑构件的结合部位，以及容易被观赏或者接近的部位。如中国古代建筑层层出挑的斗栱，西方哥特教堂的拱肋组成的连续而优美的艺术形态等，它们都是"结构装饰化"的艺术表现。在建筑外装饰上，结构装饰化具有两种表现形式：其一是自然装饰，即材料本真所固有的属性形成的装饰等，如材料的质感和肌理等的表现；其二是人工装饰，即人对建筑功能构件的美化修饰，包括结构构件、功能构件、构造美化等。例如木材易于雕琢造型，因此木结构的构件经过工匠的艺术加工，表现了灵活、生动的装饰效果。这些木装饰构件通常具有重要的结构作用。建筑栏板柱、栏杆以及门斗等具有围护和支撑作用的结构构件的艺术化处理（图2-40）。此外，砖材料虽然体积小，但却易于罗列造型，因此砖结构建筑通过砖砌叠涩形成丰富的装饰线脚，也突显了结构功能。如砖砌清水砖墙，其檐下通过砖块砌筑形成凹凸变化的巨齿线脚，虽然建筑立面素朴清雅，但局部装饰却丰富了建筑整体的装饰效果。

2.4.1.2　装饰结构化

"装饰结构化"指的是装饰作为整体构图的一部分，这类建筑运用装饰的

　　　　　　　a）霁虹桥　　　　　　　　　　　b）苏联纪念碑

图2-40　装饰结构化的建筑元素

方法称为"装饰结构化"。在这种情况下，装饰与建筑的体形也异化成为装饰。其实，装饰结构化是装饰在建筑中存在的一种形态，金字塔就是最早的装饰结构化的典型。黑格尔将这类建筑称为象征主义建筑。装饰结构化的建筑外装饰的艺术特点突出表现在体形上。装饰结构化装饰形态突出表现了雕塑艺术特征，雕塑感不仅体现在建筑物的外在特征，同时也表现在局部装饰构件上。

　　装饰结构化在哈尔滨近代建筑外装饰上的突出表现，首先体现在纪念性建筑上。如南岗中心区的反法西斯战争胜利纪念塔（也称"九三"胜利纪念塔）、哈尔滨火车站广场的苏联红军纪念碑、八区的抗日战争暨解放战争纪念塔；其次，近代建筑装饰元素的表现形态也具有"装饰结构化"的特征。如中东铁路管理局办公楼（现哈尔滨铁路局办公楼）女儿墙局部造型，其形态犹如兽首。而一些近代建筑的牛腿造型也是源于对动物腿部形态的汲取，经过艺术加工之后应用于建筑装饰上。装饰结构化更普遍地出现于建筑雨棚以及入口台阶的装饰造型上（图2-41）。

图2-41 结构装饰化的装饰形态

2.4.2 艺术元素的附加性装饰

"附加性装饰具有独立的审美因素,与建筑主体在一定程度上可以脱离,体现观赏性的特点。如浮雕脱离建筑后,虽然意义改变,但是依然具有独立的欣赏价值。这就在某种程度上导致附加性装饰的独立特质"。在建筑装饰上突出表现了装饰形式的艺术语言特征。

2.4.2.1 建筑构件的形式语言

建筑构件的装饰是对本体性装饰的一种模仿,其突出特点是表现为一种模式化的形式语言,也是对装饰语言的符号认知。对苏珊·朗格来说,"艺术符号是一种有点特殊的符号,因为有符号的某些功能"。朗格对符号作出独特的解释,她把符号看做是一种用来再现另外一种事物并进而在论述中代表这种事物的记号的语义学家的观点。由此,装饰语言有时也是再现另外一种事物,这种事物在应用到建筑装饰上以后,就体现了全新的含义。

在哈尔滨近代建筑的外装饰上,由中国工匠所创造的、位于道外区的"中华巴洛克"建筑的装饰语言就体现了这种现实认知的语言艺术。巴洛克建筑喜好繁

a) 原小世界饭店   b) 原同义庆百货商店   c) 原泰来仁鞋帽店

图2-42 "中华巴洛克"建筑装饰语言表达

杂的装饰，哈尔滨"中华巴洛克"建筑则是在欧洲巴洛克建筑的构思体系上，附着浓重的中国传统风情与民俗特征的装饰形式（图2-42）。初看之下，与传统巴洛克建筑并无差异，但走近观赏便会发现，其艺术特色是将中国传统民俗文化中的吉祥寓意在中国工匠的手下寄托于欧洲传统建筑构件之上，成为具有本土特色的建筑语言。如植物主题装饰，它以鲜明的特质和生命的蓬勃精神而存在。如花卉图案语义多样化——牡丹象征高贵、梅花象征高洁、石榴象征多子、松竹象征品德高贵等。此外，动物主题装饰在中国民俗文化中也寄托了人们对美好生活的向往，如蝙蝠倒挂象征"福"到来，鲤鱼象征连年有余，丹凤朝阳象征美好、幸福，三阳开泰象征勃勃生机，白鹿青松象征长命百岁等。

相对于"中华巴洛克"建筑的具象装饰语言，新艺术建筑的语言表达则相对抽象化。新艺术建筑的曲线形态是对自然界生命的现实认知表现。它以鲜明的特质和生命的蓬勃精神而存在，一种象征生命生长规律蜿蜒灵动的线条，这种曲线装饰形态是对自然界中植物、动物的歌颂，体现出建筑浪漫、活泼的意味。装饰语言功能是将经验以形式化的手段表现出来，通过这种形式将经验客观地呈现出来以供人们观赏和玩味。优秀的建筑艺术作品都应具备这种原始功能，借此为情感和主观经验的表象或所谓的内在生活的特征赋予艺术形式。例如在建筑外装饰上植物以草叶型作为装饰语言装饰建筑栏杆，以昆虫和水族类动物为装饰语言出现在建筑女儿墙上，也有独立式小住宅采用鱼骨状的托檐（图2-43）。

2.4.2.2　局部装饰的艺术语言

在每一种艺术创造中都存在着一个明确地表达艺术主旨的语言形式。装饰符

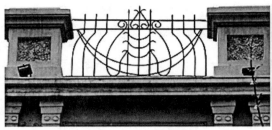

a）原哈尔滨一等邮局女儿墙　　　　　　　b）公司街78号住宅檐部

图2-43　新艺术建筑装饰的语言表达

号作为建筑艺术语言的外在表现，让我们更加直观地、深入地认知事物表达的宗旨。透过这些语言符号直观地表现了建筑美的形式内涵，同时也深刻地体现出建筑艺术的价值体系与人们对它的精神寄托。然而，在建筑上，装饰符号作为表意要素，它既是意义，也是形式。因为每一种符号同时也是一种语言，这种语言在建筑装饰上突出了形式与意义的双重使命。在形式方面它是空洞的，在意义方面它又是充实的。之所以空洞，是因为能指与所指的关系有偶然性，是约定俗成的；之所以充实，是说它提供一种阅读方式和感觉方面的现实。

　　哈尔滨近代建筑装饰是具有强烈语言特征的艺术体系，其符号语言在形式和意义两方面都有各自的内容。如俄罗斯民族传统建筑装饰，在形式方面，它的符号语言表现在木雕刻形态上。又如新艺术建筑装饰，在形式方面，它的符号语言表现在流动曲线形态上。再如"中华巴洛克"建筑装饰，在形式方面，它的符号语言表现在附加在建筑构件上的民间艺术形态上。这些语言形式如果脱离了所在环境便毫无意义，而在恰当环境下，它们的符号语言的意义是充实的。如俄罗斯民俗传统建筑的装饰符号表达了俄罗斯民族在建筑中吸纳自然元素，倡导人与自然和谐相处的精神境界；又如新艺术的曲线形态以其鲜明的特质、形态的生命力来表现蓬勃精神，是一种象征生命生长规律蜿蜒灵动的线条，体现出建筑艺术浪漫、活泼的意味；再如"中华巴洛克"建筑装饰将来自西方的新体系建筑本土化，以生动形象的艺术形态来寄托人们对美好生活的向往之情，是一种中国固有的传统艺术形式。

　　建筑装饰符号化表达是在形式与意义的双重作用之下产生的，以其特有的语言符号传达出建筑装饰之美的重要思想内涵。建筑构件的装饰是对本体性装饰的一种模仿，其突出特点是表现为一种模式化的形式语言，也是对装饰语言的符号认知。对苏珊·朗格来说，"艺术符号是一种有点特殊的符号，因为有符号的某些功能"。朗格对符号作出独特的解释，她把符号看做是一种用来再现另外一种事物并进而在论述中代表这种事物的记号的语义学家的观点。由此，装饰语言有时也是再现另外一种事物，这种事物在应用到建筑装饰上以后，就体现了全新的含义。

具有意向认知表现是概念化的形式语言，这种表现艺术，其本质上是一种抽象的形式，突出表达了艺术体的情感特征。如新艺术建筑主张一种流动的、蜿蜒的线条装饰的倾向或者潮流，成为其建筑装饰艺术的主要形式特征。而新艺术的曲线形态并不止于简单地模仿自然形态，而是渐渐走向表现形式抽象化、概念化。这种符号语言的表达似乎来源于自然，但又高度抽象，是一种诠释自然的形式语言。如新艺术经常模仿现实花朵的曲线形态作为装饰图案，但是新艺术装饰并不止于对现实的模仿，而是归纳自然界植物生长规律，提取其生长的动态特征制作抽象的装饰图案，以此更加鲜明地表现植物内在的流动感和动态效果。例如建筑女儿墙铁艺栏杆的曲线形态在整体上表现出向中心汇聚的流动感，建筑阳台栏杆的曲线形态体现出花朵盛开时所展现的旺盛生命力。

色彩意象语言表现事物的本质属性，是一种意象认识语言。哈尔滨俄罗斯民俗传统建筑，其木构件装饰喜好采用纯净的、源于自然界动物和植物的色彩。如斯大林公园冷饮厅栏板柱的色彩对比装饰犹如孔雀羽翼，玲珑细致，栩栩如生；而建筑其他部位油漆成绿色和蓝色，仿佛在蓝天、森林的映衬之下。

2.4.3　装饰之美与意义的融合

装饰产生于功能和构造的实际需要，但把何种形象加到建筑物上，却与结构、构造和功能无关，从而为精神性的东西留下余地。借助装饰可以塑造特定的氛围，或者使人进入某种情绪状态，也能使建筑艺术的意境更为深远。传统的建筑装饰一般表达象征意义、身份和地位的等级意义，以及民族文化等意义。随着社会的发展，建筑装饰之美所表达的意义有了相应地拓展，个性的意义、不同建筑的类型意义等也逐渐在建筑装饰表意性的范畴之内。

2.4.3.1　象征意义

建筑装饰首先体现建筑的象征意义。哈尔滨近代建筑外装饰最具突出特色的是将中国民间文化传统表现在建筑外装饰上。如中国工匠所创造的、位于道外区的"中华巴洛克"建筑的外装饰，这是近代哈尔滨建筑艺术风貌中具有重要特色的一种建筑样式。中国传统建筑装饰强调自然的属性，各种自然植物与花卉，如牡丹、石榴、荷花、葡萄、海棠等都成为建筑装饰上常用植物。中国传统文化中，吉祥、富贵、多子多孙是各类装饰的主题。因此，牡丹是象征富贵的花卉，石榴则象征多子多孙，鲤鱼图案象征连年有余，蝙蝠倒挂象征"福"到来，岁寒三友的松竹梅等象征吉祥和高贵，以及一些神话故事中的人物图案都成为建筑外装饰的主题。

2.4.3.2　公共意义

建筑装饰作为传达身份和地位等公共意义的手段，在中国古典建筑时期，主要表现在礼制制度和官方门第等级的规定上。首先，占据主流思想的儒家文化对装饰有更为持久的影响，发展装饰与"礼"成为"同构"关系。李研祖在《装饰之道》中有详尽论述："礼"是社会行为之装饰，当行为装饰与艺术装饰统一时，社会就装饰化了。礼有繁有简、有文有质、有贵质或贵文的界定。中国的装饰艺术一直有一定的社会观念和制度，与礼乐文化分不开。儒家思想的"绘事后素"、"文质彬彬"等都是装饰与"礼"的同构的思想基础。汉语中的华贵、雍容这些词语都表明，地位越高贵，装饰越华丽，而超越了地位的装饰就是僭越。

建筑装饰作为传达身份和地位等公共意义的手段，在中国古典建筑时期，主要表现在礼制制度和官方门第等级的规定上。这些传统思想都深刻地表现在建筑外装饰上。例如，哈尔滨表现形式多样的折中主义建筑，在装饰形态上有两种表现：一种是根据建筑类型的不同而选择不同的历史风格，如以哥特式建造天主教堂，以古典柱式表现银行，以文艺复兴式表现俱乐部，以巴洛克式表现剧场等；另一种形态是在一座建筑上混用多种历史风格和艺术构件，形成单座建筑上的折中主义风貌。

　　装饰产生于功能和构造的实际需要，但把何种形象加到建筑物上，却与结构、构造和功能无关，从而为精神性的东西留下余地。借助装饰可以塑造特定的氛围，或者使人进入某种情绪状态，也能使建筑艺术的意境更为深远。传统的建筑装饰一般表达象征意义、身份和地位的等级意义，以及民族文化等意义。随着社会的发展，建筑装饰之美所表达的意义有了相应地拓展，个性的意义、不同建筑的类型意义等也逐渐成为建筑装饰表意性的范畴之内。

2.4.3.3　民族文化

　　当一个民族为了争取独立，抵抗外部势力侵占时，用装饰来表现民族文化的愿望往往特别迫切，这体现了民族意识形态的需要。例如，18世纪西方的理性时期，装饰的民族意义达到特别重要的地位，以本杰明·亨利·拉特罗伯（Benjamin Henry Latrobe）为代表。他在为华盛顿国会大厦设计的柱式上，抛弃了传统的莨苕叶饰纹样，代之以美国本土的植物纹样，如玉米和烟草。又如，20世纪20年代的中国，在强烈的民族意识的驱使下，"中国固有之形式"受到高度重视，表达中国民族文化的装饰是中外建筑师的首选。从当时的南京"首都计划"与上海的大上海计划中可窥见一斑。

　　近代时期哈尔滨就拥有众多的民族，也必然会有代表各自民族和特征的建筑装饰出现。民族是在一定历史阶段形成的有共同语言、共同地域、共同经济生活和表现为共同文化特点基础上的共同心理素质的稳定的共同体。因此，民族性的基本要素包括语言、地域、生产方式、文化传统和价值观念等的同一性。突出体现民族文化的建筑，其外装饰创造性地运用和发展本民族的独特的艺术思维方式、艺术形式、艺术手法来反映现实生活，表现本民族特有的思想感情，使建筑装饰艺术具有民族气派和民族风格。

　　这一时期，在哈尔滨外籍侨民中有相当数量的犹太人和回族，他们力求在建筑装饰上体现其民族特色。在中国民族传统建筑的复兴浪潮影响下，中国传统建筑组群也突出体现了本土文化的高涨。这些建筑在装饰上都突出体现了本民族的艺术特色。

2.5　本章小结

建筑装饰之美"因"是哈尔滨近代建筑外装饰物象表象层面的内容。建筑装饰的潜能就是沿着材料与形式规律发展所达到的最高目标。首先，所有不同种类的材料都服从于某种定数，或者说都要履行某种形式的天职。它们具有统一的色彩和肌理。因为它们是形式，所以它们唤起、限定或发展着艺术形式的生命。其次，某些材料之所以被选用，不是因为易于处理，或在艺术满足生活需要时能派上用场，而是因为它们适合于某种特殊的加工处理，以确保某些效果的出现。最后，材料的形式在原材料阶段便启发着、暗示着、繁殖着另一些形式，这是因为形式根据它自己的规律释放为其他形式。但是材料的形式天职并不是盲目的宿命论，因为丰富多样的材料是高度个性化、具有暗示性的。因此，材料向形式提出很多要求，并对艺术形式产生强大的吸引力。反过来，艺术形式也可能彻底改变材料。

"四因"中质料因是潜能，"理式"、"驱动"、"实现"是发展，通过"四因"的分析发现建筑外装饰之美是质料潜能与审美现实相互作用的动态结果。"四因"相互转化的创造过程也就是美所产生的过程。建筑装饰之美

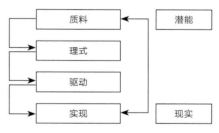

图2-44　"四因"的动态发展

体现出"质料"和"形式"的统一，并且"质料"与"形式"相互转化创造最终达到具有某种潜能的高级形式。因此，形式加在质料上就成为一个东西；再加上"动力因"、"目的因"就成为一个发展。这体现了一个动态的发展过程，也是从潜能到现实的发展（图2-44）。

第 3 章 CHAPTER THREE

哈尔滨近代建筑外装饰之美"形"

"形"有形式和形态之分。形式指事物的结构、组织、外部状态等；形态指形状神态，亦指事物在一定条件下的表现形式。基于对词义的释义，美"形"的范畴也就更加明朗，即在美"因"作用之下具有突出艺术特征的装饰形式或审美形态。

"形式"在本质上决定了艺术和美的现实存在。建筑装饰是建筑美的外在表现，形式与内容是美本身就有的两个要素，同时形式美也是内容美的存在方式。在艺术创作中，素描刻画了美的物体的外在形式，这种形式在艺术创作中突出表达了美的内容。建筑装饰中也存在着突出表现内容美的外在艺术形式。因为形式可以被看做是美学思想的标志，形式上的改变可能意味着美学立场的变更，所以哈尔滨近代建筑装饰之美"形"是我们深入探究建筑装饰美学内涵的一个非常重要的研究环节，它的存在蕴涵于建筑艺术体系之中。

3.1　俄罗斯民族传统建筑外装饰形式

俄罗斯民族在哈尔滨外侨中居多数，因而哈尔滨近代建筑较多地反映出俄罗斯建筑的特点。近代时期，宗教建筑在城市建筑艺术中占重要地位。教堂作为建筑艺术载体，也充分反映出俄罗斯民族传统建筑的艺术特征，同时期大量的砖石结构和木结构建筑，也表现出建筑艺术的特别风格。

俄罗斯民族传统建筑是俄罗斯各个历史时代文化层次和审美需要的一种有形体现。俄罗斯美学徘徊于"生活"与"理念"之间，而且"生活"往往是作为"生命"来理解的。车尔尼雪夫斯基明确地指出"美是生活"，他认为现实生活的美只在内容本质上，而艺术的美则只在形式上，艺术与现实的区别只在形式而不在内容。

哈尔滨俄罗斯民族传统建筑的屋顶造型、檐部线脚、窗饰元素以及木工细部装饰体现出俄罗斯民族文化传统；也深刻地体现了俄罗斯民族现实主义美学思想。在建筑装饰上也从不同的形式层面映现出现实主义的审美理想。这一时期俄罗斯民族传统建筑主要分为两类：宗教建筑和住宅建筑。其中，宗教建筑充分体现了异域文化的建筑装饰艺术的美学倾向。如数量居多的东正教堂的建造基本上集中于1898～1917年的近代建筑奠定期，以及1917年～1931年的近代建筑发展期两个时间段，分散在香坊区、南岗区和道里区人口集中的街区。中东铁路当局建造的铁路普通职工的住宅，体现了俄罗斯民族传统风格。这些建筑在同时期占有很大的比例，曾建有上千栋各种面积标准的住宅。这两类建筑相对集中，分布于中东铁路规划的新城区（现哈尔滨市南岗区）。

3.1.1　现实题材的屋顶造型

哈尔滨俄罗斯民族传统建筑的屋顶造型主要分为两类："洋葱头"式穹顶和帐篷式屋顶（表3-1）。不同穹顶形式出现在东正教堂、天主教堂以及小型商业或住宅建筑的屋顶上。

俄罗斯民族传统建筑屋顶造型　　　　　　　　　　　　表3-1

穹顶类型	建筑功能	建筑实例	艺术特征
"洋葱头"式穹顶	东正教堂		圣·索菲亚教堂，位于鼓座上巨大的"洋葱头"穹顶强化东正教堂的艺术形象，反映教堂内部的宏伟空间，也勾画了外立面变化的轮廓线，是城市景观视线的聚焦点
	东正教堂		圣·尼古拉教堂，其"洋葱头"穹顶矗立于教堂屋顶造型上，同时也是教堂十字平面的中心；主入口屋顶上方的3个"洋葱头"穹顶造型与其交相呼应强化了教堂的视觉中心
	天主教堂		圣·阿列克谢耶夫教堂，3个"洋葱头"穹顶造型位于教堂屋顶鼓座上，并且以主入口鼓座为起点向后在高度上逐渐下降形成有序的空间序列
	商业建筑		近代时期某酒店，在建筑转角入口上方矗立独立的"洋葱头"穹顶造型，不仅突出建筑入口的标志性，同时也强化了俄罗斯民族传统建筑的艺术特色

穹顶类型	建筑功能	建筑实例	艺术特征
帐篷式屋顶	东正教堂		圣·尼古拉教堂，教堂十字平面中心位置采用八面式帐篷顶；教堂拉丁十字平面的长臂两侧相应地采用两面坡帐篷顶
	天主教堂		圣·阿列克谢耶夫教堂，拉丁十字长臂两端饰以帐篷式屋顶，主入口一侧鼓座上饰以八面式帐篷顶，另一个采用六面式帐篷顶，形成高低错落的空间序列
	商业或住宅		斯大林公园某餐厅，其屋顶形式是突出的帐篷式屋顶形式，在造型上突出独特的尖角形式，强化了建筑整体竖向的标志性特征

俄罗斯传统建筑充斥着"洋葱头"的装饰形象，独立的"洋葱头"一般穹顶则位于教堂平面十字中心位置上，成为强化教堂对称型质的主要视觉中心，突出表现了俄罗斯民族传统建筑的现实之美的艺术形象。哈尔滨早期建造的东正教堂基本以小型木结构为主，并且采用集中式平面形制，有希腊十字形、不等臂十字形或方形，并且通过复杂多变的屋顶形式取得丰富完美的艺术效果。

例如，建于1908年的圣母安息教堂，其独立的"洋葱头"造型成为教堂整体形象的标志物。这座教堂是俄罗斯民间常用的木结构建筑形式，低矮平缓的单层建筑还保留着木结构的痕迹，建筑物正中布置巨形门洞，其上叠落冠戴八角形帐篷式尖塔构成钟楼，既控制建筑造型。同时，镂空的鼓座更增强了尖塔的高耸感，其顶部的"洋葱头"穹顶也聚集了人们的视线。"洋葱头"穹顶在教堂上的数量也有相应的象征意义。在哈尔滨东正教堂中就采用多个"洋葱头"穹顶，不同的数量在东正教堂上还代表不同的含义。如"2个'洋葱头'穹顶代表天人合一的耶稣基督，3个'洋葱头'穹顶代表圣父、圣子和圣灵，5个'洋葱头'穹顶代表耶稣和《福音书》的撰写者，13个代表耶稣和12个信徒。"在俄罗斯，建于1037年的基辅索菲亚大教堂，其屋顶之上耸立着13个洋葱头穹顶。在哈尔

滨，建于1907年的圣伊维尔教堂（图
3-1），它拥有5个"洋葱头"穹顶的
东正教堂。"洋葱头"穹顶在教堂屋顶
的设立位置也是教堂内部空间的外在
表现形式。如圣伊维尔教堂平面为希
腊十字对称布局，正面与两侧有三个
不同的入口，主入口正对圣坛。教堂
正殿屋面则矗立1大4小5个"洋葱头"
穹顶，中间由鼓座连接。正殿中央的

图3-1　圣伊维尔教堂

"洋葱头"大穹顶统率着教堂整体的装饰秩序，在主要穹顶四周围绕4个小穹顶
从而成视觉中心，也突出表现了集中式构图。在教堂主入口上方也同样饰有一个
小"洋葱头"穹顶，强化教堂入口上方鼓座的空间感。

　　帐篷式屋顶的存在则更突显功能性。帐篷式屋顶便于积雪排放，防止冬季积
雪压塌屋顶，其形似帐篷的屋顶形式也成为哈尔滨近代为数众多的中东铁路职工
住宅建筑的典型装饰元素（图3-2）。帐篷式屋顶在中东铁路职工住宅中比较常
见。源于俄罗斯民间的"帐篷式"穹顶造型被俄罗斯宗教建筑所吸纳，突出向上
冲天的气势，成为俄罗斯民族传统居住建筑的重要形式要素。帐篷式屋顶由于其
独特的支撑结构，在建筑屋顶形成独特的尖角形式，强化了建筑整体竖向的标志

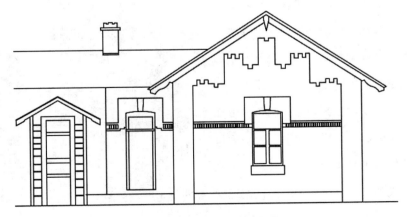

图3-2　中东铁路住宅帐篷式屋顶

图3-3　斯大林公园冷饮厅帐篷式屋顶

性特征。以组团为单元的中东铁路职工住宅的屋顶形式普遍为帐篷式屋顶，是建筑整体最具造型特征的装饰元素。商业服务类建筑，如斯大林公园内餐厅在帐篷式屋顶下方形成的三角形面积也成为建筑立面的装饰重点，体现了俄罗斯民族传统建筑的装饰特色（图3-3）。

　　"洋葱头"式穹顶、帐篷式屋顶形式特征都是源于现实生活的。在哈尔滨东正教堂的屋顶上也常常将这两种屋顶混合使用。如圣·索菲亚教堂（图3-4），在希腊十字的每个尽端顶部，各以惯用的帐篷顶冠戴小洋葱头穹顶来结束；希腊十字交叉处采用高大的开始拱券长窗的鼓座，上面冠戴巨型洋葱头大穹顶，成为整座教堂的控制中心。"洋葱头"、帐篷顶这种源自生活的现实装饰题材在哈尔滨近代建筑中的应用，反映出俄罗斯民族传统建筑艺术文化特征，其装饰之美也直观表现了"美即生活"的俄国现实主义艺术观念。

图3-4　哈尔滨圣·索菲亚教堂

3.1.2　砖砌叠涩的装饰元素

俄罗斯民族传统建筑普遍采用砖，砖饰成为突出的艺术表现形式。砖装饰由于自身体块的优势，易于层叠罗列，形成凹凸感造型丰富了建筑的局部装饰形式。它多样的砌筑方式塑造了建筑局部装饰线脚的变化。哈尔滨东正教堂普遍采用红砖砌筑。教堂立面装饰也突出表现了砖砌筑的艺术形态。

图3-5　圣·索菲亚教堂的拱券门饰

首先，具有突出表现形态的是东正教堂的拱券门饰。如哈尔滨圣·索菲亚教堂正立面的主入口以及两侧入口的砖工之精细令人赞叹。教堂入口采用砖砌筑的双圆心的拱券造型，其上部嵌入大小套叠的砖砌拱券构成装饰母题，组成了丰富、生动、蓬勃向上的整体（图3-5）。

其次，表现在砖构建筑的檐部叠涩的装饰形态。这在东正教堂和同时期俄罗斯民族传统建筑上是比较常见的装饰形态。如早期建造的俄罗斯民族传统建筑的檐部装饰上表现得淋漓尽致。俄罗斯建筑精于砖砌技术，经常采用清水砖墙，用砖砌成丰富多变的花饰，无论是东正教堂还是普通民居建筑都可以看到这种高超的技艺。檐口上下凹凸多变，形成巨齿线脚，与出挑很小的挑檐十分和谐。俄罗斯民族传统建筑的墙面没有做过多的装饰处理，仅在墙体转角部位做装饰处理，以此强调建筑形体造型，同时也很好地勾勒出了建筑立面的轮廓（图3-6）。

图3-6　砖砌檐部线脚

最后，表现在砖结构教堂墙面砖
砌筑的装饰形态。十字架是基督教世
界最重要的象征符号。在耶稣受刑后
流传的十字架象征符号是非常遵守对
称和秩序法则的，并且作为宗教文化
符号得到世界的认同，从教堂平面形
制到教堂局部装饰都表现出十字符号

图3-7　圣·索菲亚教堂的墙面装饰

的广泛象征意义。在东正教堂的墙面采用砖块砌筑形成的十字符饰（图3-7），
如哈尔滨圣·索菲亚教堂墙面装饰上随处可见不同表现方式的十字符饰。

3.1.3　方圆结合的窗饰形态

窗是建筑立面上重要的装饰元素，俄罗斯民族传统建筑的窗饰形态也不例
外。分布于哈尔滨南岗区、道里区以及江北太阳岛三个区域的体现俄罗斯民族传
统特色的40余栋建筑中，窗以其严谨的立面构图，多层次的线脚、贴脸和多色
彩窗框装点着建筑立面，使整个建筑立面简洁生动，又富有俄罗斯民族的浪漫主
义情怀。俄罗斯民族传统建筑的窗饰可分为两大类：长方形窗和半圆额窗。

哈尔滨早期建造的中东铁路职工住宅的建筑窗大多为长方形窗，它们的长宽
比例根据建筑室内开间大小而表现为不同的尺度。长方形窗按照传统尺度关系，
它是高度为宽度的1.5～2倍。即在一种情况下一个长方形窗内可以画两个正方
形，而在另一种情况下可以画一个半正方形。由于建筑墙体为砖砌墙面，所以窗
的造型也体现出砖砌筑的装饰特征。上部的窗楣是倒置的U形中间饰有凸起的简
化中心锁石装饰。下部窗墩座的样式与窗楣相比显得复杂多样，墩座的整体高度
与窗楣的高度一致，而细部分割的尺度又与窗楣转角两端的宽度相同。也有住宅
窗饰通过窗楣造型将两个独立窗连接起来，但窗墩座仍为独立装饰（图3-8）。
俄罗斯民族传统木构建筑的长方形窗，在装饰上更突出表现了俄罗斯民族传统装
饰特征，窗的尺度关系是高度为宽度的1.5倍，贴脸采用雕琢后的木材做线脚，
窗楣造型突出体现了俄罗斯民族建筑檐口的造型，表现为简化的帐篷顶形式，檐

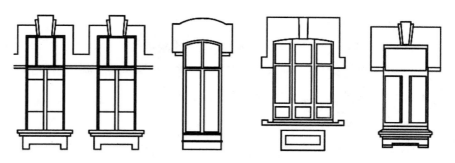

图3-8 长方形窗饰的砖砌造型

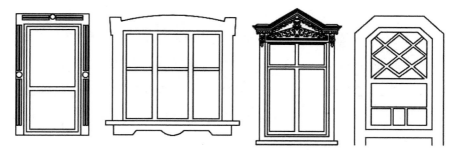

图3-9 长方形窗饰的木装饰

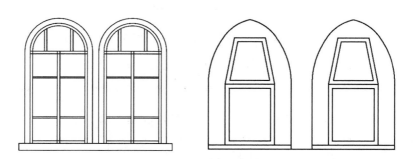

图3-10 俄罗斯民族传统建筑双联窗造型

下饰有木雕图案（图3-9）。

俄罗斯民族传统住宅也出现圆额窗（图3-10）。这种窗是以长方形窗的尺度为参照，在长方形内可以画两个直径为窗宽的圆，当画一个半圆周，并以半圆结束时，就是半圆额窗。哈尔滨俄罗斯民族传统建筑的半圆额窗实例不多，最为典型的是斯大林公园江上俱乐部。基本窗的尺度为两个圆周，窗贴脸从墙面突出极少，线脚简洁。在组成上有单窗和双联窗两种形式。

在长方形窗和半圆额窗的基础上发展了窗的变体，在哈尔滨民族传统建筑窗饰中也是比较常见的样式。高度为宽度两倍的长方形窗的变体有上部窗口去掉45°等腰三角形的转角，还有上部窗口去掉转角的长度到窗高度一半距离。高度为宽度两倍的半圆形窗的变体为窗上部半圆券变成尖券造型。

哈尔滨东正教堂窗饰变化更为多样，但其形式都是从基本长方形窗和半圆额窗演变而来的。

首先是圆额窗。这种形式的窗在教堂上是比较常见的，其高度为宽度的三倍。也就是说，一个半圆额窗内可以画三个直径为窗宽的圆，并以半圆结束。在教堂上，半圆额窗也通常采用柱式装饰，也就是用柱子和扁倚柱来装饰窗子形成一个完整的窗子单位。窗下墙的基座是建筑墙体的一部分，在基座上于窗子的两边立起两根3/4柱，柱子到窗洞口的距离应该至少不能使柱础和柱头翻盖洞口。柱子的高度略大于窗子。在柱子（或扁倚柱）上安置檐部，并冠以檐部造型。如哈尔滨原乌克兰教堂（现圣母守护教堂）入口上方的开窗，以及圣·索菲亚教堂的窗饰单元基本反映了上述结构特点，但区别在于装饰形态上，半圆额窗两侧饰以方圆相间堆砌形成的壁柱，其尺度关系也模仿柱头、柱子以及柱础的比例关系，而窗子顶部采用火焰券造型，窗饰单元的檐部饰以锯齿状的砖砌线脚。与其相类似的窗饰单元在索菲亚教堂立面，或独立出现，或以三联窗的形式出现。而教堂"洋葱头"穹顶下方的鼓座上的开窗，则体现出两种不同装饰单元交替出现的窗饰形式（图3-11）。

a）原乌克兰教堂　　　　　　　　　　　b）圣·索菲亚教堂

图3-11　东正教堂的圆额窗饰

图3-12　俄罗斯民族传统建筑的圆窗造型

　　其次是圆形窗。它通常位于建筑主入口上方，窗贴脸造型也为圆形，宽度为圆形窗的半径。而独立砖砌的开窗形式更为多样，或拉长形成竖条窗或者采用圆形小窗，窗的贴脸造型为战盔式形态（图3-12）。

　　最后是半圆窗与长方形窗的组合

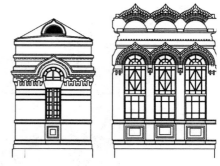

图3-13　东正教堂窗饰组合造型

形式。长方形窗在教堂上一般用于教堂局部空间的采光。在窗口形态上也做略微的弧线处理。如阿列克谢耶夫教堂立面开窗就存在长方形窗与半圆额窗的组合体。窗饰突出圆额窗上部的装饰形态，其造型也为"洋葱头"式穹顶的简化形式，有时为增强建筑立面层次感在窗饰上方增加半圆形窗饰造型（图3-13）。

3.1.4　生动浪漫的木雕装饰

　　由于俄罗斯大部分地区生产木材，因此在建筑活动中，木材是比较普遍的建筑材料。同时，木材具有易于雕琢造型、柔韧性好的材质特征，使其成为俄罗斯民族传统建筑装饰相对普遍应用的建筑装饰。在建筑外装饰上，这些生动活泼的木雕装饰形态也为北方地区寒冷漫长的冬季增添了生机与活力。

　　首先，木雕装饰在俄罗斯民族传统建筑的檐部装饰上表现得颇为复杂多样，建筑外装饰形式突出表现多层叠涩的檐部线脚的艺术形态。木装饰檐部造型与砖构建筑檐部造型有异曲同工之处。在建筑檐口部位，木材发挥材料自身易于雕琢的潜力以及容易拼贴的材料特征，不同纹饰的木材相叠合拼贴而成不同形态特征的线脚装饰在建筑檐口部位（表3-2）。如位于哈尔滨尚志大街92号的原某酒店（现永安文教用品商店），建筑檐部采用波浪曲线和锯齿图案层叠交错形成层叠拼贴的装饰效果，其与砖砌檐部相比突出了层叠图案之间的尺度变化。这种木装饰檐部犹如服饰布料边缘的装饰，修饰了建筑局部构件的线脚装饰。又如原江畔公园饭店（现斯大林公园冷饮厅），建筑檐部也采用了相同的木装饰艺术处理手法，而在檐部不同叠层拼贴之间在形状、色彩上均有不同的变化，更加强化了檐部线脚的装饰效果。

木装饰檐部线脚　　　　　　　　　表3-2

建筑名称	建筑外观	檐部装饰
原某酒店（现永安文教用品商店）		
原江畔公园饭店（现斯大林餐厅）		
中共满洲省委机关旧址		
太阳岛游园街1号		

其次，俄罗斯民族传统建筑入口通常采用木门斗。门斗雕琢形式也是建筑装饰艺术最具表现力的外在形式。门的形式和大小是建筑入口空间的直观体现。俄罗斯

民族传统建筑的门斗成为独立的建筑入口空间，其艺术造型多样，最具突出表现的是通常采用木装饰。由于俄罗斯冬季漫长屋顶常常积雪覆盖，两侧倾斜的帐篷式屋顶则便于排除积雪。帐篷顶下三角形空间的艺术化处理则为建筑入口增添了生机与活力，根据三角形空间面积的大小以及室内空间需求，有的在门口上部增设小型开窗采光，有的用横梁支撑加固顶棚。此外，俄罗斯民族传统建筑也有门斗采用平顶形式，并且用木板全部封闭与墙体在质料上形成鲜明对比（图3-14）。

在俄罗斯民族传统建筑中，门与窗在立面上的排列方式与装饰形式是一致的。无论是门口与窗口的装饰样式还是门贴脸与窗贴脸的高度都是整齐划一的，并且以门为中心两侧开窗形成对称构图。但也有不同，如斯大林公园冷饮厅建筑一侧入口门的装饰形态与两侧开窗的装饰形态均不相同，形成有韵律感的变化组合（图3-15）。

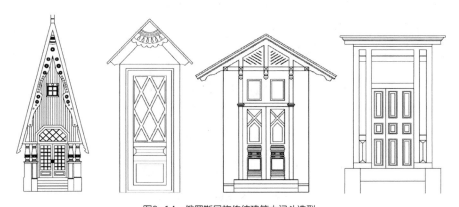

图3-14　俄罗斯民族传统建筑木门斗造型

a）东立面　　　　　　　　　　　　b）西立面

图3-15　斯大林公园餐厅门斗的木雕饰

与体现俄罗斯民族传统的住宅建筑相比，木结构东正教堂入口则朝另一方面发展。门饰通常表现为两侧采用立柱支撑上部半圆拱。实际上，早期宗教建筑门的装饰将材质潜力以及造型装饰发挥到极致，如哈尔滨圣·尼古拉教堂。教堂平面呈东西向希腊十字形，集中对称式布局，全部为木构架井干式构成，其内部围成巨大的穹顶空间，供宗教活动。教堂外形体现了俄罗斯木结构传统装饰形式，而教堂入口正面主入口上饰有火焰型尖拱。入口上层为钟楼，由尖陡的四坡顶覆盖。教堂入口门廊由两侧雨篷覆盖的斜坡楼梯，共同支撑入口上方的火焰券装饰构件，形成整体统一的入口门廊。

最后，俄罗斯民族传统建筑的栏杆雕饰形态也是其最具艺术特色的装饰形态。位于哈尔滨斯大林公园内的俄罗斯民族传统建筑，建筑的栏杆装饰形态的艺术表现非常丰富，突出体现了俄罗斯民族的艺术传统。如江畔餐厅的立柱上端与底端对称，中间部位是下粗上细的动态变化效果；栏杆由连续拼接的木板围合而成，中空部位的图形似带羽翼的箭；而出挑屋顶下的栏杆则采用45°整齐排列的木板组合而成。又如斯大林公园冷饮厅的立柱顶端由两片木板十字交叉构成，栏杆也采用羽翼形态的装饰母题连续拼接而成，塑造了整体活泼生动的艺术形象（图3-16）。

除此之外，位于江北太阳岛的俄罗斯住宅的木装饰虽然采用抽象简洁的装饰母题，但也表现了其与自然相和谐，汲取自然灵感的艺术效果。如建筑二层出挑阳台的栏杆造型与局部的装饰元素，以及栏板上的双立柱，既突破了装饰传统又体现出俄罗斯民族的艺术特色（图3-17）。

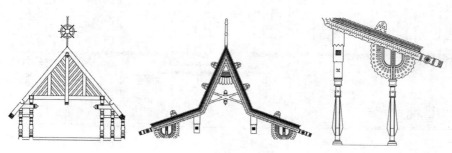

图3-16　支撑顶棚的立柱及栏杆

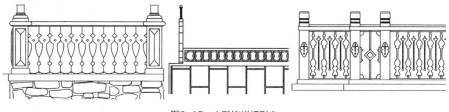

图3-17　木雕饰栏杆形态

3.2　新思潮建筑外装饰形式

哈尔滨近代建筑的发展有着特殊的时代和历史背景。19世纪末的西方，为适应工业化社会生产和生活需要诞生了一批新潮建筑。新艺术运动、装饰艺术运动以及现代主义运动，这些反映时代新思想的建筑在哈尔滨近了建筑舞台上也扮演着重要的角色。它们在装饰上表现出各自独特的艺术形式，整体上也突出了建筑装饰艺术的时代性。艺术思潮的转变与更新，在本质上是人的生存境遇和精神状态的转变和更新。这种变化往往与时代的大背景紧密相关。正是在19世纪与20世纪的转折点上，人类整体生存状况发生了巨大的变化，这为新艺术运动的诞生提供了最深层次的背景和条件。

首先，作为城市转型之初最重要的风格类型之一，新艺术已经成为哈尔滨建筑风格传统不可割裂的有机组成部分，而且新艺术建筑对哈尔滨城市的影响延续至今。从1899～1927年，这段时间是哈尔滨新艺术建筑蓬勃发展的时期。在此期间，哈尔滨相继建造了29座具有典型特征的新艺术建筑（附表2）。从第一座新艺术建筑——香坊气象站开始到最后一座新艺术建筑——原密尼阿球尔咖啡茶室店，这些建筑的装饰形式各具艺术特色。其优雅精致的建筑入口、素朴净化的墙面装饰、活泼多变的窗及窗饰、蜿蜒流畅的装饰构件、镂空流变的檐部造型等，成为哈尔滨近代建筑艺术体现时代性的重要标志。新艺术运动并非某个人或者某些人的呼唤所引发的，虽然这些呼唤确实反映了当时的社会尤其是艺术工作者们的精神状态。在时代变革的转折点上，在新旧文明模式的冲突上，人们往往都会或者被迫地体现人的精神诉求的艺术领域有所变革。

其次，装饰艺术作为新艺术的延续，在装饰形式上延续和发展了新艺术建筑的装饰手法。"'装饰艺术'运动受到现代主义运动很大的影响，无论从材料的使用上，还是从设计的形式上，都可以明显看到这种影响的痕迹"。"但是，它们属于两个不同的范畴，有各自的发展规律……从意识形态的立场来看，'装饰艺术'运动强调为权贵服务的立场和现代主义运动强调为大众服务的社会主义立场之间依然是泾渭分明的"。装饰艺术建筑在装饰形式上受到一些特别的因素影响而形成：从古代埃及华贵的装饰特征中寻找借鉴，原始艺术的影响。20世纪30年代，在现代主义建筑浪潮影响下，建造得比较典型的装饰艺术建筑共有6座，集中分布于南岗区西大直街和道里区。

最后，20世纪出现在建筑领域的全方位的建筑革新运动——现代主义运动。现代主义运动20世纪20年代产生于欧洲，并以强大的震撼力向其他地区和国家扩散。哈尔滨现代主义建筑是由日本建筑师引入的，这些日本建筑师曾在欧美留学，受过现代主义建筑教育。近代时期的现代主义建筑主要服务于大型公共建筑。

3.2.1　优雅精致的建筑入口

从新艺术到装饰艺术再到现代主义建筑，这些体现哈尔滨近代新思潮建筑在装饰上逐步走向简约的设计思路。同样的，这些建筑的入口形态也突出反映了其装饰形式的艺术走向。

新艺术建筑入口有两种表现形式：一种是新艺术独立式住宅的木构门斗。如近代时期建造的5座中东铁路高级官员住宅入口就是典型装饰实例。新艺术建筑比较典型的独立入口装饰单元，入口顶棚采用俄罗斯民主传统"马车棚"造型，体现了新艺术运动传播到俄罗斯之后融入的民族文化的装饰形式（图3-18）；另一种则是主入口与两侧开窗形成突出的装饰单元，主要应用在公共建筑上。新艺术建筑入口在造型上突出入口装饰单元在建筑立面上的构图作用，门与两侧窗饰共同形成统一的装饰形态，总体形成曲线变化的组合形态。门的装饰形式包括半圆形、梯形、扁圆形、椭圆形乃至梨形等，其柔媚的线条、精致的曲线以及蓬勃

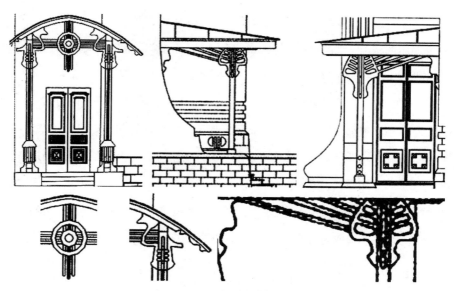

图3-18　新艺术建筑的门斗装饰

的生机与动感，充分体现了新艺术塑造灵活生动艺术形象的创新理想。如原哈尔滨火车站入口装饰单元表现为向上延展的曲线形态；龙门大厦入口单元为门与窗形成的组合单元；原哈尔滨铁路技术学校同样是门与窗的组合形式，整体表现为向下涡卷状的曲线形态（图3-19）。

　　装饰艺术建筑的入口装饰形态与新艺术建筑相比，在装饰上突出强调了线性装饰的简洁与建筑整体的融合感。装饰艺术风格建筑的入口装饰有独立的装饰单元或者门廊造型，整体造型强调提快感，并且融合于建筑外立面整体之中，并不

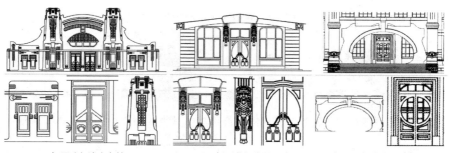

　　a）原哈尔滨火车站　　　　　　　b）原龙门大厦　　　　　　c）原哈尔滨铁路技术学校

图3-19　新艺术建筑的入口装饰单元

突出艺术造型特征。而装饰艺术建筑门廊有时采用铁艺装饰。如装饰艺术风格的原新哈尔滨旅馆（现国际饭店）的主入口门廊，在装饰手法上沿用了新艺术入口门与两侧开窗共同形成入口装饰单元的构图手法，而平缓变幻的雨篷装饰表现了装饰艺术的形式特征（图3-20）。

现代主义建筑入口则更加简化。其主要表现为建筑入口的尺度以及简单的装饰线脚，除此之外无多余装饰形态。现代主义建筑门廊也是简化的支撑出挑构件的结构形态。如原哈尔滨市中央电信局（现哈尔滨市电信局）采用较为封闭的石料砌筑的入口门廊，原伪满哈尔滨弘报会馆（现黑龙江省日报集团）采用四根方柱支撑出挑雨棚形成简洁的入口单元（图3-21）。

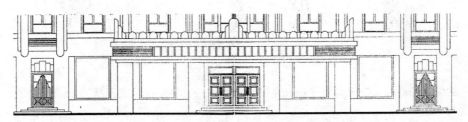

图3-20　原新哈尔滨旅馆入口装饰

a）原哈尔滨市中央电信局　　　　　b）原伪满哈尔滨弘报会馆

图3-21　新潮建筑入口装饰形态

3.2.2　素朴净化的墙面装饰

哈尔滨新潮建筑墙面装饰与门、窗、阳台等装饰元素相比，其造型特征并不突出，但是塑造线脚变化的多样化的装饰手法使其也成为新潮建筑最具有突出特征的重要装饰部分。建筑墙面变化的线脚塑造了丰富的光影效果。例如，纵向和横向的装饰线条、窗洞口的抹灰线脚、檐口下方锯齿状腰线、石材装饰墙面、带

a）原密尼阿球尔餐厅　　　　　b）原协和银行　　　　　c）马迭尔宾馆

图3-22　新艺术建筑墙面装饰图案

状线条、墙面的圆环图案等。这些墙面装饰图案并没有喧宾夺主成为新艺术的
装饰母题，但它与其他装饰元素形成一个良好的协调关系，在突出主次的同时
也更好地柔化了整体装饰效果（图3-22）。这主要是通过建筑墙面朴素柔和的
色彩以及整齐皈依的细节装饰来塑造的。如新艺术建筑墙面通常粉刷淡雅柔和
的暖色调，与建筑上其他装饰构件形成主从对比，以弱化墙面背景的装饰感。

　　首先表现在建筑墙面装饰上。墙面装饰手法在不同艺术走向的新潮建筑上有
不同的表现形式，如新艺术建筑墙面装饰（表3-3）和装饰艺术建筑墙面装饰（表
3-4）。哈尔滨现代主义运动建筑的特点是突出几何形体，净化装饰，适应工业
化时代要求是其共同特点，这些建筑大量应用陶瓷面砖，或采用塑造线脚与贴面
砖相结合的手法。如哈尔滨市中央电信局，建于1936年。建筑设计手法与前例
相似，外墙面全部贴米黄色面砖，但是加设了较为封闭的石料砌筑的入口门廊。
又如伪满哈尔滨弘报会馆（现黑龙江省日报报业集团），建于1936年，地处道里
区经纬街与地段街交叉路口处。建筑巧妙地利用地形，高高的塔楼十分醒目，塔
楼顶端的金字塔尖别具特色（表3-5）。

新艺术建筑墙面形式		表3-3
建筑名称	建筑实例	墙面装饰
原中东铁路管理局办公楼		石材

续表

建筑名称	建筑实例	墙面装饰
马迭尔宾馆		抹灰饰面
中东铁路高级官员住宅		抹灰饰面
原道理秋林公司		抹灰饰面

"装饰艺术"建筑墙面形式   表3-4

建筑名称	建筑实例	墙面装饰
原新哈尔滨旅馆		面砖
原哈尔滨市粮食局		抹灰饰面
原哈尔滨会馆（现哈尔滨市话剧院）		面砖

续表

建筑名称	建筑实例	墙面装饰
原犹太私人医院		石材饰面

现代主义运动建筑墙面形式　　　　　　　　表3-5

建筑名称	建筑实例	墙面装饰
原弘报会馆（现黑龙江日报报业集团）		抹灰饰面
原平安座电影院（现黑龙江日报报业集团）		抹灰饰面
原满洲电信电话株式会社（现黑龙江省电信局）		贴砖

其次，新思潮建筑的墙面装饰强烈地体现艺术语言形式。如新艺术建筑墙面上经常出现的隐性柱式以及在建筑构件上的圆环符号。哈尔滨新潮建筑局部装饰上最为常见的装饰形式是具有机械特征的线性元素。其中，新艺术建筑在装饰元素上体现一种机械生产特征的线性装饰元素。哈尔滨马迭尔宾馆的局部装饰表现得最为突出，如在阳台牛腿、栏杆砖砌栏板柱、托檐石以及女儿墙上都有体现平行线条和圆环相结合的装饰元素。这种线性装饰元素突出表现了机械性的重复和运动特征，成为哈尔滨新艺术建筑装饰的形式特色，在建筑装饰的不同部位，根据造型需要而相应调整直线的方向感和圆环的直径大小（图3-23）。

图3-23　马迭尔宾馆墙面装饰元素

再次，近代新思潮建筑的墙面装饰具有体现艺术语言的形式要素，如新艺术建筑墙面上经常出现的隐性柱式以及在建筑构件上的圆环符号。哈尔滨新潮建筑局部装饰上最为常见的装饰形式是具有机械特征的线性元素。其中，新艺术建筑在装饰元素上体现一种机械生产特征的线性装饰元素。哈尔滨马迭尔宾馆的局部装饰表现得最为突出，如在阳台牛腿、栏杆砖砌栏板柱、托檐石以及女儿墙上都有体现平行线条和圆环相结合的装饰元素。这种线性装饰元素突出表现了机械性的重复和运动特征，成为哈尔滨新艺术建筑装饰的形式特色，在建筑装饰的不同部位，根据造型需要而相应调整直线的方向感和圆环的直径大小。

装饰艺术建筑虽然尽可能简化墙面装饰，但它却更加重视建筑立面上视觉要素的处理。强化整体装饰效果的"线"。哈尔滨新潮建筑的另一个分支，即装饰艺术建筑受到舞台艺术的影响，在装饰上也表现出强烈的节奏与韵律感。如1937年建成的原新哈尔滨旅馆（现哈尔滨国际饭店），其平面设计仿手风琴形式，连续的多层阳台模拟琴键，流畅的塑造线脚模拟风箱，墙面则以面砖装饰。这座建筑的女儿墙在整体上延续了立面的竖向关系，在细节处理上却体现出丰富的动态节奏感，有如跃动的音符。又如1930年建造原日本南满铁路林业公司办事处司（现某文化学校）。这是邻近国际饭店的一栋三层转角建筑，建设年代与国际饭店几乎同时，外观处理也与国际饭店相似，基座层与横竖线脚均为水刷石面层，平整墙面则贴米黄色面砖。建筑窗垛墙面体现具有强烈时代特征的简单几何图形，建筑转角墙面三角形的图案则突出表现了装饰艺术，从古代埃及华贵的装饰特征中寻找借鉴。

最后，现代主义建筑墙面装饰突出构图作用的 "点"。突显转角的檐部造型可谓简洁中突出设计内容的部位。哈尔滨近代时期的现代主义建筑，采用极为简化的处理手法，无过多的装饰，而在细部处理上显得更为精致。建筑浑然一体，其檐部未做挑檐以及女儿墙造型，但在建筑转角中心处突出小巧的、犹如旗杆状的装饰物，成为建筑立面上比较突出的装饰点（图3-24）。

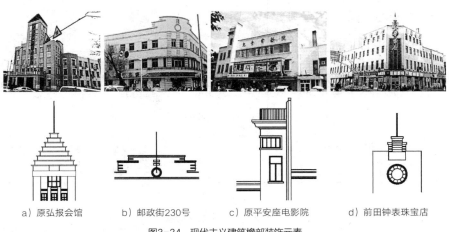

a）原弘报会馆　　　b）邮政街230号　　　c）原平安座电影院　　　d）前田钟表珠宝店

图3-24　现代主义建筑檐部装饰元素

3.2.3　活泼多变的窗及窗饰

新艺术建筑窗饰打破传统，在窗口大小以及窗饰形态上都有不同的变体形式，突出表现为不规则的窗饰形态。以哈尔滨近代早期建造的、典型的新艺术建筑——中东铁路高级官员住宅为例（表3-6），这些住宅的外装饰突出哈尔滨木构新艺术的装饰特征。由于气候等自然条件的影响，建筑开窗尺度不大，但是窗饰形态活泼多样，在整体上突出表现为直线形和曲线形两种形态。例如黑龙江省社科联和铁路幼儿园的直线形窗的开窗较窄，曲线形窗饰则多为圆形窗额。而公司街78号、红军街38号、空军飞行学院2号楼的开窗相对前两座来说，窗口较大，并且多为直线形，曲线形窗饰形态表现为圆弧形窗额形态（表3-7）。

新艺术住宅建筑立面形态　　　　　　　　　　　表3-6

建筑名称	历史沿革	建造年代	建筑立面形态
黑龙江省社科联	中东铁路管理局副局长阿法纳西耶夫官邸	建于1900年	
花园街铁路幼儿园	中东铁路副局长官邸	建于1904年	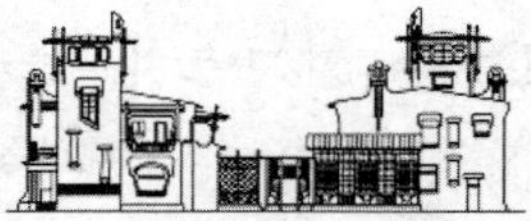
公司街78号	中东铁路高级官员住宅	建于1908年	
红军街38号	东省铁路管理局局长沃斯特罗乌莫夫官邸	建于1920年	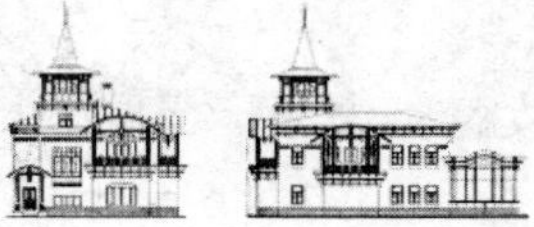
空军飞行学院2号楼	中东铁路高级官员住宅	不详	

新艺术住宅建筑窗饰形态　　　　　　　　　　　表3-7

黑龙江省社科联		铁路幼儿园		公司街78号		红军街38号		空军飞行学院2号院	
直线形	曲线形	直线形	曲线形	直线形	曲线形	直线形	曲线形	直线形	曲线形
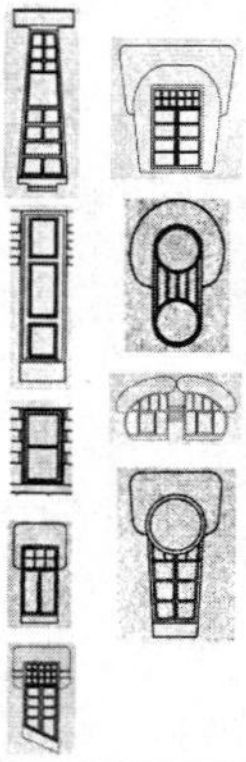		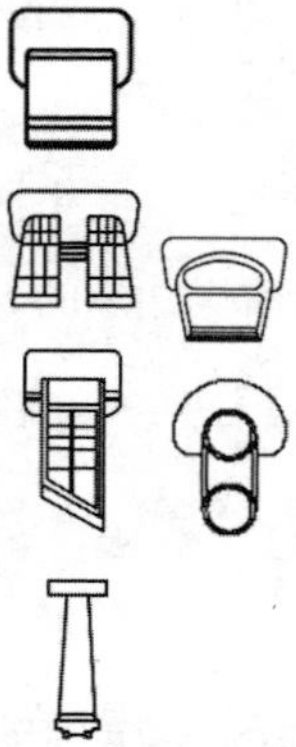		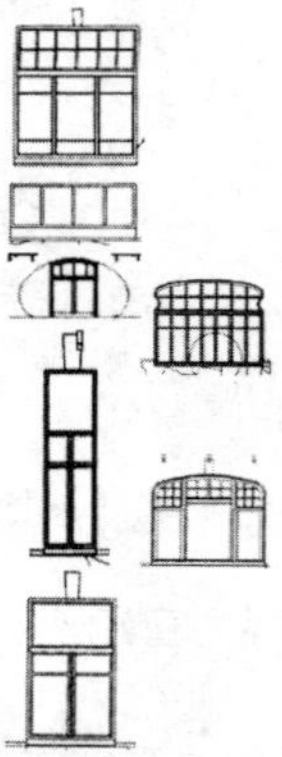		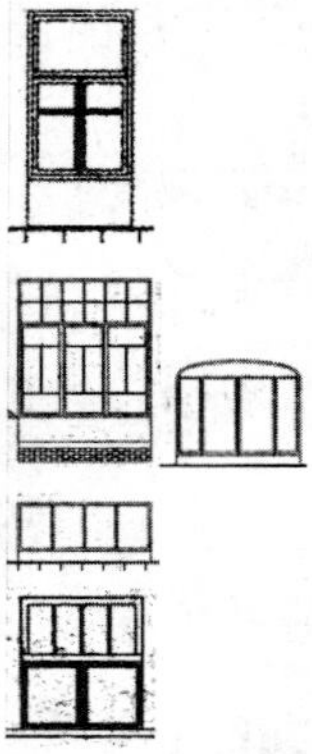			

　　此外，新艺术建筑的窗饰形态也有一定的形式规律可循。其中，以三联窗饰最为突出。其整体上表现为一个圆额形态的窗饰单元，其中有三个圆额窗组合形成的复合窗，也有在三个方额窗上加上大圆券，形成一个窗饰单元，还有采用墙垛将半圆窗中分割成一个圆额窗和两个不规则窗的装饰形式（图3-25）。

　　装饰艺术建筑装饰特征，其窗造型也相对简化，普遍采用方额窗，并且排列规则。也有在对称式建筑立面的中心位置或者两侧采用圆额窗，起到变化与均衡构图的作用。如原新哈尔滨旅馆建筑立面窗饰，有独立的矩形窗、一分为三的窗饰造型，将窗与建筑墙面装饰相融合。又如红专街原犹太住宅的窗饰，开窗为矩形窗，在装饰上则采用新艺术圆弧形造型（图3-26）。

　　现代主义建筑窗饰形态相对于新艺术和装饰艺术建筑则更为简化，单纯地突出窗口形态，并且喜好矩形窗。这些在建筑立面上整齐排列组合的方额窗也成为建筑立面上最为重要的形式要素之一，如原日商前田钟表珠宝店（现新华书

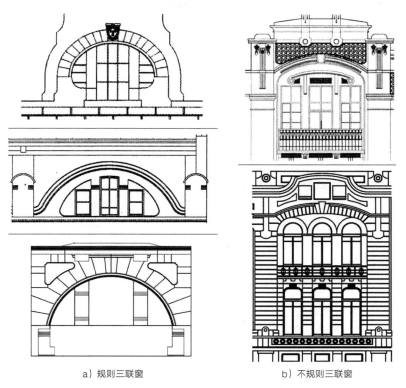

a）规则三联窗　　　　　　　　b）不规则三联窗

图3-25　新艺术建筑三联窗饰造型

图3-26　装饰艺术建筑窗饰

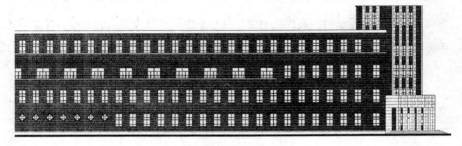

图3-27　现代主义建筑窗饰

店）。建筑主体中心部分四层，两翼三层。建筑体形简洁，摆脱了线脚装饰的束缚，基座层开设大型橱窗，基座以上开设小型方窗，体现了日本现代建筑的处理手法。又如原哈尔滨市中央电信局（现哈尔滨市电信局），建筑立面开窗均为等间距的矩形窗，在侧面三层位置窗饰变化为方形窗，一层则采用小型菱形窗，强调了建筑立面窗饰的动态变化（图3-27）。

3.2.4　蜿蜒流畅的装饰构件

　　新艺术建筑外装饰采用变幻丰富的装饰形态。用铁艺和木材来塑造一些蜿蜒流畅的装饰线条，打破了传统的束缚，追求自然生动的艺术形象。其中，铁艺装饰图案最为突出，在建筑女儿墙、阳台栏杆、雨棚以及室内楼梯的装饰上都有广泛的应用。用铁件表现出来的曲线多是不规则的，线条流畅而优美。由各种铸铁构件的曲线形态构成的阳台栏杆宛如花瓶，呈现向外凸出的圆弧状。这些铁艺装饰形态成为新艺术建筑最具有突出特征的艺术形态，不仅表现出新艺术以自然为创作源泉，也表达了新时代人们力图摆脱传统束缚的精神诉求。这一类阳台在哈尔滨新艺术建筑中居多，比较典型的是马迭尔宾馆阳台和原松浦洋行（现教育书店）转角阳台（图3-28）。建筑女儿墙的铁艺装饰也更为多元，有规则的、抽象的装饰形态，也有动态的模仿昆虫形象的艺术形态（图3-29）。

　　在建筑局部装饰上，也突出体现了新艺术建筑的装饰特色，如室内外楼梯、门窗棂条以及雨篷支撑件、纯装饰性铁花等。这些装饰构件有的表现海草、藤蔓的装饰图案，有的突出几何对称式构图，体现手工艺传统在建筑装饰上的普遍应用（图3-30）。此外，建筑铁艺围墙也是哈尔滨新艺术建筑的设计重点之一，砖砌墙垛与铸铁栏杆的综合，使围墙成为建筑的有机组成部分。如霁虹桥的栏杆、原丹麦领事馆（现哈尔滨市文学艺术界联合会）以及哈尔滨车辆厂招待所围墙栏杆（图3-31）。

　　哈尔滨新艺术风格受到俄罗斯新艺术木构仿金属装饰的影响，形成了一套包

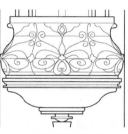

a）马迭尔宾馆阳台　　　　　　　　　　　　　　b）原松浦洋行转角阳台

图3-28　新艺术建筑阳台铁艺装饰

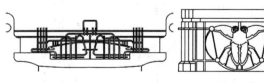

图3-29　新艺术建筑女儿墙铁艺装饰

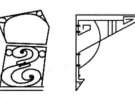

a）楼梯铁艺栏杆　　　　　　　　　　　　　b）雨棚铁艺栏杆

图3-30　新艺术铁艺装饰

图3-31　新艺术铸铁构件

括女儿墙、檐口、阳台、入口甚至窗户贴脸的木构装饰体系，创造出独特的建筑
装饰形态。这些木构新艺术建筑阳台的装饰突显其妩媚动人的形态特征，以浪漫
主义的幻想极力使形体渗透到建筑艺术形象中。中东铁路高级官员住宅的木结构
阳台及其栏杆是独具特色的木质装饰的新艺术建筑类型（表3-8）。

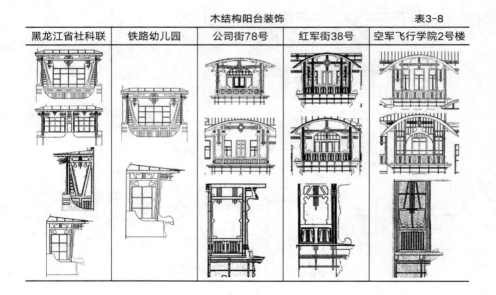

木结构阳台装饰				表3-8
黑龙江省社科联	铁路幼儿园	公司街78号	红军街38号	空军飞行学院2号楼

3.2.5　镂空流变的檐部造型

　　哈尔滨新艺术建筑的檐部装饰是突显其艺术特色和建筑艺术时代性的重要形
式要素。檐部造型主要分为女儿墙装饰形态和托檐。

　　哈尔滨新艺术建筑女儿墙是富有流畅动感以及生动母题的装饰形态，是突出体现哈尔滨新艺术建筑典型特征的重要构件。新艺术女儿墙装饰主要有三种类型：第一种是完全砖砌的各种流畅曲线形女儿墙；第二种是砖砌墙垛与曲线形铸铁栏杆相结合的形式；第三种是少量纯粹铸铁栏杆的女儿墙。

　　首先，砖砌女儿墙的流畅曲线表现了新艺术建筑的形式特征。例如，哈尔滨最具代表性的原中东铁路公司旅馆的女儿墙造型，整体形式为圆弧形，中间为镂空椭圆，女儿墙上方和两侧饰以植物花朵。又如原铁路铺设管理局的女儿墙采用与原哈尔滨火车站入口单元相似的曲线形态，中间采用镂空玻璃装饰，并镶嵌草本植物幼芽状造型（图3-32）。再如哈尔滨马迭尔宾馆，其女儿墙造型变化多端，充分体现了新艺术建筑在装饰上放弃传统装饰风格的参照，转向采用自然中的一些装饰构思（图3-33）。马迭尔宾馆位于中轴线部位的女儿墙造型采用新艺术建筑女儿墙的传统造型，即中部高两侧低的弧线形态。左侧女儿墙在造型上相对突出，强化了其艺术形式特征，以形似竖琴的造型为最高凸起背景，前景是新艺术比较常用的向下涡卷状的曲线造型。右侧女儿墙相对弱化，其与穹顶形成一个整体，与左侧复杂流变的女儿墙在整体上形成均衡的动态变化。这三座建筑的

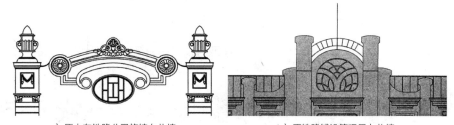

a）原中东铁路公司旅馆女儿墙　　　　　　　　b）原铁路铺设管理局女儿墙

图3-32　砖砌女儿墙造型

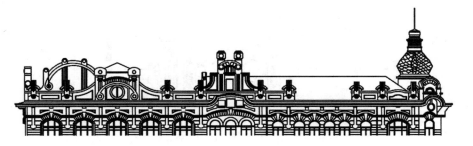

图3-33　马迭尔宾馆砖砌女儿墙造型

女儿墙装饰形式，集中表现了哈尔滨新艺术建筑砖砌女儿墙的装饰特征，即向下涡卷形态、由竖向线条分割的中部凸起而两侧为蜿蜒曲线这两种基本形态。

其次，砖砌墙垛与曲线铸铁栏杆相结合的女儿墙造型是哈尔滨新艺术建筑比较常见的装饰手法。这种装饰手法与砖砌女儿墙相比形式上更加灵活多样，突出了建筑顶部流动变化、形式多样的艺术形式，满足了新潮建筑追求多样、轻巧和自由变幻的诉求。例如原哈尔滨一等邮局，其女儿墙的铁艺栏杆模仿动物图案，并突出曲线形态，而砖砌墙垛则起到衔接作用。又如原密尼阿球尔餐厅，其女儿墙延续了新艺术动态曲线的流畅线条的形式感，而在镂空部位饰以圆环形的铸铁构件，将砖砌墙垛自然地衔接起来形成统一整体（图3-34）。

最后，铸铁栏杆的女儿墙在哈尔滨新潮建筑装饰中也是比较常见的装饰手法。铸铁构件在整体上突出建筑檐部通透感的同时，也强化了女儿墙的装饰图案及形式感。如原中东铁路管理局，其女儿墙铸铁栏杆的装饰形式为简洁的直线与曲线拼贴形态，体现新潮建筑外装饰的突出曲线、有机的装饰形态（图3-35）。

哈尔滨新艺术建筑的檐部装饰主要表现在挑檐、檐口以及托檐石的装饰处理上。檐口采用间断的、窄小披檐，没有功能作用。檐口有时与女儿墙相结合处理，变成丰富的装饰线脚及曲线装饰，使檐口设计极富艺术感染力。如砖混结构建筑的檐部托檐造型，新艺术建筑的直线型与圆环的装饰元素是比较常见的装饰

a）原哈尔滨一等邮局女儿墙

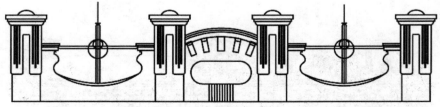

b）原密尼阿球尔餐厅女儿墙

图3-34　砖砌墙垛与铸铁栏杆结合的女儿墙造型

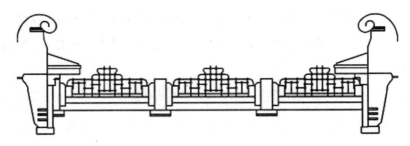

图3-35　原中东铁路管理局女儿墙

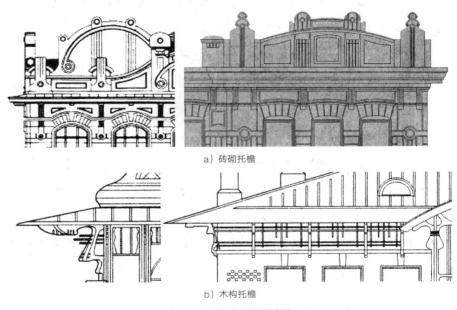

a）砖砌托檐

b）木构托檐

图3-36　新艺术建筑托檐装饰

主题。又如砖木结构建筑的檐部托檐则采用木构件装饰，其装饰形态体现出新艺术模仿自然界生物的形态特征（图3-36）。

3.3　折中主义建筑外装饰形式

哈尔滨建筑的发展并不像欧洲那样"循序"，在新艺术运动建筑出现的同时，折中主义也闯了进来，而且势头相当猛烈。哈尔滨是一个各国移民激烈竞争的城市，而人们的审美需求也相对广泛，这就促使了折中主义建筑的蓬勃发展。

哈尔滨折中主义建筑作品在哈尔滨城市中所占比重最大。哈尔滨折中主义建筑从艺术倾向上分为：文艺复兴式、巴洛克式、古典复兴、浪漫主义，还有无突出特征的折中主义建筑。哈尔滨的折中主义建筑处于欧美流行的中晚期，可以看做是欧美折衷主义建筑在中国的继续。欧美折中主义建筑有两种表现形态：一种是根据建筑类型的不同而选择不同的历史风格。如以哥特式建天主教堂，以古典柱式表现银行，以文艺复兴式表现俱乐部，以巴洛克式表现剧场等，从整体上形成折中主义的建筑群体。另一种形态是在一座建筑上混用多种历史风格和艺术构件，形成单座建筑上的折中主义风貌。以上这些装饰形式花样繁多的折中主义建筑在整体上为哈尔滨近代建筑增添了古典色彩。

哈尔滨折中主义建筑其特征要比欧美复杂一些，主要是由于时间上的错位而有很大的变化。如何界定它们也是研究近代哈尔滨建筑装饰艺术的一个难点。通过研究将哈尔滨与欧美的折中主义建筑相比较，从整体轮廓勾勒、建筑元素形式、装饰图案形态、建筑墙面纹样等几个主要方面总结哈尔滨近代体现复古思潮建筑外装饰艺术的形态特征。

3.3.1 塑造体形的建筑元素

3.3.1.1 勾勒轮廓的穹顶

穹顶是源于古罗马的一种重要建筑构件。它作为屋顶形式，在建筑整体中起到重要的控制作用。一方面体现在建筑体块上，穹顶控制了建筑转角位置的体积变化，也协调建筑整体比例关系；另一方面体现在建筑立面构图中，穹顶造型刻画了建筑外立面轮廓线，成为建筑最醒目的部分，同时也营造了城市优美的天际线。

穹顶造型有基本的形式特征。在形态造型上，穹顶分为圆底穹顶和方底穹顶，其中，圆底穹顶又有采光穹顶和不采光穹顶之别（表3-9）。

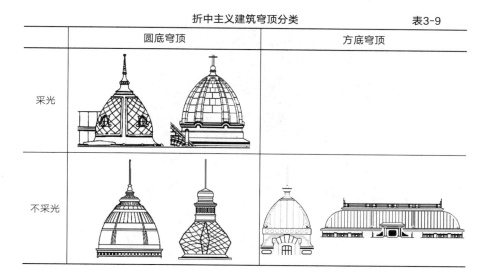

	圆底穹顶		方底穹顶	
采光				
不采光				

根据建筑体量的大小以及体块组合的变化，一座建筑往往采用多个穹顶。如果折中主义建筑以主入口为中心呈对称构图，那么建筑两个转角位置顶部设置相同的穹顶造型，如原中东铁路俱乐部（现哈尔滨市少年宫）（图3-37）。如果是非对称平面建筑，那么屋顶穹顶根据位置有等级之别，如原日本驻哈尔滨总领事馆（现黑龙江省外事办公室），建筑主入口上方为三方底穹顶，而建筑一侧又设置独立的单方底穹顶（图3-38）。

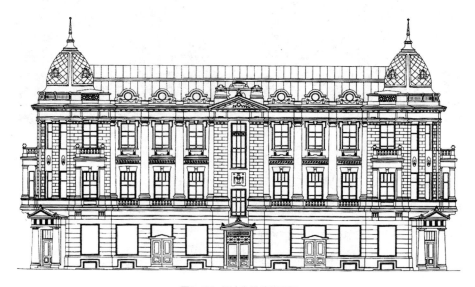

图3-37 原中东铁路俱乐部

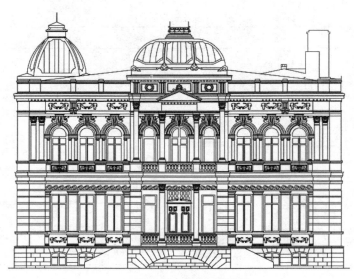

图3-38　原日本驻哈尔滨总领事馆

图3-39　协调周边环境的穹顶

　　穹顶造型除了对建筑整体起到重要的美学构图作用之外，由于它是建筑立面上的最高点，所以对于协调相邻建筑甚至所在街区的艺术氛围都起到至关重要的形式作用。如哈尔滨原中国大街（现中央大街），位于建筑转角上方的穹顶对于协调各种类型与艺术风貌的建筑发挥重要作用，其变幻的形式感突出丰富了城市建筑的轮廓线（图3-39）。

3.3.1.2　协调比例的柱式

柱式是古希腊建筑艺术的主要成就，也是西方古典建筑美学中最具艺术价值的重要部分。柱式是按照一定的比例模数建造的，因此，和谐比例的柱式也成为确定建筑装饰各个装饰元素之间构图关系以及建筑构图比例的重要元素。多立克柱式、爱奥尼柱式、科林斯柱式、塔斯干柱式和组合式柱式等，这些古典柱式在哈尔滨折中主义建筑上以不同形式存在着，对塑造建筑整体和谐比例起到重要作用。

哈尔滨折中主义建筑普遍选用爱奥尼和科林斯两种柱式（表3-10）。由于多立克柱式粗壮的比例，很少应用于立面装饰中，只有原满洲中央银行哈尔滨支行（现哈尔滨市工商银行）的建筑立面采用10棵多立克柱式（图3-40）。而塔斯干柱式在建筑立面上大多与门或窗相结合构成券柱式（表3-11）。

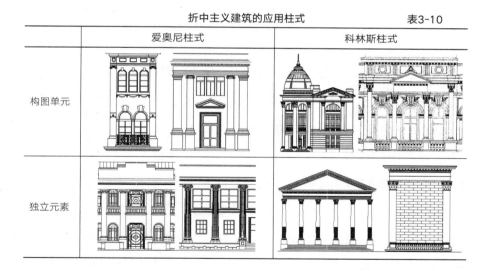

折中主义建筑的应用柱式		表3-10
	爱奥尼柱式	科林斯柱式
构图单元		
独立元素		

图3-40　原满洲中央银行哈尔滨分行的多立克柱式

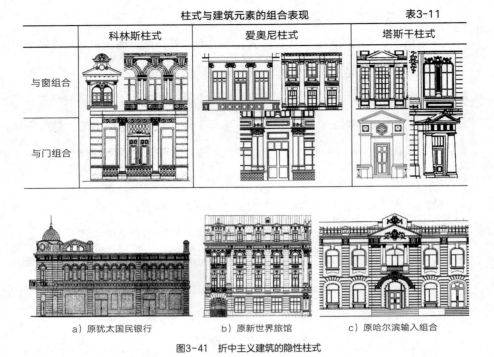

表格标题：柱式与建筑元素的组合表现　　　　　　　表3-11

	科林斯柱式	爱奥尼柱式	塔斯干柱式
与窗组合			
与门组合			

a）原犹太国民银行　　　　b）原新世界旅馆　　　　c）原哈尔滨输入组合

图3-41　折中主义建筑的隐性柱式

通过比较分析发现，柱式是控制折中主义建筑立面构图的重要元素。柱式限定构成的独立的装饰单元，它作为建筑立面上相对突出的视觉要素突出表现了建筑装饰的艺术倾向。而立面上独立的柱式元素起到划分建筑立面以及装饰元素的作用，同时也强化了建筑横向的比例关系。而柱式元素融入门饰、窗饰的形式之中时，它通过自身完美的比例协调和塑造了建筑局部装饰元素的比例形制。

柱式普遍作为一种装饰构件而存在，但在哈尔滨近代建筑立面上还存在另外一种装饰壁柱，它仅是装饰墙面而已，不起构图或者控制作用。这种隐性的装饰元素通常出现在建筑墙面转角位置、装饰单元衔接处，或者作为典型柱式的辅助装饰划分建筑立面的竖向构图关系（图3-41）。

3.3.2　集结特色的门窗装饰

3.3.2.1　突显形象的建筑入口

入口是建筑整体装饰中的重要元素，在功能上它连接建筑室内外空间，在形式上它是立面上相对突出的建筑元素，因为它要吸引人们的视线。建筑入口根据平面形制，通常位于建筑中心位置，或者建筑体量转折处。在造型上通常以门廊、独立的构图单元以及出挑雨篷强化其艺术特征（表3-12）。

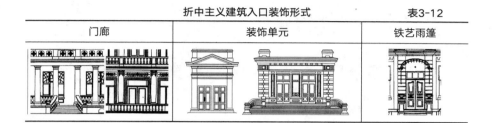

折中主义建筑入口装饰形式		表3-12
门廊	装饰单元	铁艺雨篷

首先，折中主义建筑采用柱廊形成的建筑入口空间。这种处理手法在哈尔滨折中主义建筑中是比较常见的。建筑入口的尺度取决于建筑性格。公共建筑入口门的数量和宽度都相对大，因而也常常要增加其他部件的尺度。文艺复兴时期的居住建筑中，如许多罗马的宫院中，好像是没有把门做得很大的实际要求，但当时却把门做得很宽，这在哈尔滨折中主义建筑中也是比较常见的。而门廊这个字可以使人联想起引人注目的建筑装饰，这些装饰的尺度很大，细部很丰富，而且通常是很雄伟的。其次，建筑入口装饰单元突出表现了折中主义建筑装饰的艺术走向。建筑门口装饰的断裂山花造型突出表现了以巴洛克的装饰手法，三角形山花造型突出表现了古典主义装饰手法等。最后，近代时期建筑入口也采用出挑雨篷式装饰构件。这类折中主义建筑，在装饰上吸纳流行元素，突出表现建筑装饰的多元化。

建筑入口装饰形态在造型上的差异也体现出不同艺术倾向的折中主义建筑装饰的艺术特征。在希腊建筑中，门像窗子一样向下加宽并用贴脸环绕起来；直接在贴脸之上，在两个钉得很结实的托石上安置桑特利克。对门洞的装饰形式的研究，方额门口上方采用半圆形山花，或者延续方额门的格状山花造型，而圆额门上方则饰以三角形山花或者断折山花造型，门口两侧有时则采用隐性柱式装饰，以此形成一个完成的构图单元（图3-42、图3-43）。

哈尔滨近代建筑门的山花造型由三角形山花、半圆形山花、断折山花、格状

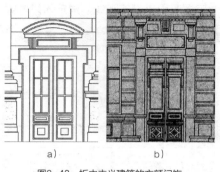

图3-42　折中主义建筑的方额门饰

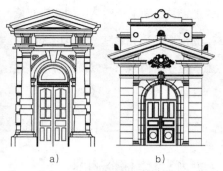

图3-43　折中主义建筑的圆额门饰

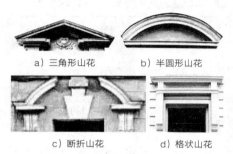

a）三角形山花　　　b）半圆形山花

c）断折山花　　　　d）格状山花

图3-44　折中主义建筑的山花造型

山花，这些装饰形式成为建筑门的艺术语言，突出其符号形式（图3-44）。

此外，影响建筑入口艺术形象的另一个重要形式因素是建筑门扇及门板的装饰形态。根据建筑入口建筑装饰走向和艺术特征，门扇及门板的艺术处理也体现不同的装饰形态，如方额门突出菱形与三角形的形式特征，而巴洛克建筑入口门板突出涡卷状的装饰形态，并使以精美花饰，增强了建筑入口的艺术性（图3-45）。

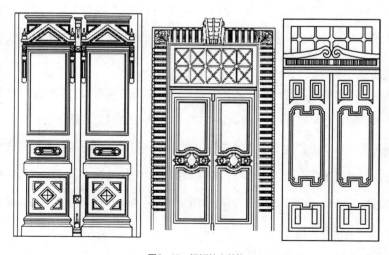

图3-45　门板的木装饰

3.3.2.2　繁复嬗变的窗饰元素

在折中主义建筑立面上，窗子的安置手法非常多变，有的等距离设置，有的按照一定的韵律采取特别的排列方法。当窗子设置在不同楼层时，经常使它们处于统一的、垂直的中心线上。窗子可以按照各种标志来分类。窗子可以是简单的和复合的（双联或三联）；从窗洞的形状看可以分为长方形、半圆额的以及半圆窗，但无论在哪一类中都还可以见到若干变体。

哈尔滨折中主义建筑的窗饰形态继承了西方建筑艺术传统。因此，分析窗饰之前首先总结一下西方古典建筑基本窗饰的主要特征。

首先，最简单的长方形窗，它的形式是高度为宽度的1.5～2倍。窗与窗之间的墙面，即窗间壁的大小决定窗饰元素在建筑立面上的排列。在装饰上，最为简单的窗饰是在平滑墙面上开口，没有任何细部，但在窗子的下部通常用很小的、非常简单的小檐口装饰。窗下部分的墙面用窗下墩座装饰，它与柱式的基座样式有共同点，协调整体的同时增加了稳定感。窗子上面和左右两面的边框，即贴脸，它与柱式额枋上的线脚一样，实际上所有贴脸的线脚都和额枋上的线脚一样，虽然贴脸相对简化些。在贴脸上面，即檐壁的位置上直接做了檐口，结束了窗子的加工（图3-46）。

其次，半圆额窗是纵向的、上面以半圆结束的窗子。因此，在这种窗里可以画两个或者一个半圆。半圆额窗的装饰方法可以应用直角方额窗的装饰方法。复杂的半圆额窗，它的装饰形式往往在檐口上冠以任何形式的山墙。这种形式还可以用其他惯用的手法去发展。围绕着半圆部分的贴脸可以做成只围绕半圆部分的券面，券面被支承在拱券垫石上，拱券垫石的上面和券的圆心在同一水平线上，而垫石的宽度和券面的宽度相等。与直角方额窗一样，在半圆额窗上运用柱式就产

图3-46　方额窗装饰形态

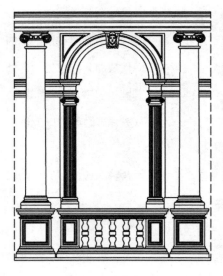

图3-47　圆额窗装饰形态

生了更多样化的艺术形式（图3-47）。

最后，两个或者三个窗洞统一于一个完整的装饰母题之下时，这种窗洞的组合就叫复合窗。由两个窗子组成的叫双窗或者对窗，而由三个窗子组成的叫三联窗。如果单独一扇窗子中间立一个小柱子或者小墩子，那么这窗子就成为双窗。对窗和双窗的装饰形式与基本窗饰一样。

折中主义建筑的窗饰表现繁复嬗变。折中主义建筑在装饰上表现出不同的艺术走向，所以窗饰也呈现多样化的表现形态与组合形式。这些形态各异的窗及窗饰成为建筑立面上最具古典艺术特征的重要装饰元素。

第一，仿古典主义折中主义建筑窗饰形态见表3-13。

仿古典主义式窗饰形态　　　　　　　　　　表3-13

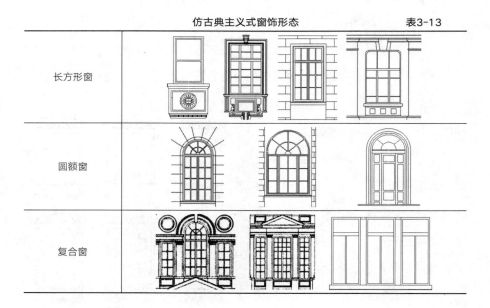

长方形窗				
圆额窗				
复合窗				

第二，仿文艺复兴式折中主义建筑的窗饰形态见表3-14。

仿文艺复兴式窗饰形态　　　　　　表3-14

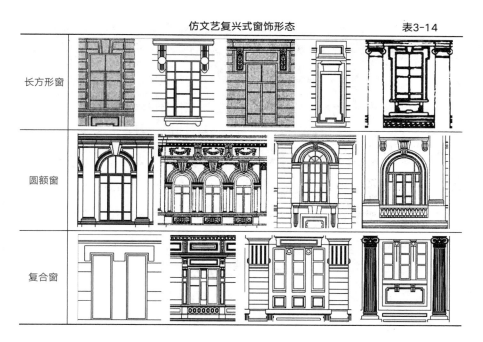

第三，仿巴洛克的折中主义建筑的窗饰形态见表3-15。

仿巴洛克式窗饰形态　　　　　　表3-15

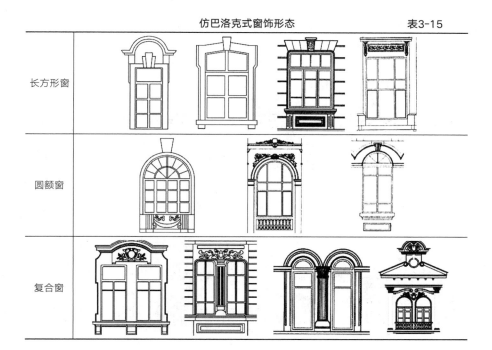

第四，突出表现浪漫主义思潮的折中主义建筑。浪漫主义建筑在精神世界追求中世纪田园生活情趣和非凡的趣味或异国情调。在建筑装饰上表现为回避现实、崇尚传统的文化艺术，模仿中世纪的寨堡或哥特风格。体现浪漫主义思想的建筑给人以神秘浪漫的感觉。西方移民也将这种风格带进哈尔滨，使哈尔滨的一些折中主义建筑渗融了浪漫主义色彩。例如原中东铁路职员竞技会馆（现哈尔滨市第十三中学）。建筑平面与立面构图都采用对称式，造型独特，横向保留有五段构成的古典因素，竖向则不明显，细部构成上下呼应，为了突出体块主体的山墙部分，檐下采用了彩色琉璃花砖贴面。檐上部位用薄钢板制作象征性的尖拱形徽型窗，丰富造型（图3-48）。

又如原哈尔滨中央电话局（现哈尔滨铁路中心医院）。建筑以中世纪寨堡形式的田园式住宅，体形复杂，构图自由，最为突出的特征是建筑四个立面都做了适当处理，各有特色，无一重复。这座建筑窗型有圆窗、方窗、尖券、大窗小窗，繁复嬗变的窗饰形态也为建筑增添了几分神秘感（图3-49）。再如原美国侨民私邸（现红霞幼儿园），建筑追求中世纪田园生活情趣，充满浪漫主义情调。建筑窗饰基本形态有长方形窗、圆额窗、椭圆窗三种，碉楼开窗形式为圆额窗，

图3-48　原中东铁路职员竞技会馆窗饰形态

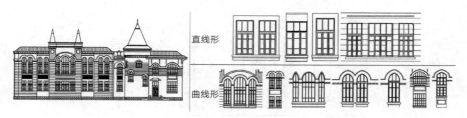

图3-49　原哈尔滨中央电话局窗饰形态

图3-50　原美国侨民私邸窗饰形态

建筑一层采用方额窗、二层采用圆额窗，形成统一有序的装饰系统（图3-50）。

3.3.3　刻画冠戴的建筑檐饰

1. 塑造比例的檐口

在西方建筑形式中，檐口始终不变地被应用着，并且得到最大的发展和多样化的加工。文艺复兴的建筑师以特别的热情去研究、描述和测量了罗马建筑的檐口，并在他们之间展开了探索檐口组成部分的最好的比例关系，以及檐口的外形轮廓的设计内容。在古典柱式中，已经表现出檐口的若干变体，熟悉了附加在它上面的小齿和托檐石的曲线部分。对于檐口的研究，可以按照檐口组合的复杂程度来把它分类。归入简单檐口一类的有塔斯干檐口，其余的都是复杂檐口。用那些在檐口的支撑部分上的特别醒目的细部来把它们分类为带齿的檐口和带托檐石的檐口。这两种檐口被应用在陶立安柱式的两个变体中。小齿也同样存在于爱奥尼柱式檐口的两个曲面线脚之间。最后，檐口可以丰富到同时包含上述两种部分——小齿和托檐石。

在古希腊建筑中，檐口从外面看由三部分组成：支撑部分、泪石、斜沟沿。其中斜沟沿是窄长条的，饰以狮子头或其他装饰品。直接在檐口之下的是檐壁，这是水平的长条墙面，因为它避免了斜射的雨水，所以特别适于在它上面安放某种雕刻的或绘画的装饰。它不仅有结构的作用，而且也有美学作用。西方传统柱式就反映出檐口的若干变体，在它上面附加小齿和托檐石的曲线造型；檐口的装饰线脚也同样应用于建筑门口、窗口的装饰。也正是由于有了线脚元素，才能够更加丰富地塑造建筑的整理比例，并且勾勒出建筑立面的轮廓线，使其艺术形象更加饱满丰富。在挑出部分之上安放着冠戴部分，而在挑出的石板之下，不论有没有托石，经常是支撑部分，虽然实际上由于托石的缘故，支撑部分失去了逻辑的必要性，但文艺复兴的建筑师们不仅保存了它，而且还保存了它的复杂的装饰。

　　按照檐口组合的复杂程度，我们可以把它分为两类，即简单的檐口和复杂的檐口。在建筑外立面装饰中，归入简单一类的只有塔斯干檐口，其余的一概是复杂的。用那些在檐口的支持部分上的特别醒目的细部来把它们分类为带齿的檐口和带托檐石的檐口；这两种檐口被应用在多立克柱式的变体中。小齿同样也存在于爱奥尼柱式檐口的两个曲面线脚之间。在科林斯柱式中檐口可以丰富到同时包含上述两种部分——小齿和托檐石（表3-16）。

塑造比例的建筑檐口装饰形式　　　　　　　　　表3-16

		建筑实例	檐口装饰
简单的檐口	塔斯干		
	多立克		
复杂的檐口	科林斯		

续表

复杂的檐口	爱奥尼	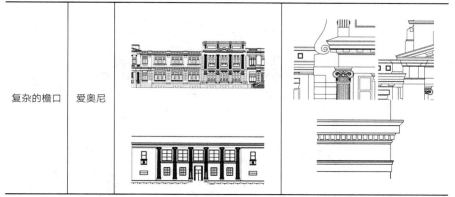

3.3.3.2　丰富形象的女儿墙

建筑女儿墙基本上脱离了使用功能，成为建筑上纯粹的装饰构件。其装饰形态根据装饰材料的本质差异呈现出不同的艺术形式。

首先是砖砌女儿墙，砖堆砌而产生方形或菱形装饰图案，重复排列的图案构成了建筑女儿墙直线型的装饰带，不同装饰图案女儿墙之间用砖砌墙垛相连（图3-51）。这种女儿墙形式在哈尔滨原傅家甸（现道外区）的

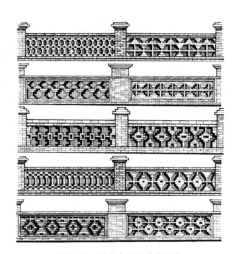

图3-51　砖砌女儿墙装饰形态

近代建筑上比较常见。这些建筑的墙面、墙柱、墙基都采用清水砖砌筑，女儿墙也是清水砖砌筑，与墙面相比，女儿墙的装饰性更强，也表现了砖独特的装饰美。三段式原则，即墙面装饰集中于檐壁、窗间墙面以及山花上。反映本土文化特色的中华 "巴洛克"建筑墙面装饰纹样与西方传统建筑装饰纹样在艺术主题以及图案形式上形成对比，也同时突显了哈尔滨近代建筑装饰的艺术特色（表3-17）。

中华"巴洛克"女儿墙装饰形态   表3-17

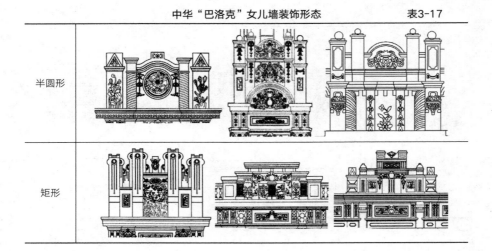

| 半圆形 | |
| 矩形 | |

其次是在砖砌结构女儿墙通过抹灰饰面塑造了形态各异的装饰图案。这种夸张的装饰手法不仅强化了女儿墙的观赏性，也突出其作为建筑元素的独立性。如哈尔滨中华"巴洛克"建筑女儿墙呈现多变的圆形、半圆形、椭圆形及涡卷，或似抛物线，或似蔓藤缠绕；有时使用直线，或作发散状，或作倾斜相交状，用直线与曲线自由组合，令人目不暇接。

最后是砖砌抹灰与铸铁栏杆相结合，塑造建筑女儿墙虚实变化、动态连贯的艺术效果。女儿墙装饰中的透空强调透视的纵深感，透空通过建筑背景及立面的光线，制造明暗变化使人产生错视（表3-18）。

砖砌抹灰与铸铁栏杆相结合女儿墙装饰形态   表3-18

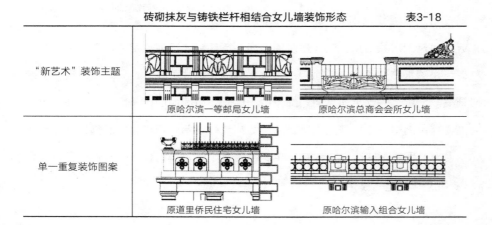

| "新艺术"装饰主题 | 原哈尔滨一等邮局女儿墙 | 原哈尔滨总商会会所女儿墙 |
| 单一重复装饰图案 | 原道里侨民住宅女儿墙 | 原哈尔滨输入组合女儿墙 |

3.3.4　糅杂组合的墙面纹样

西方古典建筑中，墙一般遵循三段式原则，即檐壁、墙面、墙裙三部分，这种划分源自以古典柱式为基础的线脚比例。墙面装饰性雕刻元素则采用石膏或者抹灰表现出来。如罗马风格使用雕刻和装饰檐壁的屈曲枝形装饰，以及墙裙带部分、柱础部分也饰有装饰纹样。哈尔滨折中主义建筑的墙面也遵循三段式原则，但墙面装饰集中于檐壁、窗间墙面以及山花上。反映本土文化特色的中华"巴洛克"建筑墙面装饰纹样与西方传统建筑装饰纹样在艺术主题以及图案形式上形成对比，也同时突显了哈尔滨近代建筑装饰的艺术特色（表3-19）。

折中主义建筑墙面装饰纹样　　　　　　　　　　表3-19

檐壁	
窗下墙	
山花	

3.4　犹太建筑外装饰形式

哈尔滨拥有众多的民族，也必然会有代表各自民族和特征的建筑装饰出现。这一时期，在哈尔滨外籍侨民中有相当数量的犹太人，他们力求在建筑装饰上体现犹太民族的艺术特色。民族是在一定历史阶段形成的有共同语言、共同地域、共同经济生活和表现为共同文化特点基础上的共同心理素质的稳定的共同体。因此，民族性的基本要素包括语言、地域、生产方式、文化传统和价值观念等的同

一性。突出体现民族文化的建筑，其外装饰创造性地运用和发展本民族的独特的
艺术思维方式、艺术形式、艺术手法来反映现实生活，表现本民族特有的思想感
情，使建筑装饰艺术具有民族气派和民族风格。犹太建筑外装饰艺术是以古罗马
中世纪时期建筑风格为代表，使用大量砖石材料，并且采用卷、拱等式样。建筑
主要特征为厚实的墙壁、窄小的窗口、半圆形的拱顶、逐层挑出的门框装饰和高
大的塔楼。

3.4.1　尖拱券门窗装饰

犹太建筑的窗额通常为双圆心的尖券形，这种形态的窗突出向上升腾的造型
感，在装饰上与柱子相结合塑造进深感。如建于1918年的犹太新教教堂（现哈
尔滨市建筑艺术馆）（图3-52），建筑高大的尖拱券窗和小巧的三角尖券以及墙
面的高直花饰相互呼应，形成庄严肃穆的气氛。入口处建有三开间、带有双圆心
尖券的柱廊，突出入口空间的进深层次。同时也产生很强的光影变化。

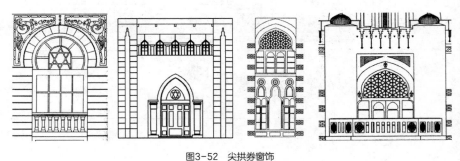

图3-52　尖拱券窗饰

3.4.2　钟乳拱檐部造型

原犹太教会学校（现哈尔滨市朝鲜族第二中学），建于1919年。这是一栋罕
见的犹太建筑，带有明显的伊斯兰特征，檐壁饰以蜂窝状钟乳拱，入口部位设马
蹄形券窗；二楼全用尖券窗，尖券顶窗至今仍保留希伯来教独有的六角星符号。
建筑特征十分突出，红色穹顶和红色钟乳饰件与米黄色墙面构成明快的外貌。道
里区通江街土耳其清真寺亦称鞑靼清真寺，建于1923年（图3-53）。这是供外

 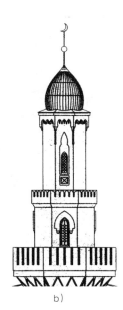

a) b)

图3-53 犹太建筑顶部的钟乳拱

国侨民集居区中的穆斯林进行礼拜朝圣的伊斯兰教堂。建筑规模不大，但伊斯兰特征突出，在方形主体上突起一个高高的宣礼塔，塔顶冠戴一个不大的尖圆穹顶，红白相间的墙面，尖券拱形高窗，表现了伊斯兰建筑的特征。

3.4.3 抽象化装饰图案

犹太建筑装饰是一种受宗教影响很大的艺术形式，它超越民族、人种、地域、国界，具有广泛影响。因为穆斯林极力避免偶像崇拜，所以装饰艺术禁绝了其他艺术表现的最主要的内容——人和动物。表现为喜好抽象的装饰图案，这一点在哈尔滨犹太建筑也有体现。如原犹太医院（现爱尔眼科医院），建于1933年，建筑立面呈对称式布局，红白相间的色彩搭配突出建筑立面的不同装饰形态，同时也形成了两种装饰层次。建筑从上向下白色渐少，从下向上红色渐少，这种变化在突出了建筑中心的构图关系的同时，也塑造了立面窗饰造型的复杂多变。犹太教历符号是六芒星，六芒星也是圣星，在哈尔滨犹太建筑的屋顶，以及门窗的顶部都饰有圣星符号（图3-54）。

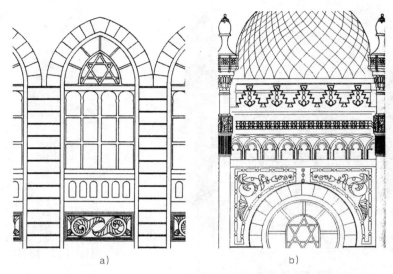

图3-54　抽象的植物装饰纹样

3.5　伊斯兰建筑外装饰形式

在哈尔滨城市居民中有大量的回族，他们也力求在建筑装饰上体现自己民族的艺术特色。伊斯兰教建筑的母题总是围绕着重复、辐射、节律和有韵律的花纹。从这个角度看，分形成为了一个重要的工具，特别是在清真寺和宫殿。母题包含的其他重要细节包括高柱、墩柱和拱门，并轮流交织在壁龛和柱廊。圆顶在伊斯兰教建筑中扮演的角色也是非常重要的，它的使用横跨了几个世纪。19世纪，伊斯兰圆顶被融合到西方的建筑中。清真寺教堂在简洁平滑的墙面上饰以凹凸线纹，开设圆形或圆拱形门窗。总体造型简洁稳定，建筑不同位置的窗饰也有很大差异，有独立的圆额窗，也有圆额窗与圆拱形窗相结合的窗饰形态（图3-55）。

回族建筑装饰反映伊斯兰建筑的民族特色。早期的清真寺基本上都是按照622年穆罕默德在麦地那住宅的式样，只是按比例扩大。后来随着伊斯兰的不断扩展，建筑规模以及装饰艺术得到不断发展。道外区十三道街的清真寺，建于

图3-55　清真寺门窗装饰

1935年。教堂入口顶端中央冠戴以较大的洋葱头式穹顶，坐落在六角形鼓座上；在建筑轴线的西端顶部设叠落三层高耸的望月楼。在望月楼和各个穹顶的顶端均高擎一轮新月。新月是象征伊斯兰教历的符号，新月初升则为每月第一天的开始。哈尔滨伊斯兰建筑的屋顶上同样饰有新月。

3.6　本章小结

哈尔滨近代建筑外装饰体现特殊历史时期建筑艺术的社会性发展倾向，同时也从一个侧面反映了西方艺术潮流的潮起潮落，这突出表现了独具特色的地方民族文化的艺术魅力。经过调研哈尔滨近代建筑的知识实例和测绘建筑外装饰，归纳类比了不同的建筑外装饰形态，得出以下结论：

首先，哈尔滨俄罗斯民族传统建筑外装饰体现美 "形" 的实体性。由于特殊社会历史原因，哈尔滨近代建筑受到俄罗斯民族传统文化的影响较为深厚。这些建筑在装饰上突出表现了人化的自然形态的本真物质实体的美质。

其次，哈尔滨新潮建筑外装饰体现美 "形" 的自在性。受到外来艺术潮流的强烈冲击，哈尔滨新潮建筑以 "新艺术" 建筑为多数，外观摒弃古典传统，采用优美的曲线构图，门窗洞口采用圆形或椭圆形。这些建筑在装饰上普遍采用环线、曲线和竖线等富于流动感的线条，与西方传统建筑相比，其美质的自在性往往拥有巨大的吸引力，并且容易被审美者所感知。

最后，哈尔滨复古思潮建筑和地方民族建筑的外装饰反映了美"形"的本原性。本原形态的美质存在于表现形态各异的折衷主义建筑装饰形态之中，表现出一定的混杂性和丰富性。同时，地方民族传统建筑装饰突显的民族文化特色，也从文化走向上体现建筑艺术的美质。

第4章　CHAPTER FOUR

哈尔滨近代建筑外装饰之美"意"

4.1　建筑装饰形式构成的美学意匠

4.2　建筑装饰形态表象的美学意蕴

4.3　建筑装饰语言符号的美学意趣

4.4　本章小结

建筑装饰体现独特的审美和艺术价值，它能够引发人的审美感悟和愉悦之情。这其中主要突出装饰艺术的文化精神和美学内涵。建筑艺术带给观者的审美感受，曾经被林徽因用"建筑意"的概念描绘过，她在《平郊建筑杂录》一文中用浪漫的笔触表达了建筑艺术带给人的审美愉悦。"建筑意"中"意"的含义是高品位的审美理想。正如《春秋繁露·循天之道》中所述："心之所谓意。"哈尔滨近代建筑装饰反映特殊历史时期人们的价值观念，同时也体现了独具铁路附属地城市特色的建筑文化特色和审美理想。一方面映现了西方建筑艺术的发展走向和装饰表现；另一方面也体现出独特的本土文化的复兴浪潮，突出反映了建筑艺术在文化艺术领域中的传播与融合。

前文中，美"因"阐述了建筑装饰之美重要的影响因子，美"形"归纳了哈尔滨近代建筑装饰艺术的形式走向及现实美的表现形态，这是美"意"的起因和外在表现。本章主要研究哈尔滨近代建筑外装饰之美"意"，从形式构成的美学意匠、装饰形态的美学意蕴以及语言符号的美学意趣三个方面展开论述。

首先是建筑装饰的构成逻辑。根据古典建筑秩序美学以及形式美学法则来分析哈尔滨近代建筑装饰的形式构成体系，及其美学意匠。突出体现在建筑装饰秩序、装饰层级、装饰观念以及装饰语言四个方面。

其次是建筑装饰的形态表象。建筑装饰艺术上升到艺术美的审美阶段，就突出表现了审美形态、意识形态以及知觉形态三个方面的美学意蕴，也是建筑装饰之美品的表现与传达。通过对建筑装饰艺术形式规律的总结深入挖掘其形态表象之下的艺术精神和审美价值。

最后是建筑装饰的语意表现。"载体、逻辑、解码"是表意体系的核心要素，三要素通过与形态创造的关联和互动在建筑装饰元素的逻辑体系中根据各自的主题需求以不同的方式表现出来。通过对哈尔滨近代建筑装饰的实例比较，透过装饰艺术形式语言的载体、逻辑、解码的加工与分解，建筑装饰之美"意"主要体现在物象对应的语言意译、形式思维的符号意指以及语言要素的关联三个方面。

4.1　建筑装饰形式构成的美学意匠

4.1.1　装饰秩序

欧洲美学思想的奠基人亚里士多德说："美与不美，艺术作品与现实事物，分别就在于在美的东西和艺术作品里，原来零散的因素结合成为一体。"哈尔滨近代建筑装饰既体现了西方传统建筑艺术的发展脉络，又反映出这一时期正流行的艺术新思潮。因此，装饰所反映的构成逻辑，既有传统的再现，也有新的艺术潮流的映现。但是，它们整体上延续了西方古典主义美学思想，成为一个形式上的装饰系统。从视觉和形态学相结合的视角来分析哈尔滨近代建筑外装饰的组成，并以维特鲁威的视觉理论来建构建筑外装饰系统的逻辑关系。装饰形式的组合也正是通过这种组织机制而拥有意义并进一步获得社会用途。

建筑装饰秩序是促使建筑整体统一的重要因素。纯粹的对形态的研究也需要确定一个基本的次序。古典主义建筑突出表现秩序美学思想，它是按照一定的逻辑秩序将建筑的各部分组合而成一种形式结构。这种形式结构创造出一种叙事逻辑，从而形成蕴涵审美意义的建筑艺术。让零散的因素结合成为一体，这取决于美的事物自身的秩序。任何一个艺术作品都好像一个"有机体"，因为它存在内部机制以及明确划分，所以从周边环境中脱颖而出。这个组成和欣赏建筑艺术的标准系统，根据亚里士多德的《诗论》可以总结为三个方式：法式（taxis），把建筑作品划分成三个部分；属群（genera），被法式划分各部分的组成元素；均衡（symmetry），各个元素之间的联系。这个创造建筑诗学规则的三个层面是同等重要的，它们在塑造建筑作品的过程中共同作用，突出了秩序美学思想下的构成逻辑。哈尔滨复古思潮建筑体现西方建筑艺术传统，在装饰形式构成上也符合这种建筑艺术标准。

4.1.1.1　法式：框架体系

建筑丰富多彩的装饰形式是建立在某种意味深长的"秩序"之上的，这种"秩序"在每种形式中都不相同，但又存在可以遵循的逻辑规律。按照这种逻辑规律，物体不同部分之间进行合理安排，这就是物体形式构成的第一层面——法式。"法式是把一个房子分成几个部分赋予其建筑的元素，从而创造出和谐的作品。换句话说，法式是通过建造一种合乎逻辑的空间分隔序列，把形成建筑的元素进行排列组合"。它是塑造完美的、和谐的、统一的艺术作品的框架体系。

哈尔滨近代建筑追随欧美建筑艺术的发展潮流，无论是此时正在流行的新潮建筑艺术，还是欧美已经停滞的折中主义建筑，都沿袭了西方建筑艺术传统，整体上呈现古典主义的艺术基调。通过图解法分析哈尔滨近代建筑装饰的形式结构，不难发现，装饰形式复杂多样的折中主义建筑基本上遵循了建筑传统法式的框架体系。

（1）网格划分

建筑装饰系统的框架体系是通过网格法建立的整体。其中，根据建筑特征又体现为线间距相等网格和线间距不相等网格两种划分方法。

线间距相等划分法是通过两种线来划分一座建筑。这种网格图解方法也可以进化成矩形图解网格。在古典建筑中比较常见，体现出古典主义建筑强调严谨的构图形式和等级秩序的艺术观念。直线相交成直角，线之间的距离通常是相等的，把组合体分成相等的部分。通过矩形图解网格划分，可以明确地划分出整体与部分之间的法式关系，以及独立部分内在的秩序。哈尔滨以古典复兴为主的折中主义建筑装饰就强调线间距相等的框架体系。如哈尔滨原东北特区区立图书馆（现黑龙江省东北烈士纪念馆），它是以古典复兴为主的折中主义建筑，其正立面装饰符合矩阵网格。建筑主入口6棵科林斯柱式以及三角形山花造型组成矩形单元，对角线相交成直角，在视觉上强化中心点，同时也限定了建筑主入口两侧的装饰单元的从属作用。这座建筑平面采用前柱式的划分法，增强建筑进深感的同时也在装饰上突出入口主要装饰单元单独的、均质的装饰秩序（图4-1）。这种网格图解，不仅划分了建筑装饰秩序普遍存在的均质性，同时也对比出变化的装饰形式特质。当把网格图解扩展解释成用面来代替线，面和线的功能一样，用来划分空间及控制建筑元素的位置。两者都是用条理的手段变化来进行合理的划分。

线间距不等划分法则突出两组线之间形成矩形，面与面之间的组合形式。在

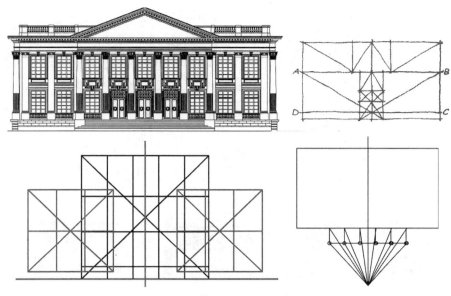

图4-1 线间距相等网格划分

这种情况下，网格图解突出表现了装饰秩序中以面来划分和控制装饰元素的重要性。例如哈尔滨原中东铁路俱乐部（现哈铁文化宫），是以文艺复兴为主的折中主义建筑，其主立面由A、B、C、D这4个不同装饰单元组成。在这些不同的装饰单元中存在变化规律的装饰元素之间的间距，这也就是所说的线间距不相等，并且存在变化规律（图4-2）。从图中可以看出，建筑立面上存在的4个装饰单元，面是有条理地突出独立装饰元素，并且存在规则的秩序感。在面中存在独立的装饰元素，它自身是单一的、均质的。在4个不同装饰单元中可以看出，独立的、均质的元素能够反映出建筑立体化的装饰模型，相应地，均质元素在建筑立面上的突出位置也限定了其他装饰元素的装饰秩序。与此同时，整体独立的面也是建筑内部空间结构的外在延续和表现。

无论是线间距相等还是线间距不相等的网格图解，它最突出的作用是有条理地划分建筑元素，进一步表现了建筑装饰自身的逻辑秩序。面的形式图案应当是更复杂和丰富一些，它在建筑立面上以不同形式存在着。

（2）三分法

建筑装饰是一个复杂的系统，在整体之中突出不同部分的构成。在装饰单元

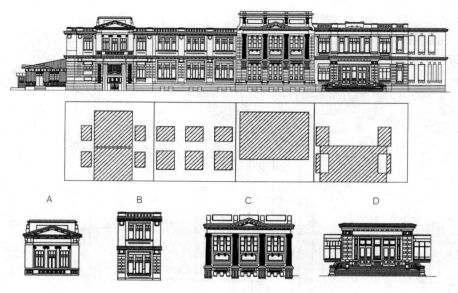

图4-2 线间距不等网格划分

之间，或者装饰单元与装饰元素之间存在着一定的秩序约束，这就体现出传统法式中三分法图解的重要作用。三分法图解是把一个建筑分成三个部分，两个边缘部分和一个中间部分。亚里士多德认为："整体，是三分的，有一个开始、中间和结束。"对于建筑装饰也同样适用，它不仅存在着两个边缘部分和一个中间部分，独立的装饰单元也存在三分法图解。这种方式持续下去，三分法图解在每一个步骤下创造了一个相互关联的、网状交织的、部分之间的、部分之中的甚至一个整体的关联。以文艺复兴为主的原秋林公司俱乐部（现哈尔滨市少年宫），建筑立面各构图单元具有独立有序的排列规则，形成了合乎逻辑的视觉分割序列。建筑装饰内在的三分法图解，一方面横向区分了建筑立面上不同装饰单元的内外联系，即建筑主入口的主要装饰单元、建筑两侧的次要装饰元素以及单元内部存在的关联形式；另一方面则是竖向更好地区分了建筑檐部、中部和底座的区域划分与整体比例形制。例如原秋林公司俱乐部（现哈尔滨市少年宫），它是以文艺复兴为主的折中主义建筑，体现明显的"横三竖五"的构图框架（图4-3）。如图4-3所示，存在于建筑立面中的三分法图解能够很好地划分建筑装饰单元与整体之间的构图关系。

图4-3　建筑外装饰的三分法图解

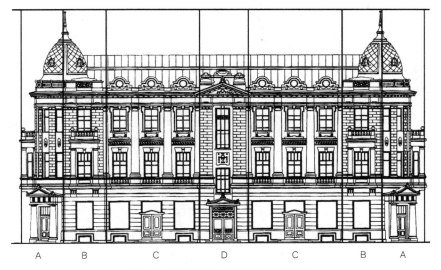

图4-4　原秋林公司俱乐部立面装饰的7部分

　　在建筑装饰中存在的网格系统也是运用一种非特指的、通常意义的手法来覆盖整个建筑面积。它同时也是一种特指的方式，用水平或垂直的轴线来控制建筑墙体的位置，划分中部和两侧的面积。如原秋林公司俱乐部（现哈尔滨市少年宫）（图4-4），在竖向构图整体中存在a，b，a三部分，进一步也可以把建筑立面分解成7个部分：

　　A B C D C B A

　　如果把中间的D单元分解成两个相等的B单元，新的方程式则为：

　　A B C B B C B A

　　这个装饰秩序包含了基本的古典三分法。有一个起始的B部分，夹在A部分和C部分之间，然后一个夹在C和C部分之间的BB部分，最后一个A部分和起始的相同。我们也可以把这个公式浓缩一下以便指出三分法的表示形式：

A B C B B C B A变成a b a

建筑是一个复杂的四面体，其整体的注释图解转换成下列方程式：

A B C D C B A

B H L E L H B

C L K X K L C

D E X F X E D

C L K X K L C

B H L E L H B

A B C D C B A

下一步，我们重新改写这个图解，像前面一样将其简化一下，形成三分法的组成结构，结果便是：

a b a

b c b

a b a

通过以上分析，三分法在这里被以最基本的方式表达出来，这种被称为"正方形与十字形"的图形是自文艺复兴以来，古典建筑最主要的形式图形，因此我们称之为组合方程式的母体。这种正方形与十字形的图形在宗教建筑的平面以及局部装饰上都是比较普遍存在的装饰规律。如哈尔滨圣·索菲亚教堂的希腊十字平面，以及教堂外墙面上的十字图符。此外，在建筑装饰元素上也有不同程度的表现，如教堂入口表现为正方形与十字形结构框架（图4-5）。

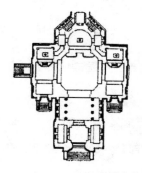

图4-5　圣·索菲亚教堂的方程式装饰母题

　　无论是网格图解，还是三分法图解，应当被看做是具有适用于整体部分的 "等级性" 的作用，一个网格或是三分法图解是包含于另一个之中的。事实上，这种在应用法式图解时的等级性的效应是从总体到部分，从全部直至最小的一个细节，同时也是作为抵制矛盾性的一种手法。

4.1.1.2　属群：风格元素

　　法式界定和划分了建筑外装饰系统的整体框架体系，同时它也突出了独立的建筑装饰单元。在法式的限定之下，属群突出装饰风格元素，它则是填充装饰单元的重要装饰元素。属群是从拉丁语中genus、generis而来，意思是起源、种类和物种。维特鲁威把属群看做是一个在固定环境下的产物，在特定时段和特定情形下诞生的一个整体。在文艺复兴时期受到广泛认同的是存在一种不变的计算属群比例的方法，许多人都致力于研究一种符合自然定律的、放之四海而皆准的建筑比例理论基础。而也有一种完全不同的，带有功能主义倾向性的解释，把属群表达为一种建造的象征符号，也还可以被看做是一种等级系统。在这里属群代表了一种等级制度的抽象的逻辑概念，代表了形式情态性的尺度，用实用性的多种方式实现出来。通过这种方式，建筑外装饰是在对比例和组成有一定限制的条件下创造出来，不会产生矛盾，成一个无固定形式的装饰集锦。

　　在装饰系统中，多立克、爱奥尼、科林斯柱式是近代建筑外装饰的重要属群元素，它们在哈尔滨近代建筑上以不同形式存在着，或独立存在，或与门、窗组合而成独立的装饰单元，起到重要的构图作用。此外，这些柱式以严格的比例尺度体现了属群的等级系统，也同样决定着建筑其他装饰元素，如建筑檐部、门、窗以及墙面线脚等的比例形制。这些装饰元素属于共同的等级系统，体现出属群中装饰元素的所具有的固定形式特征，同时不同柱式表现各自性格属性，如多立克以其浑厚的比例象征男性，爱奥尼以其柔美的形式象征女性，它们也决定了建筑性格。

　　在多立克属群中，整个柱式高度为37个小模数，其中基座高7个小模数；柱子高24个小模数；檐部高6个小模数。这个数值与不同柱式间的渐进递增升高比例3个小模数是一致的，即柱式之间基座的递增高度为1个小模数；柱子的递增升高比例为2个小模数。多立克柱式粗重、雄厚，象征男性，多立克柱式的运用也同样突出建筑物浑厚、雄伟的性格。哈尔滨田地街99号原满洲中央银行哈尔滨支行（现中国工商银行哈尔滨分行），采用10棵多立克柱式均匀地划分了建筑两个入口以及开窗（图4-6）。这座建筑是以多立克属群的比例尺度为单位，如柱式高度限定了立面窗饰单元的高度，相邻两棵柱式的间距限定了窗饰单元的宽度。在细部装饰上，建筑檐口以及底座的线脚符合多立克柱式的渐进递增升高比例3个小模数是一致的。建筑门口、窗口的装饰线脚变化也体现多立克属群简洁、浑厚的形式特征。

在爱奥尼属群中，整个柱式高40个小模数，其中基座高为8个小模数；柱子高26个小模数；檐部为6个小模数。基座的柱基为柱子基座高度的1/4，柱础上沿线脚为柱子基座高度的1/8，柱础装饰线脚的高度则为整个柱础的1/3。爱奥尼柱式秀美华丽、比例轻快、开间宽阔。如哈尔滨原世界红十字会馆（现哈尔滨艺术博物馆），建筑主入口采用6棵爱奥尼柱式支撑出挑檐部以及二层连廊。它不仅限定了主入口的装饰单元，同时也与两侧的装饰单元在进深、尺度以及形式上形成鲜明对比。这座建筑的主要构图单元和整体比例是以爱奥尼属群的比例尺度为基准，贯穿二层的爱奥尼柱式突出了建筑主体凹入部分的秀美感，并且比例

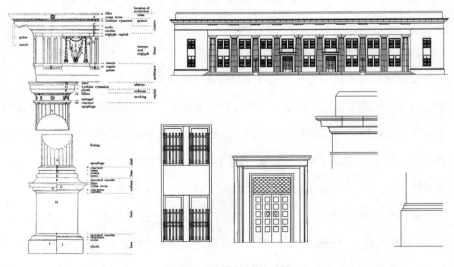

图4-6　多立克属群装饰元素

轻快。又如哈尔滨原横滨正金银行哈尔滨分行（现黑龙江省美术馆），建筑正立面采用6棵爱奥尼巨柱划分了整体装饰单元的构图和比例，限定了建筑长宽比的同时也突出了爱奥尼属群的性格特征（图4-7）。

在科林斯属群中，柱式整体高度为43个小模数，其中9个小模数为基座高度；28个小模数为柱子高度；剩下的6个小模数则为柱顶线盘的高度。基座的比例也已经设立，其中柱子基座底座的高度为基座整体高度的1/4；柱础上沿线脚为基座高度的1/8。基地石的高度为整个柱底基高度的2/3，另外的1/3则被分为9等份，作为组成这1/3部分的5个构件的计算单位。科林斯柱式是细部最丰富、装饰最华丽和比例最轻巧的柱式。哈尔滨原东省特区区立图书馆（现东北烈士纪念馆），建筑正立面采用6棵科林斯柱式支撑顶部三角形山花，建筑侧立面也依据科林斯柱式的比例形制装饰窗间墙，形成统一的装饰元素。科林斯属群细部丰富的特点也体现在建筑细部装饰上，檐部复杂多变的装饰线脚以及门窗装饰线脚都沿袭了科林斯属群的模数比例。此外，由科林斯柱式构成的建筑装饰单元是建筑立面整体中相对突出的视觉形式，如原松浦洋行（现哈尔滨教育书店）的转角装饰单元，采用科林斯柱式支撑顶部山花造型形成独立的、完整的构图单元，其

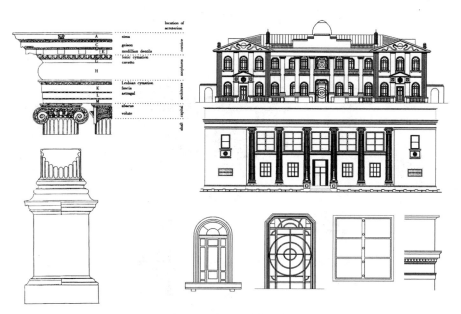

图4-7　爱奥尼属群装饰元素

檐部线脚变化也同样复杂多变（图4-8）。

在实际中，属群元素作用于建筑装饰的细部，如门窗套的细部装饰。建筑外装饰都不违背古典建筑的三分法系统。在建筑装饰元素的深化设计中，从形式角度看，它们不是真正的形式的异象；此外，它们对古典建筑的影响自从文艺复兴之后就并不是主要的。例如属群在装饰秩序中突出表征了建筑艺术流派。建筑独立的装饰单元具有强烈的视觉关注度以及艺术形式特征，是建筑装饰上相对突出的形式要素。意大利文艺复兴时期的理论家阿尔伯蒂说："卓越的建筑需要有卓越的局部。"但所有的局部必须统一，他说："由各个部分的结合与联系所引起的，并给予整体以美和优雅的东西，这就是一致性，"美产生于形式，产生于整体和各个部分之间以及部分与部分之间的协调。因此，建筑像个完整的、完全的艺术体，它的每一个组成要素都和其他要素相协调突出表现整体的和谐秩序。柱式属群确立了建筑整体的比例关系，是建筑性格的一个浓缩阐述。柱式的尺寸给建筑其他装饰元素以参照，这些尺寸和比例为过渡到用细部描绘提供足够的对比，并借此用相应的线脚来勾勒装饰元素的轮廓。建筑整体轮廓装饰效果是建筑形式在视觉上的重要印象之一。各属群之间的差别也根据细部装饰的差异而更具形式特征。如挑檐石是檐部上部的出挑构件，它也被分为三部分，自上而下依次

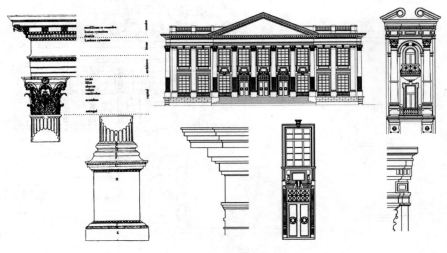

图4-8　科林斯属群装饰元素

为：一排瓦当，竖直向上的独立元素，用扇形图案作装饰，通常为棕榈叶；混枭线脚，是一条连续的雨水槽；泪石是一条连续的石头檐口从下面的壁缘出挑并终结于一条直线（图4-9）。

虽然法式规划空间的方式是把它划分成3个、9个等部分，不管其方向性。但是形状图形蕴含着这种划分，同时赋予其方向性。它们把静态的划分变成连续的单元系列，使其在空间中发生一系列的作用。外轮廓的形状单元从上至下的排列顺序和从下向上不同，这一点相左于我们从左向右或是从右向左看到柱子的特性。水平方向中，柱子左侧和右侧没有区别，而在垂直方向，上部和下部是不同的，然而也不是没有关联。柱头的主要部分系统化地对应着柱础相应部分。它们的相互关系是本着另一种我们称之为"序列"的原则（图4-10）。它们这种关系暗示着柱子垂直方向的轮廓是遵照一个不可逆转的序列而形成的。

4.1.1.3 均衡：元素之间关联

在属群元素基础上，通过元素之间的关联进而塑造建筑装饰系统中形式构成

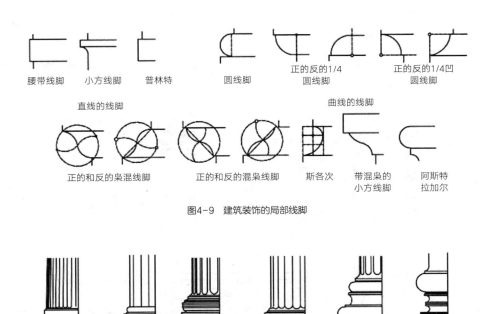

图4-9 建筑装饰的局部线脚

图4-10 柱础装饰序列

秩序。建筑装饰通过组合法式确立了整体框架，同时选择了一系列的属群元素，然后就是把这些元素放置在划分的部位之中。如何使这些元素相对统一或协调，具有稳定性和有序性，就体现均衡的重要作用。均衡是相对的，它与平衡相反相成，相互转化。合乎规律的平衡是事物存在的基础和发展的根本条件之一。这一点几乎涵盖了所有建筑元素之间的关联。关联体现在格律和图形的法式之中。

（1）元素节奏变化

节奏是最基本的组成方式，特别是在建筑装饰当中。重复，或者间断性地替换组成构件，能使装饰元素在建筑整体中起到加强效果。节奏在建筑元素中运用了重点加强、对比、反复以及组团等手法。通过这些形式组合产生了格律图形，它们是小而简单的加强单元和非加强单元结合在一起，凭借一种已知的组成法式重复着。格律图形控制着建筑中元素的位置，使其相互关联。如柱廊的节奏通过柱间距来划分。即为两个相临柱子之间的距离。根据古典建筑文献记载，通常这个距离和柱身的底径，也就是模数有关联，两柱之间的间距可以被看做是柱子模数在音乐间歇中的无声的重复（图4-11）。

（2）加强结束元素

法式划分一座建筑并设定格律图形的界限。格律图形必须开始和结束于划分

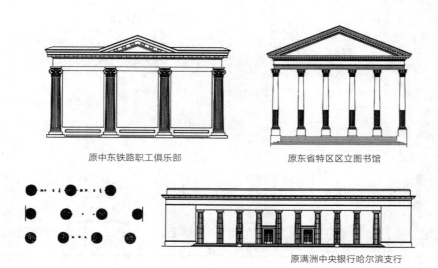

原中东铁路职工俱乐部　　　　　　　　　原东省特区区立图书馆

原满洲中央银行哈尔滨支行

图4-11　柱间距格律关联形式

的区域内。为了体现边界的概念，格律图形中结束的元素不仅仅需要加强型元素，而且要双重的。同时也有其他可能性，延长前一个非加强元素，即延缓对结束的强调，把这个非加强元素延伸至尽；或是反过来，缩短非加强元素，以及运用双重的加强元素。如原松浦洋行（现教育书店），建筑转角的装饰单元由一个圆柱和1/4圆柱组合而成，在装饰单元中存在另一个构图单元，即由贯通三、四层的科林斯巨柱式支撑顶部断裂山花造型构成。使用重复的手法增加结束元素，而建筑左侧结束部分采用简化的装饰单元，即突出科林斯柱式支撑顶部断裂山花造型（图4-12）。这种装饰手法在建筑立面上的应用，突出表现了采用相同的格律图形来增强建筑界限。

　　而格律图形通常是用一个加强型元素来结束，就像在ABCBA的方程式中一个加强部分用来终止整个组合一样。另一方面，格律图形的中间部分则通常是一个非加强元素，一个门或窗，而不是柱子或方柱，与ABCBA方程式相反，前者中间部分是加强型元素（图4-13）。如原东省特区区立图书馆（现东北烈士纪念馆）的侧立面，结束部分一层采用三角形山花与二层的帕拉第奥母题强化，中间部分则是简单的矩形窗。

图4-12　原松浦洋行立面装饰的加强格律

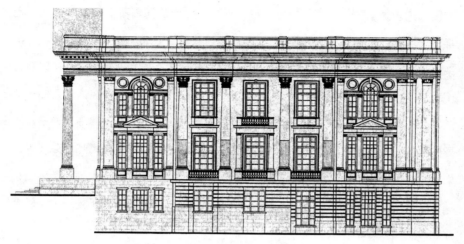

图4-13 加强元素与非加强元素的组合

（3）加强元素关联

典型的元素改变体现在重复加强型元素；改换加强型元素的大小；替换加强型元素，比如用壁柱来替换柱子，改换非加强元素或是间歇空间的大小；插入一个全新的母题来代替某个元素以及插入一个突出的加强型元素。

一方面是装饰元素的叠加，相同属群的叠加表现为双柱排列，柱间距变成变化的间歇空间，如哈尔滨原汇丰银行（现中国银行滨江分行），建筑立面采用2棵多立克巨柱不仅增加了视觉上的稳定感，同时也均匀划分建筑开窗，这种叠加处理强化了多立克柱式的轮廓线，同时也丰富了立面间歇空间的变化。而不同属群柱式的叠加也常出现于建筑重点装饰元素上，如门和窗的装饰单元。道里区中央大街1号原哈尔滨万国储蓄会（现哈尔滨市教育委员会），建筑入口门的装饰单元采用爱奥尼圆柱和不同属群的方柱组合，支撑顶部挑檐（图4-14）。

另一方面是装饰单元的叠加（图4-15）。建筑上独立的构图单元的形式格律是一个开放的秩序，其中可以同样存在另一个相同形制的构图单元，突出强化了建筑立面上起到强化作用的独立的装饰单元。如哈尔滨原穆棱煤矿公司（现省委第一幼儿园），建筑上独立的强化的装饰单元是由2棵科林斯柱式和三角形山花构成，而其内部的一层开窗采用相同比例的三角形山花，下方采用简化的牛腿装饰，在形式格律上内外协调。

a）原汇丰银行　　　　　　　　　　　b）原哈尔滨万国储蓄会

图4-14　柱式元素的叠加处理

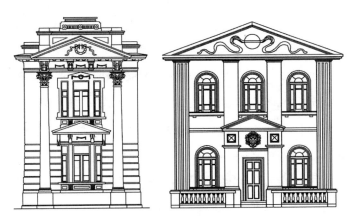

图4-15　装饰单元叠加处理

　　通过以上研究发现，装饰元素和格律是相互关联的，格律或母题以三种方式组合：一个叠加于另一个之上、一个在另一个之后、一个包含于另一个之中。于是某个类型的每一个格律单元可能会和另外两个或是更多的单元相关联。格律不仅存在于柱廊中，在建筑任何一个操纵加强和非加强元素关系的部位都有类似的安排。我们可以把墙换成柱子、门窗、壁龛。我们也可以把柱子改成壁柱。柱间距换成实墙。它可以使一个连续的线性或是沿着一条有规则的直线或曲线而形成，元素叠加或是连续的门窗洞口却很少能产生格律。而这时候元素之间应用着不同的形式关系，同样元素的重复是少有的。同样的格律图形和母题可以重复完整的运用，从而构成一个整体。在哈尔滨近代建筑装饰中，这也是比较普遍运用的秩序结构。

4.1.2　元素层级

在建筑装饰的框架体系下还存在装饰元素的形式化结构。建筑艺术是按数学法则存在的整体。数理关系与比例和谐是塑造建筑装饰之美的重要形式因素，它建构了不同艺术倾向建筑装饰的数学结构和装饰元素的层级表现，突出表达了艺术流派的审美倾向和美学内涵。

4.1.2.1　"群"的排列结构

建筑装饰是一个复杂形式的集合体。在审美过程中，审美主体对客体的认识发生，集中于经常出现的装饰元素上，换言之，也就是对于建筑装饰的"群"性质的认识。"群"是一种数学结构，在认识领域中它既可用于感知——运动阶段的位移结构，也可作为形式思维中由命题运算的转换所形成的结构模型。"群"可能被看做是各种"结构"的原型，"群"的排列结构在建筑装饰形式运算中发挥重要的排列作用，同时也突出以群结构为中心的不同形式之间的转换形式。建筑装饰体现了艺术逻辑以及形式结构系统，这其中突出了数学法则的应用，由此装饰的形式运算所构成的认知结构才真正地结构化，也就是形成整体的结构或结构的整体。在复杂的建筑装饰系统中，"群"是最为突出和显而易见的排列结构。"群"这种数学结构，它既可用于感知——运动阶段的位移结构，也可作为形式思维中命题运算的转换形成结构模型。数学化形式逻辑的存在是通过建筑装饰元素的排列结构反映出来的。哈尔滨近代建筑装饰体现出一些精确的、具有数理逻辑关系的形式，而"群"结构能够提供最坚实的理由。建筑装饰元素以及装饰单元体现数理逻辑的抽象形式，这也体现"群"结构的普遍性。

（1）形式代数结构

建筑装饰是一个由不同装饰单元按照一定的转化规律组成的结构整体，同时这些装饰单元可以单独形式化。因此，在建筑元素层级系统中就存在形式代数结构。结构是一个由种种转化规律组成的体系，同时结构应该是可以形式化，或者说公式化的。在建筑外装饰系统中，群结构作为一个体现严密逻辑关系的工具，因为系统内部的调整或自身调节作用而体现建筑装饰整体的逻辑。如原莫斯科商场（现黑龙江省博物馆），其立面装饰是由2个装饰单元组成的结构整体，可以表述为N+M+N+M+N的数理逻辑形式。进一步深化装饰单元会发现：N=n'+（n'+n'+n'）+n'，M=m'+n'+m'这样的逻辑形式。这样的代数形式还服从加法交换规律，表明可以由不同途径达到同一目的或结果。如建筑整体结构也可以理解成A+B+A，其中A=N，B=M+N+M这样的转化形式，经过分解我们可以看出在建筑立面上M装饰单元是由n'和m'组合而成的，不同装饰单元的穹顶造型突出其形式特征（图4-16）。

在建筑装饰形式这个和谐的大系统中，虽然每个组合元素的尺度不同，但是它们都构建于那些大尺度中的复杂结构之下。也就是说，群结构的转换模式依靠群排列结构中的尺度关系来完成。在不同的装饰层级中组成元素突出各自的尺度差异，它们的尺度在层级上相互协作从而确定了具有一致性的装饰整体。因此，如果一个装饰单元确定了一个尺度，这个尺度也就相应成为转换作用的基本工具，如果它们通过重复形成对称图案，便确定另一个尺度，这也就形成一个具有内在数学组织逻辑的系统模式。以古希腊帕提农神庙立面入口为例，其整体呈矩形，建筑装饰物并没有完全体现出来，但这一图形类似一个1.618或φ矩形。它能够以如下最为简单的方式组成：两个竖置的φ矩形以及它们中间一个较为复杂的图形，这一图形由一个竖置的φ矩形和一个平放的两倍正方形组成。这种合理的转换作用的基本工具也存在于哈尔滨近代建筑外装饰当中。例如，原哈尔滨东北特区区立图书馆（现黑龙江省东北烈士纪念馆），建筑主入口装饰单元的比例

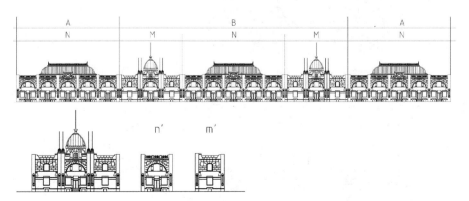

图4-16 原莫斯科商场装饰单元的代数结构

形制沿袭了古希腊建筑的传统比例形制。建筑入口装饰单元也被直线AB以黄金分割的比例平行分割，这条直线与柱式顶部的下侧相一致。重叠部分的区域由两个比例为4.236或φ的矩形所组成（图4-17）。

（2）装饰次序结构

次序结构是建筑外装饰的整体系统中最为普遍存在的"群"结构。因为建筑外装饰的建筑元素不是孤立存在的，它多以组群或重复的形式出现，所以"群"结构系统中的次序关系所形成的网对于建筑装饰系统的建构发挥重要作用，而次序的原型是"网"。在建筑外装饰系统中突出表现在两个主要方面：一方面是建筑立面横向的"网"，另一方面是纵向的"网"。

横向"网"的次序结构主要突出建筑立面的中心位置以及竖向高度的发展变化。例如，哈尔滨原秋林公司俱乐部（现哈尔滨市少年宫），建筑立面以建筑主入口装饰单元为中轴线，两侧呈对称构图，这种横向"网"也是均质对称的结构系统，而两侧的装饰单元相对于中心位置来说突出"后于"和"先于"的视觉关系（图4-18）。而哈尔滨原莫斯科商场（现黑龙江省博物馆），则是体现横向"网"的连续变化性质。纵向的"网"水平方向无变化，只是竖直方向逐层变化的形式结构。例如，哈尔滨原同义庆百货商店（现哈尔滨市中西医结合医院），

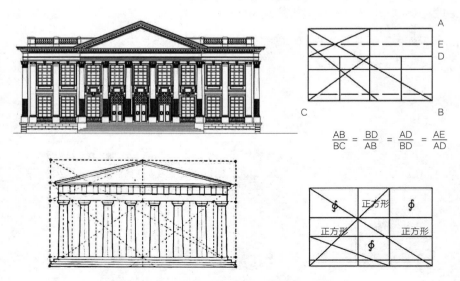

$$\frac{AB}{BC} = \frac{BD}{AB} = \frac{AD}{BD} = \frac{AE}{AD}$$

图4-17　原东省特区区立图书馆入口单元的数学比例模式

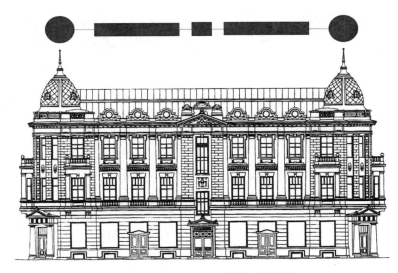

图4-18　原秋林公司俱乐部的横向"网"结构

图4-19　原同义庆百货商店的纵向"网"结构

建筑外立面窗饰元素在横向上均质变化，而竖向从下往上逐层变小，其装饰形态也随窗口大小发生逐层的变化形式（图4-19）。因为在建筑外装饰系统中，这种次序结构直观表现了建筑立面外部装饰元素之间存在的"网"，其中包含有一个最小的"上界"和一个最大的"下界"，所以存在于"网"中的元素也可以用"先于"和"后于"的装饰系统中的关系把它们联系起来，建立了一个统一而和谐的整体艺术系统。

（3）拓扑等价图形

装饰系统中的"群"结构体现拓扑学的等价性质。以简单的几何形为例。拓扑性质的等价变幻图形在相同艺术流派的不同建筑的装饰上是普遍存在的。而同一座建筑，其不同的装饰元素或者同一元素之间都存在着等价图形，这些等价图形是建筑立面上突出表征建筑艺术流派的语言形态。哈尔滨新艺术独立式住宅的建筑装饰体现了装饰元素之间以及不同装饰元素的拓扑变化。如中东铁路高级官员住宅，建筑阳台装饰独具艺术特色，而阳台的木栏杆及立柱的装饰形态则采用相同的装饰母题，它们之间装饰形态的变化体现形态的方向性以及图案变化上（表4-1）。新艺术建筑装饰形态在不同建筑上也流通着相同的拓扑等价图形。新艺术建筑装饰形式特征作为其艺术流派的表现形式，也在这一时期其他建筑上有所体现，如建筑窗饰则是等价变化形成的不同装饰形态。又如原哈尔滨火车站，建筑侧立面的窗饰、墙饰元素与中东铁路高级官员住宅的装饰元素体现相同艺术流派"群"的拓扑等价变幻图形（图4-20）。

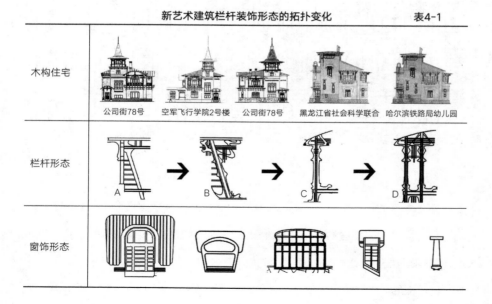

新艺术建筑栏杆装饰形态的拓扑变化				表4-1
木构住宅	公司街78号　空军飞行学院2号楼　公司街78号		黑龙江省社会科学联合	哈尔滨铁路局幼儿园
栏杆形态	A　→　B		C　→	D
窗饰形态				

4.1.2.2 "格"的组合结构

窗是最为典型的装饰元素的组合结构。窗作为建筑上的独立元素，它以简单

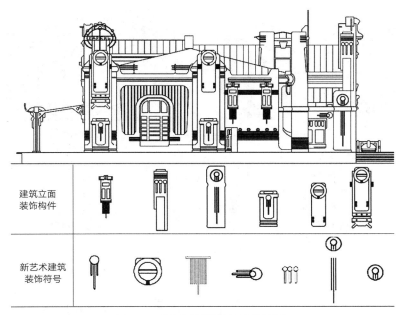

图4-20　新艺术建筑装饰的拓扑等价变化

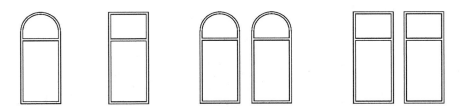

图4-21　建筑窗的基本形体

的抽象形式体现普遍的数理结构形式。哈尔滨近代建筑窗的形式变化多样，就其基本形体可分为：圆额窗、方额窗、圆额组合窗、方额组合窗（图4-21）。双分拱形窗和双分矩形窗是由单拱形窗和单矩形窗加法汇合而成的集合。根据数学组合运算原理，基本窗形经过加法汇合就会得出属于这个集合的新成分，也就是双联窗、三联窗等（图4-22）。这些装饰形式都是从母结构基础上通过数学运算形式形成不同的组合结构，进而达到采用不同形态表现相同艺术主题的 "格" 的结构形式。除基本形体的变化之外，窗饰形态也有自身形态上的差异。主要表现在装饰图案和线脚与装饰元素的组合表现上。这是窗与窗饰的组合表现，如窗额、贴脸、窗下墩座、檐部等细部装饰。方额窗表现在窗额为圆弧形和三角形两种，

图4-22　建筑窗的形式组合

图4-23　窗饰线脚形态

采用装饰壁柱形成的拱券窗饰，也有连续券的装饰形态（图4-23）。

　　建筑外装饰系统的排列结构可以应用于极不相同的成分，这促使我们按照类似的抽象原理对建筑装饰的组合结构进行研究。经过逻辑处理的装饰形式体现一定的形式方向：对于比它高级的形式来说它是内容，而对于比它低级的元素来说它是形式。这就体现出结构整体除排列结构之外组合结构的重要性，它存在于装饰元素或装饰单元的组合结构之中。

　　装饰单元的组合结构以柱式限定的装饰元素最为典型。柱式是限定装元素以及建筑整体比例形制的重要元素。在建筑立面上，它限定了立面长宽比例以及独立的入口和窗饰单元的比例形制。通常以装饰壁柱形式出现，更好地限定了其他装饰元素的比例关系。而巨柱式与装饰壁柱则表现了装饰元素的多型性特征。在建筑转角处也同样采用柱式衔接，突出建筑装饰整体的协调统一。作为形式的"网结构"在建筑装饰中其实是一个虚化的形式，并非真实存在于建筑外表面之上，但是存在于设计思维之中，反应了建筑装饰元素的一个集合在另外一个集合上的"应用"。如哈尔滨中央大街原伊格莱维阡商店（现某商场），在建筑立面的轴线位置采用贯穿2～3层的爱奥尼巨柱式限定构图单元。这座建筑的主要构图单元以及整体比例形制饰以爱奥尼属群的比例尺度为单位，贯穿2～3层的爱奥尼巨柱式突出强化了建筑主要构图中心，柱间距限定了建筑横向的比例尺度，同时也突出二层2个方额窗，三层3个圆额窗的变化。又如原松浦洋行（现教育书店），建筑转角位置的窗饰单元，采用装饰壁柱支撑顶部涡卷状断裂的山花造型，突出巴洛克艺术主题。而建筑转角整体单元两侧凸起部位由1棵科和1/4棵林斯柱式组合而成，强化装饰单元的立体感。原哈尔滨万国储蓄会（现哈尔滨市教育委员会），建筑入口两侧的壁柱则由圆柱和方柱组合而成，不仅强化建筑入口的标识性也限定不同装饰元素的组合比例（图4-24）。

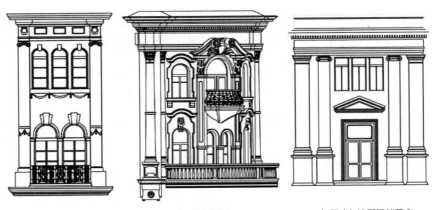

a）原伊格莱维阡商店　　　　　b）原松浦洋行　　　　　c）原哈尔滨万国储蓄会

图4-24　装饰单元中的格结构

4.1.2.3 "群集"的运演形式

"群集"是一个分类系统，它是在群和格的基础上形成的。运演形式在艺术处理过程中可以说是一种认识活动。使用数学工具来对认知格式加以概括，由于对象（认知格式）不同，认知结构的性质也就有所不同，它们会有不同的张力和灵活性，可以应用的范围以及对主体行为的解释力就有差异。从这个角度来看，只有实现了从动作到运算的转变，由运算所构成的认知结构才真正地结构化。具体运算的形式化就是为这两个系统寻找合适的数学模型。即在群结构的基础上，添加某些条件，使群结构变成了适用于具体运算的"群集"结构。"群"和"格"是数学上的排列、组合结构，而"群集"则是一个分类系统，并且它是在群和格的基础上形成的。

（1）删减

建筑艺术的发展是以传统组成定律为基准，传统组成定律中三分法图解为我们深入分析建筑装饰的组成提供了最为基本的结构模型。三分法可以分析解读任何一座建筑的装饰系统。我们可以对方程式作简单调整，比如说，去除一些，融合一些，增加一些，用等级方式包含着一些部分来代替另一部分，最终把矩形网格转换成向心型网格等。母体方程式由此可以转换成下列6种组合图形。这些组合图形为装饰系统中不同艺术流派、不同功能的装饰形态的构成建立了认知格式（图4-25）。

在建筑装饰中运用删减法的装饰形式体现形式自身的变化或者装饰图案的变化，但这种变化并不改变其艺术风格。如建筑三角形山花造型在建筑立面上以不同形式出现，它虽然并不发挥结构功能，但是它与门、窗元素相结合突出装饰元素自身的艺术形态，如建筑入口装饰单元采用三角形山花与柱式组合的结构形式。山花与柱式组合是一个最基本的结构单元。在装饰上的删减法则体现出不同

```
a b c b a          c           b c b        a b c b a      a b c b a
b e d e b        e d e       b   d   b      b       b      b       b       a b c b a
c d f d c      c d f d c     c d f d c      c       c      c   f   c       c d f d c
b e d e b        e d e       b   d   b      b       b      b       b       b c d c b
a b c b a                      b c b        a b c b a      a b c b a       a b c b a
```

图4-25 母题方程式的删除组合图形

艺术流派的装饰手法差异，如巴洛克涡卷状断裂山花造型。此外，窗饰的造型差异也根据其结构形式的差异在装饰上体现从基本结构模型基础上发生的演变形式，经过删除加工之后形成的不同装饰形态（图4-26）。

（2）融合

母体方程式经过融合处理可以转换成下列3种组合形式（图4-27）。这种融合形式也是在母体方程式基础上，将相同构成形式组合形成新的结构体。建筑装饰形式虽然复杂多样，但是整体上仍然保持协调统一，而且装饰单元、装饰元素之间也存在形式上的统一、连续，这有赖于突出表现某种艺术流派具有直接表意作用的符号语言元素的融合处理。它并不是以重复不变的形式出现在建筑不同部位，而是融合于不同形式之中，或者整体上形成有规则韵律的装饰单元。原哈尔滨火车站建筑装饰突出新艺术装饰语言，其表意符号融合于建筑窗楣、窗间墙以及入口单元的装饰形态之中，是不同装饰形态的变体形式（图4-28）。这种变体形式，是基于建筑构成元素的原始母体，将表意符号以一种全新的加工形式融合其中，达到变化且统一的艺术效果。

（3）增加或重复

母体方程式自身也可以增加或重复其中的组成元素最后转换成新的组合形

a）原东省特区区立图书馆　b）原中东铁路商务学堂　　　c）原日满俱乐部　　　　　d）原苏侨小学校

图4-26　建筑山花的组合装饰形态

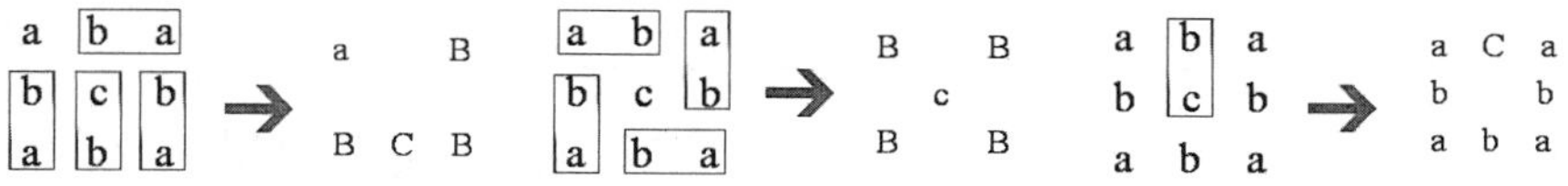

图4-27　母题方程式的融合组合图形

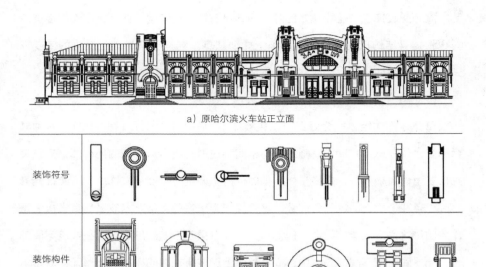

a）原哈尔滨火车站正立面

b）哈尔滨火车站局部装饰元素

图4-28　原哈尔滨火车站装饰形态中的融合元素

式。在建筑立面装饰中，有时表现为
重复的装饰图案，有时重复装饰单
元，但是两种手法所产生的视觉效果
是大相径庭的。重复连续使用某一装
饰图案，一般出现在建筑檐口形成带
状装饰条，不仅区分了体块而且强化
建筑横向线条（图4-29）。重复建筑

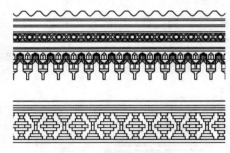

图4-29　建筑檐部重复性装饰图案

局部的装饰单元，延长了建筑水平距离，对比突出重点装饰单元，形成整体变化
的韵律感。如原格罗斯基药店（现某商店），建筑立面采用重复的窗饰单元连续
排列组成（图4-30）。

（4）嵌入组合

由母体方程式嵌入处理后可以转换成新的组合形式。嵌入方法与删除、融合、
增加或重复相比，并没有改变母体方程式的形式结构，只是嵌入独立其他装饰单
元，在装饰形式上改变了最初元素。在建筑装饰上嵌入组合的装饰手法是比较常见

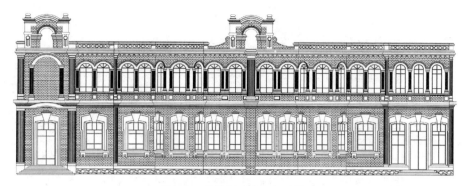

图4-30 原格罗斯基药店立面装饰

的。这种运演方式不改变艺术风格，但却改变其语言传统和表意。哈尔滨近代在引入外来文化的过程中也发生了本土文化之间的碰撞，因而产生了在固定形式结构之下嵌入本土装饰文化的现象。如哈尔滨 "中华巴洛克" 建筑装饰，在外国古典建筑构件上嵌入体现中国传统文化的中国结、牡丹、葡萄等装饰图案（图4-31）。

建筑装饰所体现的数学运算形式，它简明地描绘着每一分类、每一序列化活动中所出现的装饰形式。首先是整体装饰格局，装饰单元能反映建筑艺术的语言体系，这是由于个体元素具有格局来同化的刺激作用；其次，由于这种同化作用审美主体才能对艺术类别作出反应，进而进入认知阶段；最后，通过同化和调节认知结构以适应整体系统，最终形成了独立的、不可复制的建筑装饰逻辑体系下的形式运算系统。

a）原同义庆百货商店　　　　b）原泰来仁鞋帽店　　　　c）原小世界饭店窗饰单元

图4-31 "中华巴洛克" 建筑嵌入装饰

4.1.3　艺术题材

贝奈戴托·克罗齐认为，语言学与美学研究的是同一个对象，即表现。在建筑装饰的逻辑秩序、元素层级的基础上，美学意匠也深刻体现在建筑装饰语言形式的美学符号与美学编码上。符号作为内感外化之桥，从现象上它的功能作用是它的物质化形式，从逻辑心理上它是指意念的或功能的结构表现，符号的实际功能就是用物质内容和意思内容来充满它。在逻辑有序的装饰系统以及装饰元素的层次体系下，艺术语言以一种形象的、类比的表现形式体现建筑艺术的美学内涵。这些装饰语言由一些表现艺术风格的自然图像、结构功能的标志符号以及抽象艺术特征的象征符号组成信息符码系统。

4.1.3.1　风格化的图像符号

图像符号（ICON）是通过模拟对象与对象的相似而构成的。图像符号在语言表现中是强式代码。在审美过程中，人们对图像符号有直觉感知和认知，通过形象的近似就可以分辨出来。图像符号在建筑外立面装饰系统中属于附加性装饰，它与建筑主体构件形成图与底的对应关系，如果说独立的建筑元素如门窗是图底的话，作为图像的符号此时则是"图"。在"图"上也采用不同的装饰图案。因为建筑装饰需要与建筑的类型相适宜，或者与建筑某个部位相适宜，所以属于不同建筑元素的装饰不应该运用到其他地方。文艺复兴或巴洛克时期，建筑元素充满装饰，如门、窗、墙面、檐部、女儿墙等。这些装饰突出建筑等级，使建筑看起来与舞台背景一样具有喜庆气氛，同时又与建筑整体相融合。在哈尔滨近代建筑当中，以文艺复兴或巴洛克风格为主的折中主义建筑，装饰元素的图像符号延续了文艺复兴和巴洛克的装饰传统，主要采用垂饰、花叶状平纹装饰、招牌、纹章。一些风格可以被强式代码所维系，如徽章和扑克牌的图形；另一些可被较弱的代码所维系，它们对众多的内容是开放的，如所说的那些"原始类型"中的所谓"象征"。新艺术建筑装饰体现自然主义的装饰情结。新艺术建筑装饰突出表现自然的、有机的艺术风格，神秘而绚丽。其设计灵感来源于丰富多变的自然界。通过模拟植物花朵或动物骨骼的形态，将图案灵活地运用于建筑装饰上也是哈尔滨近代建筑上比较常见的装饰语言（图4-32）。

　　图像作为装饰符号，也受到地域和文化发展的直接影响。传统巴洛克建筑在哈尔滨的发展受到地方文化的影响，在建筑元素上出现了中国传统民俗文化的图像符号。一些风格可以被强式代码所维系，如徽章和扑克牌的图形；另一些可被较弱的代码所维系，它们对众多的内容是开放的，如所说的那些"原始类型"中的所谓"象征"。如"中华巴洛克"建筑装饰的图像符号作为风格代码，在建筑装饰中起到直接表意的作用，突出了建筑文化的归属感（图4-33）。

4.1.3.2　程序化的标志符号

　　标志符号（index）与表征对象之间具有一种直接的联系。标志符号存在于媒介之中，其程序化的表达方式建立了对象与解释之间的桥梁。它是与指称对象具有某种因或空间联系的符号，强调因果关系的存在。建筑装饰的美学符号并不是单纯地表现某种艺术形式而特别设计或附加的，而是首先满足建筑功能上的标志作用，例如突出强化建筑艺术形象的主入口；其次再形成建筑独立的、表现艺术风格的语言符号，例如变化中又有统一的门饰、窗饰以及局部的装饰形态。

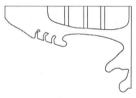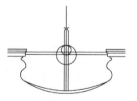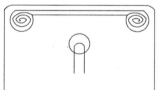

a）公司街78号住宅托檐　　　　b）原密尼阿球尔餐厅女儿墙　　　　c）原密尼阿球尔餐厅墙饰

图4-32　新艺术建筑图像装饰符号

a）原小世界饭店　　　　　　b）原银京照相馆　　　　　　c）原同义庆百货商店

图4-33　"中华巴洛克"建筑的图像装饰

这是因为装饰符号是在审美过程中成为传递信息的媒介，它具有语言指示功能，并体现某种文化意义和时代精神。

　　建筑装饰元素所形成的逻辑秩序，决定了标志符号的先后顺序。这种程序化的美学符号系统之内存在强代码符号和弱代码符号。哈尔滨新艺术建筑中程序化的表现形式，在同类建筑上表现了不同的刺激效果，但就是符号形式本身来说，是新艺术建筑装饰语言中的强代码符号。符号形式对人的视觉刺激表现也体现出不同装饰的程序化结果。建筑门窗装饰，檐部与墙面装饰，甚至建筑整体之间的相互协调的装饰符号。这些在难度推理所维系的各种模式中，载体似乎是那些与外延的命运联系得最紧密的东西了。像皮尔士的指号一样，只有和一个对象或事物的一种情况有内在关联时，它们才能变成表达的载体。事实上，像比于桑斯的箭头一样，各种载体通过其语境的插入也表达出指令的整体。哈尔滨新艺术装饰的曲线符号，通常位于建筑的主要装饰位置，它的存在表现了艺术走向，也就是一种表达指令。对于语言的载体，跟随其后的指令是在其前面的紧接着的语境中需要寻找出的一个专用形式（图4-34）。在这个意义上，被定义为符号、形式和材料的符号也是载体。当然，根据不同的语境，各种载体通过规约一般是能够呈现出较大或较小的必然性的。如出现在中东铁路高级官员住宅上的窗饰造型，它是典型的新艺术窗饰的一种简化的或者变体形式（图4-35）。这种强代码标志符号作用于建筑重要装饰元素上，同时也蕴涵于其他装饰元素之中。如原哈尔滨火车站主入口的装饰单元的标志符号，在其他新艺术建筑女儿墙上也能找到相应的变体形式（图4-36）。

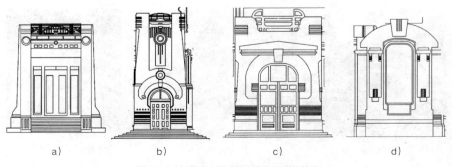

a)　　　　　　　　b)　　　　　　　　c)　　　　　　　　d)

图4-34　新艺术公共建筑门窗的程序化符号

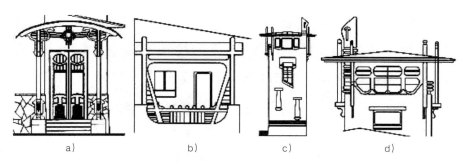

图4-35　新艺术住宅立面装饰元素的程序化符号

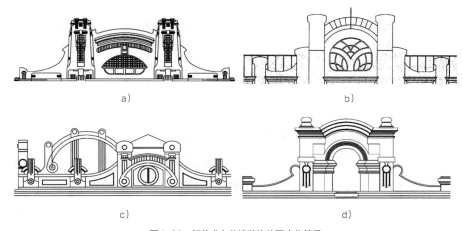

图4-36　新艺术女儿墙装饰的程序化符号

4.1.3.3　抽象化的象征符号

象征符号（symbol）则与对象之间既没有相似性又没有直接联系，它是以约定俗成的方式确定的，它所表征的对象并非某种单一的、个别的存在，也不与特定的时空条件相依存，而是具有普遍性的事物的类别。例如在中国民族传统文化中，用倒挂的蝙蝠象征福到，狮子滚绣球象征家族繁衍生生不息，三只羊仰望太阳象征"三阳开泰"，鲤鱼象征连年有余等。这些形象的装饰图案作为装饰符号出现在建筑上，寄托了人们对美好生活的向往之情。而西方建筑受到宗教和传统文化的影响在建筑上往往采用一些较为抽象的装饰符号来表达象征意义。这些符号体现了人们的信仰和精神追求，因此通常设置在建筑最突出的部位，如建筑屋顶以及建筑入口上方。如教堂建筑上的希腊十字和拉丁十字、伊斯兰教的新月、犹太教的圣星、东正教的"洋葱头"等。

　　哈尔滨宗教建筑的屋顶以及教堂的局部装饰都采用十字抽象符号。希腊十字属于集中式，等臂十字。如哈尔滨圣·索菲亚教堂的外立面，在教堂各个穹顶上、窗饰、墙饰以及入口等部位的装饰元素都源于"十字"的抽象符号。这些高度抽象化的符号也是建筑装饰艺术题材的拓展与演变（图4-37）。

　　体现独特文化意义的抽象符号，不仅独立出现于重要位置，而且它的数量也具有独特的象征意义。如俄罗斯东正教的"洋葱头"穹顶。它产生在公元12世纪以前，象征着向上熊熊燃烧的蜡烛，代表信徒祈祷的热忱和对进入上帝殿堂的渴望。哈尔滨建筑中最为突出的是圣·索菲亚教堂顶部带有十字架的巨大、饱满的洋葱头穹顶。

　　伊斯兰艺术在世界文化形态中是非常独特的，它是一种受宗教影响很大的艺术形式，超越民族、人种、地域、国家，具有广泛影响。哈尔滨道外区南十四道街的清真寺，在望月楼和各个穹顶的顶端均饰以凹凸线纹开设圆形或圆拱形门窗，建筑墙面以及门窗则饰以抽象的、连续的装饰符号。因为伊斯兰建筑艺术禁绝了其他艺术所表现的人和动物，所以设计灵感汲取自一些植物（图4-38）。

　　除伊斯兰建筑之外，哈尔滨的犹太建筑也有明显的伊斯兰特征。在建筑的方形主体上突起一个高高的宣礼塔，塔顶冠戴一个不大的尖圆穹顶。在建筑立面装饰上，通常采用抽象的、植物花草为主题的装饰图案，是建筑局部具有丰富视觉效果的艺术语言（图4-39，图4-40）。

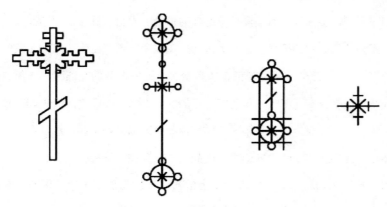

图4-37　东正教堂窗栏杆的十字装饰符号

图4-38　伊斯兰建筑局部抽象符号

图4-39　犹太建筑民族文化象征符号

图4-40　犹太建筑元素的抽象符号

a）图像符号　　　　　b）标志符号　　　　　c）象征符号

图4-41　媒介和指涉对象引发的三种符号关系

　　图像符号、标志符号与象征符号的关系，可以通过图式加以说明（图4-41）。图中每一个符号均由两个圆圈代表，其中一个圆圈表示媒介，一个圆圈表示指涉对象。图像符号的特点是两个圆圈相交，说明其媒介与指涉对象之间具有某种相似性，因此两者有重合的部分。标志符号的特点则是两个圆圈相接触，说明其媒介与指涉对象之间具有直接的联系。而象征符号的特点则是两个圆圈间隔一定的距离，说明其媒介与指涉对象之间并无直接的联系，而是一种约定俗成的自由的结合。建筑装饰艺术与装饰题材之间的关系，就是媒介与指涉对象之间的关系。在图像符号当中，艺术流派是媒介，它与图像的指涉对象之间存在约定俗成的关系。标志符号在建筑装饰艺术中体现同一艺术流派程序化的处理手法，可以说，艺术流派与符号之间是相辅相成的。象征符号在建筑装饰上则更突出表现了符号元素的独立状态，它与建筑本体并没有直接的联系，而是从文化的角度表现精神内涵。

4.2　建筑装饰形态表象的美学意蕴

意蕴是指艺术作品内在的含义、意义或意味。英国现代物理学家克莱夫·贝尔曾把艺术作品的特性解释为"有意义的形式"（Significant form），从而把艺术作品的意义放在重要的理论层面。建筑装饰"有意义的形式"又蕴涵具有突出艺术特征的表现形态。形式在获得物质形态之前，只是一个心灵的视像。装饰艺术的本质特征体现在：一个民族的艺术意志在装饰艺术中得到了最纯真的表现。哈尔滨近代建筑装饰的外在表现形式从一个侧面反映出在艺术潮流下建筑装饰的形态表象及其美学意蕴。

4.2.1　审美形态之流

审美活动是一种社会文化活动，因此，不同的社会文化环境孕育出不同的审美文化。不同的审美文化由于社会环境、文化传统、价值取向的不同而形成自己的独特的审美形态。建筑装饰表现不同艺术流派在装饰上的美学倾向，在艺术形态上也突出表现了艺术潮流的"大风格"（great style）。审美形态作为文化的大风格，有着确定的文化内涵。它按照要素和要素之间互相联系的方式，以及它们的内在关系和相互影响来区分不同的审美形态。

4.2.1.1　优美（beauty or grace）

"优美"给人和谐、安静的审美享受。优美形态具有能够确切描述的形式特征，它同美的概念息息相关。不同历史时期理论家对于优美特征描述如下：古希腊毕达哥拉斯学派认为图形中最美的，可以总结出优美形态特征的是球形和圆形；中世纪意大利的托马斯·阿奎那认为优美表现为完整、和谐、鲜明；英国哲学家培根认为优美就是秀雅的动作；英国画家荷迦兹提出蛇形线是最优美的线条；英国政治家博克分析优美事物的特征为小、光滑、逐渐变化、不露棱角、娇弱及颜色鲜明而不强烈；法国作家雨果说优美是一种和谐完整的形式。优美的特点是美处于矛盾的相对统一和平衡状态。优美形式的特征表现为柔媚、和谐、安静与秀雅。

完整与和谐是优美形态的主要特征。"完整"是一个统一的、单纯的而完满的整体。而呈现这种"完整"的效果则有赖于事物内部组织的"和谐"表现。和谐则是指事物结构因素之间相互影响，趋于"完整"效果的组织结构。

其一，在视觉上，优美形态有一个单纯的焦点成为统一的中心。如古希腊的神庙，它没有开窗只有列柱，三角形山花、列柱、屋脊，这些装饰元素从角落到边沿的中心点，有精密比例的膨大、倾斜及距离的变化，所以整个建筑立面突出三角形山花上端单纯的焦点，塑造机体和谐与完整的优美（图4-42）。列柱在建筑立面上成为统一的装饰元素，而立面上的开窗也相应地成为单纯的焦点，或者局部装饰单元统一的中心。单纯的焦点成为统一的中心在局部装饰元素中也是普遍存在的。哈尔滨新艺术建筑局部表现的装饰形态也是突出单纯焦点的形式特征。建筑铁艺栏杆繁杂、灵活、多样的装饰图案之中以中心焦点为构图中心，突出体现曲线灵活多变的优美特质（图4-43）。

其二，在形象上，优美的艺术形态突出表现"切近"而"静穆"的艺术形象。它的艺术状态游离处于抽象的普遍性与个别性之间。就是说，在优美的对象身上，普遍性与个性都不倚重和单独突出。如维纳斯雕像，作为一个女性人体，有着女性所具有的美的鲜明和切近的呈露，但又具有女性美的观念的普遍性。这就是优美使人既感到亲切、接近，又感到宁静、怡和的原因。古希腊神话所反映的

a）原横滨正金银行哈尔滨分行　　　　　　　　b）原满洲中央银行哈尔滨支行

图4-42　列柱装饰单元的统一视觉中心

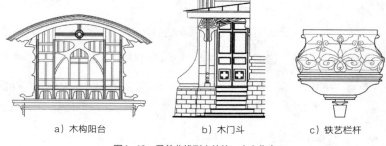

a）木构阳台　　　　b）木门斗　　　　c）铁艺栏杆

图4-43　柔美曲线形态的统一中心焦点

平民的人本主义世界观，深深影响着柱式的发展。这种世界观的一个重要的美学观点是：人体是最美的东西。古典时代的雕刻家费地（Phidias）说："人类形体是最完善的，我们要把人的形体赋予我们创作的神灵。"古希腊伊瑞克先神庙南面为像高2.3米的女像柱廊，它以小巧、精致、生动、优美的造型，与帕提农神庙的庞大、粗壮、有力的体量形成对比。人体的美体现数的和谐，因此，优美的比例、线条应用在建筑上也同样表现建筑装饰的优美。哈尔滨原松浦洋行（现教育书店）二层转角采用一男一女人像壁柱，在水平方向它与两侧圆额窗等高，柔化了连贯的、曲线的装饰形态，在垂直方向位于一层两棵多立克柱式上方均匀分割了转角装饰单元的窗间距（图4-44）。出现在建筑装饰上的人像雕塑并不是直观地再现人物形象，它介于抽象的普遍性与个别性之间，如教育书店转角雕塑，上半部分直观描述了人物形象，下半部分是抽象的牛腿造型，这种处理手法为建筑装饰艺术增添了更大的想象空间，同时也说明其作为结构构件的功能作用。模仿动物牛腿造型出现在建筑檐部和托檐部位，相对抽象的装饰形态表现了动物腿部遒劲有力的优美、动感线条（图4-45）。

其三，在内涵上，优美感性的外层形式（即对象的前景）与艺术内容（即对象的背景）之间的关系是透

图4-44　原松浦洋行人像雕塑

图4-45　建筑檐部的牛腿、托檐形态

明的。背景对于前景不能显得深奥莫测，而前景对于背景，也不能障蔽和模糊。对于审美主体来说，对象的"感性的外层"以其透明性而涵盖其背景于自身。因此，感知觉对于对象的"感性的外层"的流连较之理解力对于对象的背景的思致，在优美这一形态中是更主要的（图4-46）。与形象的雕

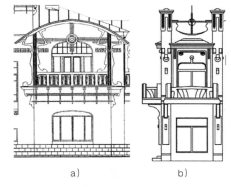

图4-46　建筑装饰栏杆的优美形态

塑不同，抽象的装饰形态则更多地反映了背景与前景关系的透明性。哈尔滨新艺术以自然风格作为本身发展的依据，优美浪漫的装饰也是其主要的形态特征。如木装饰建筑蜿蜒曲折的优美线条，犹如托起手臂采摘果实的少女，新艺术建筑女儿墙和托檐蜿蜒的曲线形态，以及墙面犹似珠宝饰品般装饰形态等。

4.2.1.2　崇高（sublime）

崇高也是美的一种表现形态，是事物的一种客观性，它和美都来源于人类的社会实践，都直接或间接与社会实践有着一定的联系。崇高与优美相比有着特殊的威力，更为高尚。这种审美形态的源头是希伯莱文化和西方基督教文化。希伯莱人（犹太人）的历史是一部受难的历史。他们面对磨难和死亡，把生命希望和生活理想都寄托于万能之主耶稣。这种宗教信仰是对有限人生的精神超越，也促使希伯莱文化产生出完全不同于希腊文化的审美形态——崇高。美学家康德把崇高上升到哲学高度进行深入研究，他认为"崇高"对象的特征是"无形式，即对

a）圣伊维尔教堂　　　　b）圣·索菲亚教堂　　　　c）圣母守护教堂

图4-47　东正教堂的崇高形象

象形式无规律、无限制，表现为体积和数量无限大，以及力量的无比强大"。

　　基督教创立后，崇高便肉身化为耶稣基督和圣母玛丽亚。在此，崇高第一次有了由人创造的象征符号——耶稣与十字架。如宗教建筑的平面普遍采用希腊十字或拉丁十字，在十字平面中心位置上方设置大穹顶。多个穹顶并存的时候，必有一个主要穹顶，如圣·索菲亚教堂、圣伊维尔教堂。在教堂钟楼上也必设有穹顶，如东正教的圣母守护教堂和圣尼埃拉依基督教堂。这些宗教建筑的穹顶在数量上或者大小形制上都成为建筑形象的重要标志（图4-47）。基督耶稣也就化身为崇高的形象，在建筑上大穹顶则表现与上帝接近，十字架也相应地成为崇高的象征符号。

　　18～19世纪的浪漫主义时期，"崇高"的文化内涵发生了重大的改变。欧洲浪漫主义作为一种精神文化现象，有着深刻的社会历史根源和文化心理根源。就文化心理根源来说，当文艺复兴把人从神的桎梏下解放出来以后，人的存在、人的价值、人的尊严得到了充分肯定。当崇高从宗教艺术风格演变为浪漫主义艺术风格时，它的内容发生了革命性的变化：即从主体精神的异化复归为主体精神的自觉。过去只是在宗教中才能领略到对无限的追求，不断地超越，现在从非宗教的艺术中也能领略到。哈尔滨折中主义建筑也融合了浪漫主义色彩。"浪漫主义表现为回避现实，崇尚传统的文化艺术，追求中世纪田园生活情趣和非凡的趣味或异国情调，模仿中世纪的寨堡或哥特风格，给人以神秘、浪漫的崇高感"。例如哈尔滨原中东铁路公司董事长公馆（现和平屯宾馆贵宾楼）（图4-48），其形体复杂，构图自由，窗型繁多，法国孟莎式双折坡顶，灰白墙面，红色屋顶深藏在浓郁的绿树花丛幽静庭院之间，确有几分神秘感。

图4-48 浪漫主义公共建筑的艺术形象

图4-49 浪漫主义住宅的艺术形象

又如，原中东铁路中央电话局（现哈尔滨医科大学附属第四医院），建筑以中世纪古寨堡的外形构成圆形旋转式楼梯间，底层窗洞口采用圆角方额长窗，二层为尖券或圆拱高窗，显得挺拔有力。屋顶平缓轻巧，在局部檐墙上竖起高高的哥特式小尖塔，尖塔尖券相互呼应，引人怀古思幽（图4-49）。

4.2.1.3 滑稽和喜剧（comedy）

喜剧是指美在压倒丑的过程中通过对内容和形式、本质和现象、动机和效果等的乖谬悖理的揭示而引人发笑并愉快地和自己的过去诀别的一种审美对象。它的美感体验的特点就是尼古拉·哈特曼所说的使人产生某种"透明错觉"：在观察者面前某种属于深远内层的东西被虚构成为伟大而重要的事物，为的是最后化为某种无意义的东西。喜剧作为一种审美形态，既存在于自然界、社会生活中，也存在于艺术世界中。

"在喜剧中'庄'与'谐'是辩证统一的，失去深刻的主体思想，喜剧就失去了灵魂，但是没有诙谐可笑的形式，喜剧也不能成为真正的喜剧"。哈尔滨"中华巴洛克"建筑装饰就反映喜剧审美形态"寓庄于谐"的形式特征。巴洛克建筑是17世纪意大利所产生的一种建筑风格，哈尔滨傅家甸（现道外区）的建筑在整体上反映欧洲巴洛克建筑的构思原则，在装饰上则展现中国传统装饰文化的特征。意大利巴洛克建筑的主要风格特征是注重装饰，追求新奇，趋向自然，气氛热闹。这些建筑通体上下充满装饰图案，这些装饰图案不仅追求新奇，而且打破传统装饰的理性观念，强调奇特和非理性，在审美形态上体现喜剧装饰效果。中华"巴洛克"建筑装饰大胆而随意地将各种装饰表现到各个部位，这与传统建筑装饰明显的矛盾与反差，造成一种"错觉"，即感性的外层优化为另外一种东西，进而产生喜剧效果（图4-50）。

　　滑稽的审美形态则表现为无足轻重的东西以异常严重的面貌出现，但刚开始呈现于观察者面前时，这种无足轻重的本质尚处于深远的内层，而引起观察者焦虑的是显然被夸大了的严重性这一感性外层。只是到了一定的时候，在接连几件事态与观察者的期待相违时，无足轻重、无关紧要这样的深远内层的性质就浮现到感性外层上来了。这样，事实上的无关紧要与表面上的异常严重之间形成的矛盾与反差，使感性外层的严重性化为一种滑稽的东西。通常出现在建筑局部装饰元素上相对独立的附加装饰，它对于建筑艺术风格的表现并不发挥决定作用，但是其滑稽、荒诞的装饰形态丰富、灵活了建筑艺术气氛。如建筑女儿墙柱墩上的缠绕果篮的蛇、菠萝以及窗间墙抽象的人像装饰等，这些装饰形态总显得荒诞、滑稽可笑，由此产生了戏剧性装饰效果（图4-51）。

图4-50　"中华巴洛克"喜剧式装饰形态

a）原中东铁路印刷厂　　　　b）原斯契德尔斯基住宅　　　　c）原中东铁路医院病房

图4-51　建筑局部滑稽荒诞的审美形态

4.2.2　意识形态之维

审美意识是审美主体皆具备的一种思想和观念，它产生于审美活动，又制约着审美活动，还影响着审美主体的自身结构。审美意识是审美存在的主观反映，是审美主体在审美活动中形成和发展起来并支配着审美活动的思想、观念的总和。

4.2.2.1　审美观念的亦步亦趋

哈尔滨是在极短时间内 "暴发" 起来的新兴城市，是 "被动" 开放的产物。这些建筑艺术的发展并不像欧洲那样 "循规蹈矩"。从欧洲18世纪60年代至19世纪末建筑的发展态势来看，在欧美各国的建筑创作中流行着古典复兴、浪漫主义与折中主义这样的复古思潮。但是，社会经济的发展以及科学技术的进步，必然会促使建筑文化逐渐突破传统观念的束缚，而探索新时代建筑的发展之路。于是，20世纪30年代，欧美各国又出现了新建筑运动、现代主义与装饰艺术等新的建筑潮流，并从欧洲向外扩展。哈尔滨由于是 "突发" 兴建，就背离了 "循序" 规律，在不到半个世纪的时间内，几乎建筑史上所出现过的建筑思潮和流派，在哈尔滨都找到了表演的位置，东方与西方建筑艺术形式不拘一格，五花八门地相继出现。但是，哈尔滨近代建筑艺术在整体上表现为从新艺术建筑向折中主义建筑，再向现代主义建筑的发展趋势。中东铁路建设伊始，新艺术运动思潮东进，折中主义建筑也同步发展起来，并且势头更猛烈。随后的现代主义发展也并没有撼动其主流地位。哈尔滨折中主义作品所占比重很大，几乎包容一切，甚至在新艺术建筑中也不难发现折中主义的成分。

18世纪下半叶到19世纪下半叶，西方国家发生的最重要的时间便是三次工业革命的爆发。工业革命带来的一系列变化，如生产力的大发展等，使得社会形态也发生了历史性的变革。古典材料、结构和形式的旧建筑因其建造时间缓慢、造价高昂、所提供使用面积有限等诸多弊端而无法满足人们的需要。因此，借助于工业革命而被大量生产的铁、玻璃等新型建筑材料开始广泛应用于建造新式的建筑中。当现代工业以不可阻挡的态势成为人们生活的组成部分的时候诞生了 "工艺美术运动"，也叫手工艺运动，强调诚实、淳朴的建筑方式，并主张人们追求对自然、真实事物的表现。随后出现"新艺术运动"，它是"工艺美术运动"的一种延续，也是新建筑时代来临之前的一次过渡性设计运动。

兴于西欧的新艺术运动在19世纪末曾席卷欧美各国，当时的沙俄也积极追随这场艺术运动，并将之适时地传入哈尔滨，以实现其构建"黄俄罗斯附属国"的梦想。新艺术建筑是哈尔滨现代转型中，最具有典型性和代表性的纯正的艺术体系。哈尔滨与西欧、俄罗斯同步进行了新艺术建筑的探索，在建筑类型的多样性、建筑材料的独特性、风格发展的阶段性与完整性、建筑规模以及传播时效等方面均很独特，而体现在建筑装饰上的装饰形式以及表现手法就必然有不同主题以及艺术处理上的差异。

在哈尔滨建城初期，中东铁路的附属建筑在形式上追随着欧美这一时期正在流行的新艺术运动。而新艺术所表现出的装饰观念正是对传统观念的颠覆，新材料与新工艺在建筑领域的应用，突破古典主义建筑所信奉的大尺度的构图模式。建筑装饰普遍采用形态各异的铸铁构件，出现在建筑女儿墙、阳台栏杆、入口雨棚等处（图4-52）。

新艺术在哈尔滨出现不久，盛行于欧美的折中主义建筑也在哈尔滨蔓延开来。这些折中主义建筑大体上分为以模仿古典式为主、模仿文艺复兴式为主、模仿巴洛克式为主、集仿中世纪风格以及集仿多种风格等。19世纪末20世纪初，这一时期哈尔滨城市人口迅速扩展，外国资本在哈尔滨的活动明显增强，推动了一

图4-52 铁艺装饰构件

批新建筑的诞生。哈尔滨折中主义建筑作品比重很大，几乎包容一切，甚至在新艺术建筑中也不难发现折中主义的成分。折中主义建筑并没有固定的风格，它讲究比例权衡的推敲，沉醉于"纯形式"美。在哈尔滨城市建筑发展的不同时期，折中主义建筑呈现的整体面貌各有侧重。从1898～1917年，这是哈尔滨城市建筑的奠定期，大规模城市建设集中于南岗区和道里区，这里的行政办公建筑、金融交通建筑、文教卫生建筑、商业服务业建筑等都采用折中主义装饰手法。从1917～1931年，这是哈尔滨城市建筑的持续发展期，集中于南岗区的各国领事馆建筑也体现折中主义建筑艺术潮流。从1931～1945年，在哈尔滨城市建筑发展的完成期，集中于道里区商业街区的近代建筑开始建设，如石头道街、地段街、买卖街、透笼街、新城大街等。这些街区的近代建筑整体上呈现古典复兴的艺术风格，但是其艺术形态也各有侧重，体现了多种艺术潮流混杂并存的艺术面貌。

4.2.2.2　审美理想的同一同构

哈尔滨始终处于单一帝国主义控制之下，先是沙皇俄国、后是日本，在每个历史时期内没有相互之间的激烈争夺和势力冲突，所以城市发展比较有秩序，有统一的规划。在沙俄侵入之初，中东铁路管理局就在其势力范围内进行较为科学的初期城市规划。道外区主要是中国居民集居区和一些轻工业工厂和作坊。初期的城市规划，奠定了哈尔滨城市的基本格局，日本占领哈尔滨以后，没有作大的改动，仍然按原规划意图从事建设活动。

形式与意识形态之间的辩证关系也客观映射在城市整体规划、街道布局与近代建筑的艺术形态上。克里斯蒂安·诺伯格·舒尔茨曾写道："为了成为真正的形式，街道必须拥有'图形'特征"。街道是欣赏建筑艺术的主要体验空间，在城市整体平面上它体现"图"的特征。在这里，"图—底"关系只是简单的倒置，即真空成了图，实体建筑成了底。近代哈尔滨城市街区的图底特征呈现两种艺术走向：其一是一点放射状格局，这是哈尔滨行政文化区——南岗区道路规划格局；其二是鱼骨状方格网，这是道里区和道外区的道路规划格局。

（1）城市广场与建筑装饰

南岗区有一条贯穿东西的街道——西大直街和东大直街。中东铁路管理局位于西大直街的中心位置，街道为建城初期修建的中心广场——原喇嘛台广场（现博物馆广场），另一侧为教化街中心广场。喇嘛台广场因地制宜，因势利导，将几栋不同性质不同规模的建筑有机地组合成统一体，整体形态舒展自由、生动活泼，为这座西洋城市奠定了古典氛围的艺术基调。尼古拉教堂广场是体现巴洛克艺术特征的交通广场。

首先，圣·尼古拉教堂广场采用局部围合手法。意大利由教廷建筑师伯尼尼设计的圣彼得大教堂前面的广场是典型的巴洛克特征的城市广场。广场以方尖碑为中心，呈横向椭圆形，并以方尖碑为中心形成一点放射状构图形式。它和教堂之间再用一个体形广场相接，两个广场被柱廊包围，很好地限定了教堂广场空间。哈尔滨圣·尼古拉教堂广场是以圣·尼古拉教堂为中心，周边建筑则以教堂广场为中心点呈放射状构图。其东北向有新艺术围墙形成局部围合空间；而周边其他位置如原英国领事馆、莫斯科商场、南侧新哈尔滨旅馆、波尔沃任斯基医院这些建筑立面也起到同样的围合效果。

其次，尼古拉教堂广场具有艺术综合特征。17世纪巴洛克建筑艺术的主要特征是打破建筑、雕刻和绘画的界限，使它们相互渗透，表现为一种艺术的综合形态。并且巴洛克建筑喜好采用透视法扩大建筑空间。这些都反映在哈尔滨圣·尼古拉教堂广场上。广场综合了俄罗斯民族传统、新艺术、折中主义、装饰艺术等多种建筑艺术形态。并且这些建筑的功能也各有不同，如教堂、商场、俱乐部、住宅、旅馆、大使馆等。虽然广场是以圣·尼古拉教堂为中心呈中心放射状构图，但是这些建筑与广场的"图底"特征也并非等间距布置。如原莫斯科商场（现黑龙江省博物馆），其与圣·尼古拉教堂之间距离最大，不仅为莫斯科商场连续的立面营造观赏空间，同时也改变广场单一的透视感。而莫斯科商场外立面饰以鲜艳明亮的色彩，也与周边其他近代建筑形成强烈的视觉对比。

最后，巴洛克断裂山花的装饰形态也体现在圣·尼古拉教堂广场的区域形态中，它在对称的图底关系中蕴含了巴洛克的装饰手法巴洛克建筑在装饰上常采用断裂的山花造型，其基本形态是横向长轴的椭圆形，中部断裂并点缀花饰。如圣·尼古拉教堂广场西北侧新艺术建筑与东北侧新艺术围墙则是以原火车站大街（现护军街）为轴线对称布置的两个主要元素，而轴线尽端是新艺术火车站。这种建筑与广场的"图底"特征也同样具有巴洛克装饰特征（图4-53）。

（2）城市街区与建筑装饰

道里区和道外区是工商业和民族资本集中的区域。在这里，近代建筑的分布以街区为主导，在整体上环境反映出以复古思潮为主流的意识形态。

道里区的原中国大街（现中央大街）是近代建筑最集中的商业街，全长1400米的街道两侧，林立着众多不同风格的商业建筑。道里区是近代哈尔滨工商业相对集中的区域，这里也居住着大量的外国移民。有新艺术的餐厅、宾馆、商店等，折中主义的储蓄会、洋行、商店、公司等，这些建筑装饰艺术的构成是多元的，但在整体上呈现出和谐有序的艺术形态，并且在整体上以其完美的空间序列、精致的装饰元素塑造了整体统一，以及不同艺术流派之间的相互协调（图4-54）。与中央大街平行的通江街聚集了犹太移民，他们建造的教堂、学校、医

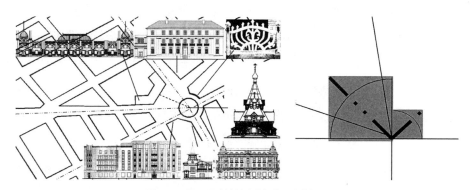

图4-53　圣·尼古拉教堂广场的巴洛克特征

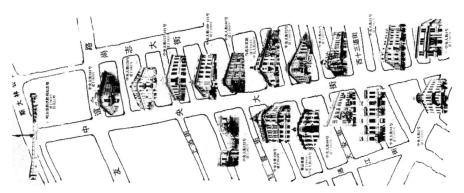

图4-54　原中国大街沿街商业建筑集中区

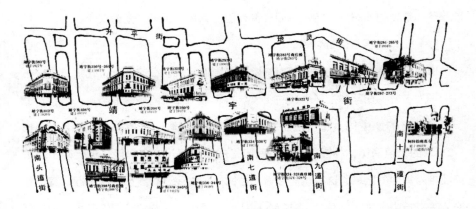

图4-55 原傅家甸商业集中区

院等建筑也集中于这一带。犹太建筑装饰体现出民族文化的意识形态，喜好几何
形和植物形装饰图案，并且在建筑立面上重复排列出现，十分精美。

　　道外区的靖宇街是仿照道里区原中国大街（现中央大街）建造的商业街。道
外区是近代时期小手工业和民族工商业相对集中的地区。道外区聚居着大批被中
东铁路当局招来的来自河北、河南、山东等地的民工，而成为哈尔滨最大的中国
人居住地。道外区的建筑基本上是由民间工匠们自行设计和施工的。这里的建筑
整体上采用西方的建筑技术，而布局选用中国的院落式。这些建筑普遍采用西方
"横三段"、"竖五段"的建筑构图，而在装饰构件上渗入了中国传统文化中的象
征吉祥的装饰图案。这是中国民族传统意识形态在近代哈尔滨建筑发展过程中的
渗透。它与西方传统建筑形制的交融，并没有发生冲突，而体现出一种软文化的
发展与蔓延（图4-55）。

4.2.3 知觉形态之向

　　知觉是人对客观事物各个部分或属性的整体反映，"它同感觉一样，因客
观事物直接作用于分析器而引起，但比感觉复杂、完整，大多是几种感觉的
组合，但不是简单的相加，而具有新的品质"。表现为对事物整体认知或综合
属性的判别。知觉是感觉和思维之间的一个重要环节，并且对感觉材料进行
加工。

4.2.3.1　质料潜能

建筑装饰的知觉形态为思维准备条件。首先受制于建筑的装饰材料，不同装饰材料的形态特征引发审美主体不同的审美感受。在美"因"一章中，我们曾阐述了哈尔滨近代建筑装饰之美的物质因素。受到时代和地域的限制，近代时期哈尔滨建筑装饰的物质材料普遍应用砖、木、石材、抹灰、铁艺、玻璃等。同时也阐述了质料是一种"潜能"，建筑装饰之美的存在即是从"潜能"转化为"现实"的现实过程。质料潜能是一种"能"，即具有能成为某种东西的能力；它也是一种"可能"，即在某种条件下可能成为某种东西；它还是一种潜在的能力，而不是现实的能力，像木材它只是木材，只有经过建筑师和工匠的设计加工，才能使它成为建筑装饰构件。

所有不同种类的材料都服从于某种定数，或者说都要履行某种形式的天职。它们具有统一的外观特征，唤起、限定或发展着艺术形式的生命。某些材料之所以被选用，不是因为它易于处理，或在艺术上满足生活需要，而是因为它适合于某种特殊的加工处理，以确保某些效果的出现。因此，材料的形式在原材料阶段便启发着、暗示着、繁殖着另一些形式，这是因为——让我们再次使用上文曾解释过的看似矛盾的表述——形式根据它"自己的"规律解放了其他形式。须指出的是，材料的形式天职并不是盲目的宿命论，因为丰富多样的材料是高度个性化的、具有暗示性的。材料向形式提出很多要求，并对艺术形式产生强大的吸引力。反过来，艺术形式也会彻底改变材料。

在建筑外装饰上，体现独特风格的艺术形式在建筑装饰艺术中具有压倒其他艺术形式的视觉趋势。它的任何线条、任何形式都是不可替代的，同时也直观表现装饰艺术的形式趣味。如砖叠涩的檐部线脚、木雕饰的丰富形态、铁艺的灵活线条，这些对审美认知起到突出作用的知觉形态都孕育在材料潜能之中。根据以上改变，艺术的材料就脱离了大自然，甚至当最恰当的形式将这些材料紧密结合在一起时也是如此。一种新的等级由此建立起来，出现了两个截然不同的领域，即便还没有运用技术手段进行制作也是这样。

4.2.3.2　原型结构

原型与集体无意识是密切相关的两个概念。作为集体无意识的内容，原型给每一个个体提供了一整套预先设立的形式，这种形式被作为"种族记忆"保留下来，从而使得"一个人出生后将要进入的那个世界的形式，作为一种心灵意象，以先天为人们所具备"。艺术创作的过程就在于从集体无意识中激活原型意象，经过加工处理使之成为一部完整的艺术作品。线条是构成形式的最基本因素，是人在长期实践中对客观事物外形属性的一种抽象，也是一切形体两个平面相交的结果。但是线条和形状并非是毫无生气的东西，正是在线条和形状的抽象中积累了人们的审美观念和感情内容。直线挺拔、果断，曲线柔和、婉转；直线代表了坚定、有力，曲线代表了踌躇、灵活的装饰效果。如新艺术建筑装饰在大型公共建筑上普遍采用具有强烈几何特征的直线形态，而在独立式住宅的局部装饰上则采用柔和的、不规则曲线形态，同时它们在性格和艺术效果上有各自的特征。从意义层面上，原型形式是人类在潜意识中共同遵循的精神存在方式，它符合黑格尔的"绝对精神"乃至柏拉图的"理式"形式。

4.2.3.3　色彩倾向

马蒂斯曾说过："如果线条是诉诸心灵的，色彩是诉诸感觉的，那你就应该先画线条，等到心灵得到磨炼之后，才能把色彩引向一条合乎理性的道路。"马蒂斯的观点代表的是一种传统观点。哈尔滨近代建筑装饰的色彩倾向主要表现在以下两个方面。

一方面，表现为红砖与青砖的质量色彩倾向。哈尔滨近代建筑的色彩倾向从整体上看，首先反映了建筑材料自身的色彩（图4-56）。砖材料是近代哈尔滨城市建筑普遍应用的建筑材料。由俄罗斯人在哈尔滨当地生产的红砖构筑了教堂、办公、住宅等类型的建筑。圣·索菲亚教堂、原乌克兰教堂（现圣母守护教堂）、原名尼埃拉伊教堂（现哈尔滨市基督教会）、原圣阿列克谢夫教堂（现天主教堂），这些西方宗教建筑的外立面均是由红砖构筑的，在哈尔滨近代建筑中彰显了强烈的宗教文化的色彩倾向。一些公共建筑如原中东铁路中央电话局（现哈尔滨医科大学附属第四医院）、原格罗斯基药店（现某商店）等也突出红色墙

图4-56　砖材料的色彩倾向

面的色彩倾向。红砖体现了俄罗斯民族的文化和建筑传统，突出耀眼的红色建筑散布于哈尔滨的南岗区、道里区。相对于俄罗斯的红砖，由中国的传统材料青砖在近代建筑中的使用更为广泛。一些中国传统民居建筑，如哈尔滨原傅家甸（现道外区）的近代建筑外立面是裸露的青砖；中国民族文化传统的组群建筑，如极乐寺的天王殿、大雄宝殿、三圣殿、藏经楼、钟鼓楼、七级浮屠塔等都突出中国传统灰色青砖的色彩倾向。青砖的灰色调与红砖强烈的暖色调形成鲜明的对比和反差，也是两种文化形态在城市中呈现出不同的审美色彩倾向，是文化传统的审美经验在建筑艺术中的充分体现。

　　另一方面，突出艺术构成的色彩倾向。哈尔滨近代建筑立面色彩除了建筑材料本色之外，还普遍采用抹灰涂饰建筑外表面，丰富了建筑外饰面的色彩形象，同时也促使城市街区中建筑整体的协调统一，如新艺术建筑通常采用暖黄色外饰

a）原中东铁路商务学堂　　　b）原哈尔滨铁路技术学校　　　c）原中东铁路俱乐部

图4-57　建筑装饰的色彩意象

面。以哈尔滨西大直街的近代建筑为例，原中东铁路俱乐部（现哈尔滨铁路文化宫）、原外阿穆尔军区司令部（现哈尔滨铁路卫生学校）、原中东铁路商务学堂（现哈尔滨工业大学附属中学）为主的公共建筑，以及中东铁路高级官员住宅、中东铁路职工宿舍等大量住宅建筑，这些建筑外面均采用抹灰饰面，采用暖黄色装饰。数量众多的暖色调建筑与原中东铁路管理局（现哈尔滨铁路局办公楼）暗绿色花岗岩形成鲜明的色彩对比，以此突出原中东铁路管理局在区域整体环境中的在视觉审美上的独特性。与此相反，古典主义建筑则偏好冷色调。原中国大街（现中央大街），也同样存在着外饰面色彩的对比效果。原道里区秋林公司、原松浦洋行（现教育书店）、原哈尔滨摄影社（现某商场），它们不仅位于这条街道上的重要节点，同时也在色彩上突出采用冷色调，调节了整条街道建筑暖色调的单一感，也强化了重点区域的视觉色彩。在哈尔滨近代建筑中，其他艺术体系中也有色彩装饰的表现。如原哈尔滨铁路技术学校（现哈尔滨工业大学博物馆）一侧塔楼，在建筑墙体局部饰以红色（图4-57）。在哈尔滨近代建筑装饰中强化对比效果的色彩装饰，突出体现了形成审美意象的想象力是"创造的"想象力。

4.3　建筑装饰语言符号的美学意趣

美一方面是主观的价值，另一方面也有几分是客观的事实。同时，美不仅在物，亦不仅在心，它在心与物的关系上面。而审美主体在欣赏过程中体现出其对客观感性形象的美学属性的能动反映，同时引起审美主体关注的兴趣，进而催发了审美意趣。这种趣味性体现在建筑装饰的客观形式上，受到意识形态催发，同时也是形式趣味所在，既有个性特征，又具社会性和时代性。

4.3.1　物象对应的语言意译

意译是指翻译时不拘泥于原文的字面意思，而更多地追求译文的通顺易懂，并在风格文采上接近原文。艺术形式与建筑装饰通过可被理解或认知的语言来表达意义。意义是指语言思想内涵。人们运用语言交流思想，就是通过传递和理解话语所包含的意义来交换彼此的观点和意图。梁思成先生在1954年提出 "建筑可译论"，指出中外建筑中都有屋顶、柱子、窗户、门等共同元素，如果我们把不同建筑体系中的建筑元素进行替换，比如将圣彼得教堂中的穹窿顶换成中国的坡屋顶，把门廊换成中国立柱，就可以把西方建筑变成中国风格。这种可译方式体现不同文化领域之间的互译，而对于特定艺术流派的建筑装饰来说，其美的表现形式在审美主体与客体之间也存在可译性，这种装饰语言的意译深刻反映了建筑艺术根源，同时也传达出建筑装饰审美意义的内涵。在建筑装饰的语言系统中，主要突出形式关联的物化语言以及艺术母题的文法形式。

4.3.1.1　物化语言

"物化"作为一种独特的审美创造现象，早在中国先秦时期就已经生成。它从具体的文艺创作实际着手，描述 "物化"的现象，发掘其中所蕴涵的深刻的理论意蕴。而 "物化"形式的产生主要借助于对现实事物的模仿。这里的 "模仿"源于柏拉图的模仿说：把客观现实世界看做文艺的蓝本，而文艺是模仿现实世界的。在西方美学发展史上，亚里士多德把所有艺术的共同功能归结为 "模仿"。但是，亚里士多德却在 "模仿"这个名词里见到一种新的较深远的意义。亚里士多德不仅肯定艺术的真实性，而且肯定艺术比现象世界更为真实，是现实世界所具有的必然性和普遍性，即它的内在本质和规律。因为艺术是主观地、限定地表现第二自然。建筑装饰是建筑艺术的外在美的直接物化形式。这种物化形式不仅突出表现了建筑艺术的美学倾向，同时也以其抽象的形式来体现艺术精神。它表现为对现实存在物直观形象的提取与模仿，对事物形式规律的提取以及对自然秩序的感受。整体上呈现为物化形式，即一个形式关联的系统。

（1）表现直观形象

物化形式首先表现建筑装饰艺术的直观形象，突出装饰艺术的视觉语言。这种装饰形式在古典复兴建筑上是比较常见的。体现出建筑艺术的文化传统与人文精神。

建筑装饰经常采用现实的、具象的装饰图案。这些装饰图案以自然界中植物、动物、人像或者人体为主题，直观地再现了事物的原始形象，也体现了"艺术来源于模仿"的古希腊哲学理论。这些装饰图案是建筑立面上的附属装饰，出现在建筑女儿墙、檐下墙面、窗间墙、柱式、山花、窗口等部位，丰富了建筑装饰的生动性、活泼性，同时也使建筑装饰更具表现力。阿尔伯蒂在《论建筑》中说："在物体的伟大的美与装饰中所发现的愉悦，既是由智力的创造与工作，也是由工匠的双手所产生的，或者它是被自然地渗透到物体本身中去的。"

在建筑装饰构件上，以植物花草为艺术主题的物化形式是较为常见的。西方传统建筑装饰的组成构件细部通常饰以直观物化的精美雕饰。以柱式为例，爱奥尼柱式的柱头由一个S形双曲线卷及其带饰组成的柱顶盘、一个树皮形的涡状盖头和一个柱顶环饰或镘形饰。维特鲁威认为爱奥尼柱式两端涡卷的卷线代表着女性两侧面颊上的卷发。科林斯柱式的柱头的装饰更为繁复，科林斯柱头的柱顶盘四个平面都呈内弧形，每个平面的中间都带有一个圆花饰。柱头上的镘形饰和柱环饰被花瓶口一样的镶边替代。取代颈部的构件被拉长，并装饰有16片叶饰，分为两层，并向外形成弧线，采用忍冬草装饰，形似盛满花草的花篮柱头，这也成为科林斯柱式最重要的特征。建筑三角形山花在中央位置通常饰有模仿花草的装饰形态，这种装饰形态在建筑立面上相对独立，突出建筑山花的整体造型（图4-58）。喜

图4-58　表现直观形象的植物装饰形态

好富丽装饰和雕刻的巴洛克建筑，其附加性的装饰图案是建筑立面的主要装饰形态。如哈尔滨"中华巴洛克"建筑女儿墙、檐下墙、柱式、窗间墙等部位突出表现了多种花草装饰形态，有牡丹、荷花、莲花、海棠、芙蓉、月季等（图4-59）。

　　在建筑局部装饰中也有以人物或动物形象作为艺术主题的物化形式。它为建筑增添强烈的艺术感和人文气息。早在古希腊神庙上就采用人像柱托起建筑檐部。如原松浦洋行（现教育书店），在建筑转角处也出现了人像壁柱形式。在建筑局部，如窗楣中部也常饰以人像浮雕，丰富了建筑的局部装饰。而动物作为民族标志性的象征物，也以雕塑体的形式出现在建筑上或者构筑物的局部。哈尔滨"中华巴洛克"建筑除植物装饰主题之外，从动物形象作为建筑构件的物化形式也是比较常见的处理手法，如蝙蝠、羊、鱼等生动的雕塑形象出现在建筑构件上（图4-60）。

图4-59　"中华巴洛克"建筑的植物装饰形态

图4-60　建筑局部的动物装饰形态

（2）表现形式规律

民族传统与新思潮建筑表现直观形象是具象的形象。装饰也常采用抽象的形式来体现艺术精神。这种抽象形式突出体现了艺术思想的形式规律，这个规律汲取自现实生活方式和生产模式等多方面。艺术源于生活，因此表现形式规律的这种模仿活动，源自于人类的生活以及生产活动。这种抽象化形式把时代的节奏感转换成线条，形式与色彩组成的具有意义的图样，它从简单演变成丰富，从直率演变为象征。

生活物化的装饰形式提取自生活中的服饰或者配饰图案。如哈尔滨俄罗斯民族传统建筑屋顶檐部层次感分明、色彩多样，其表现形式与俄罗斯妇女下地锄草时穿的鲁巴哈裙摆的装饰形式相一致，体现出俄罗斯民族从现实生活中汲取设计灵感。鲁巴哈最具装饰性的特征是裙摆边缘，强调界限分明的层次感，以及每层线条与图案各有差异，这种装饰形式与俄罗斯民族传统建筑屋顶檐部非常相似，层次感分明，而且色彩绚丽（图4-61）。汲取自生活物品的抽象图样也被应用到建筑局部装饰中。如俄罗斯民族象征权力和威严的权杖，作为抽象装饰图案应用在建筑局部栏杆上（图4-62）。

除生活物化形式之外，生产物化的装饰形态也出现在建筑装饰上，在哈尔滨新思潮建筑中比较常见。这是人们机械化劳动过程中提取出来的抽象的、象征机械化进程的生产符号。如哈尔滨新艺术建筑的墙面装饰形态，其形式特征与火车车轮和轨道的形式相契合，突出表现了机械化大生产时代下人们的审美倾向以及

图4-61　俄罗斯民族建筑装饰线脚

图4-62　俄罗斯民族传统建筑栏杆装饰

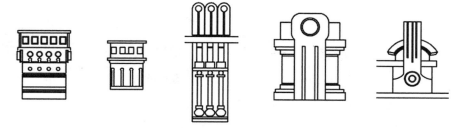

图4-63　新艺术建筑装饰元素

a）原新哈尔滨旅馆　　　b）原日本南满铁路林业公司办事处　　　c）现哈尔滨市粮食局

图4-64　装饰艺术建筑装饰形态

表现在建筑装饰上的形式特征和规律（图4-63）。体现新艺术极力反对历史的样式，创造出一种前所未见的，能适应工业时代精神的简化装饰。在哈尔滨新艺术接近尾声之时，又出现了装饰艺术建筑。装饰艺术建筑在形式上受到以下几个非常特别的因素影响：埃及等古代装饰风格的实用性借鉴，原始艺术的影响，简单的几何外形，舞台艺术的影响，汽车设计的影响等。因此，装饰艺术建筑在装饰形态上突出体现了简单几何形的、棱角分明的、机械化的形式特征，突出表现在建筑墙面以及檐部装饰上，具有竖向运动的机械形式特征（图4-64）。

4.3.1.2 文法形式

艺术表现富有活力的感觉和情愫是直接融合在形式之中的。而艺术品作为表现符号的有机整体，其符号功能在一个同时性的完整表象中发挥作用。相应地，在艺术品中必然存在一种语法形式，来建构艺术语言的逻辑关系。在苏珊·朗格看来，艺术就是"将情感呈现出来供人欣赏的，它是运用符号的方式把情感转变成诉诸人的知觉的东西"。艺术符号作为表现性形式，它所表现的富有活力的感觉和情愫是直接融合在形式之中的。而艺术品作为表现符号的有机整体，其符号功能在一个同时性的完整表象中发挥作用。这就需要在艺术品中存在一种文法形式，以此来建构语言的逻辑关系。建筑装饰元素是表达建筑美的含义的语言形式，是由审美经验建构的语言美学，是一个艺术母题的世界。

建筑装饰语言从一个侧面反映语言学中语法的重要作用。文章中语言的意义是通过语法结构组织词汇来表达的，与此类似，建筑装饰之美也是由构图关系组织装饰元素来传达美的内涵。因此，在近代建筑装饰之中，文法体现出建筑装饰元素的组织结构，也就是建筑立面的构图关系。作为语言的结构方式，文法成为限定语言的基本结构框架，同时也成为衡量语言的一种标准模板。

哈尔滨近代建筑中体现古典复兴风格的折中主义建筑，在建筑装饰上采用古希腊罗马时期的柱式构图要素，在构图形制上也体现独立的、突出的装饰母题。这与西方文艺复兴时期传统的构图形制相契合，突出体现了建筑装饰的语言结构。帕拉第奥母题是立面柱式构图的文法，其构图虚实互生，实部与虚部均衡，整体上以方开间为主，开间里以圆券为主，小柱子和大柱子也形成了尺度上的对比。

哈尔滨新思潮建筑在装饰上突破传统束缚，采用生机勃勃的艺术母题，突出艺术语汇的表现力。语汇也是建筑装饰语言意译过程中重要的释义关键。完整的句子是由具有直接表意作用的词语构成的，而完整的建筑装饰系统也同样是由具有表意作用的装饰元素构成的。这其中包括：突出表现装饰风格、突出表现文化传统、突出寓意内涵，这些建筑在审美层面上是完全依赖装饰元素的语汇作用进行意义传达的。建筑装饰形态也成为一种语言符号的聚合体，表现出建筑装饰语汇的多样性和综合性特征。这其中，体现独特风格的艺术形式是指作品中压倒一

图4-65　新艺术装饰语汇

切的必然趋势，它要求任何线条、任何形式都是不可替代的，同时也直观表现出艺术流派的形式趣味（图4-65）。这种内在的必然性也突出表达了装饰艺术的形式皈依。新艺术建筑装饰是哈尔滨近代建筑中风格最为纯正、最具独立性的艺术形式。在装饰形式上它常采用一种弯曲而优美的曲线形式，这是对自然界植物生长形式的趣味表现。除此之外，新艺术建筑装饰还采用动物装饰主题，更增添了其艺术形式的趣味性。

4.3.2　形式思维的符号意指

根据索绪尔符号学理论，表意是符号意指过程，它是赋予现实以心理概念或从现实中提取心理概念的过程。换言之，意指过程给现实世界以意义，或从现实世界中提取意义。虽然两个相反的过程都涉及意指过程，但其目的都是赋予实体以意义。建筑装饰是符号化了的形式语言，而语言却体现双重价值，其一是传递信息表达意义；其二是描写事实表达客体事象。建筑装饰作为一种艺术语言其装饰符号承载着信息传递的重要作用。而符号系统也有两个基本层，"内层是意指，是由客体事象的心理印迹和符号的意义组成；外层是各类符号，符号按其功能分布于各个层级，进行相应的组合"。意指符号系统的核心层，它不断向外层符号运动发射能量，通常情况下核心层意指的"能量"和外层符号的"能量"是平衡的，构成符号得以建立和在社会传播中发挥作用的稳定基础。

建筑装饰表现形式思维的艺术语言与人类语言有共通之处。人们之间的交际之所以可能，是因为交际者拥有一种共同的语言，交际双方共享一套相同的语码，交际是通过信息的编码和解码而实现的。建筑装饰也拥有自身的语言符号体系，它的存在客观体现了关联论的代码模式。因为，在建筑审美过程中审美主客体之间建立了共同的艺术语言，并通过装饰信息的编码和解码而实现。"卡西尔认为，语言和艺术都不断在两个相反的两极之间摇摆，一极是主观的，一极是客观的……所有的真不一定是美，要达到最高的美，就不仅要复写自然，而且恰恰要偏离自然"。因此，在偏离自然的过程中，装饰语言的代码模式就成为现实与艺术之间审美关联的重要纽带，突出表现了建筑装饰之美的艺术语言。

4.3.2.1　风格属性

装饰作为艺术流派的载体，以其突出的语言符号形式出现在建筑形象之中。装饰符号是意义的携带者，任何一种符号都有特定的意义。为了区别符号自身的意义和符号在传播中的意义，把符号的所指意义称为"意指"。哈尔滨近代建筑装饰作为一个艺术语言体系，具有传达不同艺术流派信息的符号形式。根据符号本身所指对象的含义、符号与符号间的关系，以及符号内部的语义结构，能够深入地探求装饰表象下的意义内容，从而更好地解读建筑装饰之美的深层内涵。

符号有能指和所指两个方面，建筑装饰语言是一种多层级的符号系统。法国符号学家巴特认为，在意指过程中存在着多重层次或多重符号系统。他说："能指和所指之间不是'相等'的，而是'对等'的联系。我们在这种关系中把握的，不是一个要素导致另一个要素的前后相继的序列，而是使它们联合起来的相互关系。"如上所述，意义发生在能指与所指结合过程中。这是意义产生的一种方式。另一种更重要的方式是切分。切分是结构主义符号学的核心问题。按照结构主义理论，意义不取决于事物本身，而取决于事物与事物之间的关系。

哈尔滨近代建筑映射西方建筑艺术潮流的发展，在建筑装饰上也成为不同艺术流派装饰语言符号的聚合体。如体现古希腊建筑精髓的经典柱式；富有曲线的新艺术风格，以变化的曲线形态为特征；以巴洛克为主的折中主义建筑装饰突出巴洛克断裂的山花造型；俄罗斯民族传统建筑的帐篷顶、洋葱头穹顶等。这些体现不同艺术流派的装饰符号，在哈尔滨近代建筑装饰上以不同程度存在着。

"人类的认知、思维，甚至人本身，在本质上都是符号"。这是皮尔斯符号学的出发点。从某种意义上说，人是通过符号进行思维的动物，符号是思维的主体。因为人类的意识过程是将世界符号化的过程，所以思维也相应地成为一种挑选、组合、再生的符号操作过程。哈尔滨折中主义建筑装饰体现了思维对符号的挑选、组合、再生的发展过程。形式多样的折中主义建筑体现不同艺术倾向，如文艺复兴、巴洛克、古典主义以及中世纪等建筑流派。

4.3.2.2　情感表达

艺术符号具有一般符号的各种特征，但是艺术符号作为一种生命形式的特征，却是不容抹杀的。因为艺术"运用全球通用的形式，表现着情感经验"。艺术即人类情感符号的创造，它"是一种非理性的和不可用言语表达的意象，一种诉诸直接的知觉的意象，一种充满了情感、生命和富有个性的意象，一种诉诸感受的活的东西"。新艺术建筑装饰富有生命力的、动感的符号形态，突出表现了反对机械化的批量生产，并且反对直线，主张有机的曲线为形式中心，主张技术与艺术相结合的思想理念。这种具有流动曲线感的装饰符号，将自然界中对于生命力的歌颂以及自由、流畅的情感特征赋予装饰形式之中，以此来深刻传达装饰风格的精神内涵，并寄寓建筑艺术以人文情感（图4-66）。

"理性主义使构成艺术的诸要素与功能方面趋于和谐统一，它以美为规范，追求再现与表现、理想与现实、理智与情感的统一；而浪漫主义则是以快感为基础，强调艺术的感染、认识的结合"。新艺术运动反古典、反教条，而热衷于情感，它不像古典主义那样追求庄严、静穆，而是强调自由、放纵的精神情感。新艺术建筑的外装饰充分体现了这种理性与浪漫的交织，如建筑局部的栏杆装饰表现植

图4-66　新艺术建筑栏杆装饰

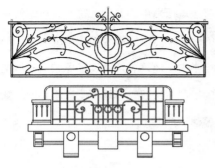

图4-67　表达自然情感的新艺术栏杆

物生长规律的艺术主题（图4-67）。与局部浪漫的装饰形态相反，大型公共建筑的新艺术装饰表现理性的、古典式的严谨建筑构图，形体稳定、舒展、大方。例如原中东铁路管理局办公楼（现哈尔滨铁路局办公楼）（图4-68），建筑整体由中心对称的三部分构成，局部装饰突出新艺术的各种符号与表现手法，从而转向个体意识、艺术家个人的独特感触、情绪和幻想的表达。总体上说是秩序、调控和抑制等古典主义的美学原则与生命、创造和活泼的浪漫主义原则共同作用的结果。

4.3.2.3　经验描述

建筑装饰的美学倾向反映出原始积淀的意识形态。瑞士著名的心理学家和分析心理学的创始人荣格认为"集体无意识"中积淀着的原始意象是艺术创作源泉。"一个象征性的作品，其根源只能在'集体无意识'领域中找到，它使人们看到或听到人类原始意识的原始意象或遥远回声，并形成顿悟，产生美感"。在建筑装饰的审美过程中，它以一种不明确的记忆形式积淀在审美主体，即人的大脑组织结构之中，并在一定条件下能被唤醒、激活。

以意象特征为基础的意义作用并不希望简单地对意象实行机械的"再现"，即它并不是要造成这样一个印象，仿佛意象的建构过程乃至向符号化过

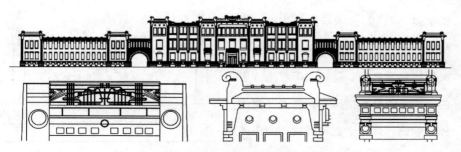

图4-68　原中东铁路管理局办公楼立面与局部装饰语言

渡应该是一个纯技术性的操作。而意象的建构并非是意义的完成；意象只完成意义的一半，另一半靠符号去完成。哈尔滨的新艺术运动发展最初是由俄罗斯建筑师引入的。因此，建筑装饰形式也留有俄罗斯新艺术的艺术特征。以这一时期建造的中东铁路高级官员住宅最为典型，这些建筑平面形式基本相同，并且建筑结构一致。而在外装饰的语言形式上则各有其独特的象征符号。俄罗斯新艺术建筑的象征建筑符号是比较普遍的，主要反映俄罗斯民族悠久的民间艺术，它是欧洲新艺术运动与俄罗斯 "民族浪漫主义" 相结合的产物。而在艺术特征上，也相应地突出了对以往经验的形式积累，表现出强烈的民族化与地方性。

4.3.3　语言要素的符码关联

索绪尔指出，语言各要素的关系和差别，都是在 "组合关系" 和 "聚合关系" 内展开的，语言的运用是通过运用这两种关系实现的。对于建筑，聚合系统是一座建筑物同一成分的不同风格，各种形状的屋顶、阳台、窗、入口等；而组合意串则是整座建筑物里各部分的前后排列。对于建筑装饰语言，聚合系统是同一艺术流派的不同建筑元素的装饰语言符号，组合关系是一座建筑上不同装饰元素之间的组合排列。

4.3.3.1　艺术元素的聚合

聚合是在相同的语言环境中出现的一组语言单位。这些单位彼此之间形成的关系叫聚合关系，所结成的集合叫 "聚合体"。建筑装饰是一个形式关联的系统，同一艺术流派的语言要素之间存在相互关联的形式特征，这些要素进行分解重组之后形成新的语言形式，也突出表现这一艺术流派的风格走向，这就是聚合关系的最终结果。无论是新思潮建筑装饰，还是复古思潮建筑装饰，它们在形式上都具有突出表征作用的装饰元素，其语言要素之间具有相关联的形式特征，而聚合而成的整体与其他艺术流派相比较，便明显发现它们的语言特征以及艺术形式的美学倾向（表4-2）。

新艺术建筑与古典主义建筑装饰语言对比   表4-2

	"新艺术"建筑装饰	古典主义建筑装饰
窗饰		
阳台装饰		
装饰图案		

聚合关系是特定艺术流派形式语言的强弱以及对建筑艺术影响作用。建筑装饰聚合体的性质同建筑装饰系统中任何个体的性质一致。存在于建筑装饰语言聚合体内不同元素数量的增减只会引发语言要素体量的变化，不会引起艺术性质的改变。聚合体可能是有限集，也可能是无限集。新艺术建筑在哈尔滨的发展过程中，其装饰形式的不断变化甚至影响到同时期其他艺术流派的建筑发展，突出了新艺术语言聚合体的无限性。新艺术装饰语言出现在建筑女儿墙、檐部、栏杆、入口等处，而其他艺术流派的建筑在局部位置也同样采用了新艺术装饰语言，虽然只是辅助装饰作用，但是同样渲染了建筑与城市整体的艺术氛围（图4-69）。

艺术流派语言要素的聚合体是该艺术流派对于城市建筑艺术风貌的影响表现。在同一区域内，聚合体的体量越大，也相应地促使区域的艺术走向趋向于聚合体成为主流艺术形态，有时这种影响能够渗透至艺术文化层面，是比较深远的艺术语言影响。如哈尔滨傅家甸（现道外区）建筑装饰的语言要素表达了中国民族文化传统，这种语言形态本应出现于中国传统建筑上，但是却与西方巴洛克建

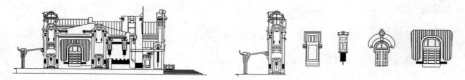

图4-69 新艺术建筑装饰元素的聚合表现

图4-70　"中华巴洛克"建筑装饰语言的聚合表现

筑相结合，突出表现了语言聚合之后形成的关联的装饰系统对于建筑整体艺术氛围的影响作用（图4-70）。

4.3.3.2　装饰层级的组合

出现在建筑装饰系统中的艺术语言单位，它们所体现的序列叫组合，相应地，在一个组合体内各单位彼此之间的关系叫组合关系。装饰组合是通过装饰元素的聚合排列形成的，因此，组合体内各装饰元素总有某些方面其性质是存在差异的，而装饰元素与装饰单元的艺术属性在形式特征上也体现层级上的差异。与聚合关系不同，组合关系突出了建筑整体外装饰的艺术特征，在整体之中突出不同装饰层级的组合表现，或者不同艺术流派之间的组合表现。具体来说组合关系表现在以下几个方面。

首先是序列性，指组合体内各单位必须按一定次序排列。建筑装饰的构图单元是不同层级的组合体，如门、窗、柱式、山花等。这些组合体在建筑装饰系统中是以线性序列关系相互建立关联的。在装饰单元内，各装饰元素组合成以艺术语言特性为基础的线性层级关系。在线性序列内，各装饰要素根据不同单元内部语言环境的要求而依次排列，也体现出了装饰构图单元内的序列性。

其次是整体性，突出不同装饰元素组成的建筑装饰的组合体，并且是"由相互作用的若干元素构成的复合体"，具有装饰系统的整体特性。建筑装饰不同层

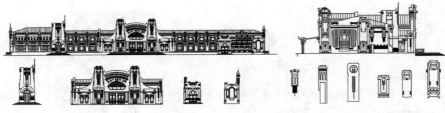

a）原哈尔滨火车站正立面装饰单元   b）原哈尔滨火车站侧立面装饰要素

图4-71　原哈尔滨火车站新艺术装饰语言的组合表现

级系统作为建筑装饰组合体的整体，它虽然摒弃了各要素的独立特性，但是又因各部分相互作用形成了组合体新的、无法替代的艺术特征。也就突出了组合体所具有的其他个体不具备的结构性质、艺术特点以及组合规律。

最后是制约性，共处于独立的装饰组合内的各装饰要素彼此之间建立了一定的形式关系，它们之间需要相互制约、相互作用、相互影响。建筑装饰组合体规定了各装饰要素起作用的范围。组合体对装饰要素起到限制、支配的作用，各装饰要素在组合体内表现自身特性和功用，如哈尔滨原火车站立面装饰体现了新艺术装饰语言的组合表现。在火车正立面突出装饰入口单元以及窗饰单元的装饰序列，而建筑正立面和侧立面的装饰元素体现建筑艺术语言符号的整体性和相互制约性（图4-71）。

4.4　本章小结

本章内容在研究过程中起到承接"因"和"形"之前审美，铺垫"境"和"感"之后审美研究的重要作用，并且从形式表象上升到形态内涵的重要审美阶段。运用现代理性的工具展开研究，同时结合经典美学理论展开论述，得出以下结论：

第一，美学意匠是建筑装饰形式的创造过程。以古典组成定律为理论基础分析复古思潮建筑的装饰秩序、装饰元素的形式化结构以及建筑装饰的艺术题材。以此为基础，建构出哈尔滨近代建筑装饰从整体秩序到元素排列再到装饰符号的总体形式框架。

　　第二，美学意蕴突出建筑装饰的形态特征。审美形态侧重于研究艺术潮流"大风格"下装饰艺术的表现形态，如在哈尔滨近代建筑装饰上表现出的优美形态、崇高形态、喜剧形态等。意识形态在城市建筑艺术的发展脉络中突出反映了美学思想的维度，艺术观到艺术与意识形态的同一同构，这个发展过程映现出在艺术意识形态作用下建筑装饰艺术的发展走向。知觉形态是以直观兴发系统为基础，从质料潜能、原型结构、色彩倾向三方面阐释装饰形态独特的艺术表现力。以上塑造建筑装饰形态的三个层面互为条件、相互制约，共同建构了哈尔滨近代建筑装饰之美的创造、认知、表现与表达的形式体系。

　　第三，美学意趣是深入解读建筑装饰的艺术语言及其审美关联，并以语言符号学为理论基础分析哈尔滨近代建筑装饰的语言现象。通过对调研实例的比较分析发现，装饰语言主要表现在物象对应的语言意译、形式思维的符号意指以及语言要素的符码关联等方面，论文深入阐释了哈尔滨民族传统建筑、复古思潮建筑、新思潮建筑装饰语言从物态化、思维化、符码化的语言特性。

第5章　CHAPTER FIVE

哈尔滨近代建筑外装饰之美"境"

　　"境"在审美层面上主要指审美事物的景象、情景所营造的审美意境。其中，"意境"也就是包含着"象"的"境"，称之为"空间意象"。建筑艺术是用物质实体所构成的一种空间艺术。建筑装饰艺术则是通过物质材料塑造情与景相互交融的结构整体，以此唤起审美主体心理结构上的类似反应，而不只是以艺术题材的内容来表达美学意义。前文阐述过，哈尔滨近代建筑外装饰的审美研究建立了一个开敞的索多边形"网络"，而美的建筑装饰只是存在于其中的某个游移不定的"棋子"。不同流派、不同文化属性的建筑外装饰作品的美学品格、美学倾向和美学归属，则取决于它们在这一"网络"中如何游动、如何定位。索多边形的美学"网络"所界定的参照系，与具体的建筑装饰元素相对应，也就是由诸多突出表现建筑艺术审美要素搭建而成的、具有特定美学归属的审美系统网络。因为突出建筑艺术美学品格的装饰要素对于建筑艺术之美的意义表现也带有较大的选择度和自由度，所以建筑外装饰的审美系统网络突出表现了装饰艺术的审美意向与审美主体情感的交融、审美意境的生成以及美学信息的传播发展过程。

　　哈尔滨近代建筑作为极短时间内"爆发"起来的新兴城市，在短短50年的发展过程中，几乎建筑史上所出现过的建筑思潮和流派，在哈尔滨都找到了表演的位置，东西方各种建筑艺术形式，五花八门地相继出现，琳琅满目、争奇斗艳。哈尔滨也因此在人们头脑中留下了"东方莫斯科""东方小巴黎"的艺术形象。哈尔滨城市是严格依照沙俄的城市建设思路发展起来的，在这里，东西方建筑艺术形式呈现有序的空间序列，建筑外装饰的艺术景象和情景也同样营造出独具美学价值的审美意境。意境是衡量艺术作品最高层次的艺术标准，它离不开情景交融的审美意象，并且是由审美意象升华而成的。

　　研究哈尔滨近代建筑装饰之美"境"，主要以西方古典美学的艺术典型论和中国古典美学的意境论为理论基础，通过类比不同时期国内外建筑外装饰的艺术实例，以此为落脚点深入研究哈尔滨近代建筑外装饰的美学意境。研究从三个主要层面展开：建筑外装饰境物与审美主体的情感交融，即审美意象的生成；建筑外装饰境物之美的艺术化境，即审美意境的生成；渲染建筑装饰审美意"境"的强效因子，即装饰的语言模因。这三个层面是建筑外装饰之美 "境" 的生成和发展过程，同时也创新性地将语用学的 "模因论" 引入建筑审美领域之中，来建构建筑装饰艺术语言的传播体系，明确地提出了审美过程中能够催发产生艺术美 "境" 的强效因子。

5.1　境物与主体情感交融

外界境物的形态与主体情感的相互交融所形成的充满主体情感的形象，即意象。意象产生和存在于审美意象活动之中。意象之所以不是一个实在物，不能等同于感知原材料（如自然事物和艺术品的物理存在），就在于它是一个意向性产物。意象的统一性以及作为这种统一性的内在基础的意蕴，都依赖于意向行为的生发机制，它不仅使 "像" 显现，而且 "意蕴" 也产生于意向行为的过程中。

审美意象存在于审美活动中，是一种广义的美。它可以是物态化的艺术形象，也可以是非物态化的内心图像，这些情景交融的整体结构都是形象与情趣的契合，是情与景的统一。这也就是黑格尔所说的："在艺术里，感性的东西经过心灵化了，而心灵的东西也借感性化而显现出来了。"审美意象是在审美活动中形成的审美对象，是情景交融的审美意象，它不仅包括多种审美形态，也具有多种表现特征。从叶朗在《中国美学史大纲》中对审美意象的论述概括出的理论框架图（图5-1）可以看出，意、象、言是审美意象的重要表现特征。其中，"意" 侧重于情理内涵，突出情的感染力以及理的说服力；"象" 则突出表现装饰形式及其所象征的精神力量；而 "言" 表现为建筑装饰形式独特的艺术语言，是通过物质性艺术符号的关联深刻揭示了建筑之美的意象。

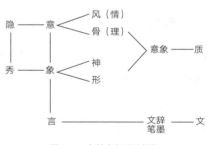

图5-1　审美意象理论框架

5.1.1　意之情理

在人类发展历程中，各个地区和民族之间的发展是不平衡的，又是互相渗透与传播的。侵略和战争可以把一国文化带进异国，宗教活动也可以将一族文化传给异族，商业贸易往来也会使不同地区和民族之间的文化相互交流与渗透。对于近代哈尔滨城市来说也是在特定历史条件下促成的，不仅中东铁路是中俄不平等条约的产物，近代建筑的外装饰艺术也从一个侧面反映出人类文化的融汇、不同民族之间艺术情感的相互交融。在此背景下，体现西方建筑艺术传统与中国建筑艺术传统的境物形态，分别呈现了不同的审美意象，这种"像"的显现是传统文化催发的，装饰艺术之美的情感属性也融于其中。

5.1.1.1　西洋建筑镜像

伴随着中东铁路的修筑和开通，外国殖民主义者和外国资本的大量涌入哈尔滨，客观地加速了这座新兴近代城市资本主义的发展。在哈尔滨殖民化过程中，在建筑艺术领域最为突出的表现是建筑装饰融汇了西方建筑文化，促使近代哈尔滨城市建筑呈现以西洋建筑为主的艺术面貌迅速形成。历史上哈尔滨一度成为国际化的城市，在1925～1930年间，外国侨民多达8万人。在近代早期，哈尔滨数量最大的外籍侨民是俄罗斯人。因此，哈尔滨近代建筑中较多地反映俄罗斯建筑的特点。哈尔滨教堂建筑在城市景观构成上发挥了积极作用，教堂作为建筑艺术载体，也充分发挥出俄罗斯民族的传统特性，同时期大量的砖石结构和木结构建筑，也表现出俄罗斯建筑的特有风格。

哈尔滨在建城初期就追赶欧洲建筑艺术潮流。哈尔滨火车站是中东铁路第一个大型铁路客站，它是典型的欧洲新艺术运动思潮的代表作品。它的建造也是欧洲新艺术思潮在东方传播的开端。20世纪初期的首批新艺术建筑，几乎与欧洲和法国同步，对构成哈尔滨城市风貌和建筑风格具有奠基定调的作用。

随着新艺术建筑的出现，复古主义思潮也在哈尔滨蔓延开来。这一时期，外国移民的大量涌入，长期聚居在此的侨民从事商业和建筑活动，这就促使近代时期哈尔滨折中主义建筑的迅猛发展。1934年，日本、英国、美国、苏联、捷克斯洛伐克这五个国家在哈尔滨设总领事馆，德国、意大利、法国、比利时、葡萄牙、荷兰、拉脱维亚、爱沙尼亚、立陶宛和波兰这10个国家设领事馆。具有文艺复兴、巴洛克、古典复兴以及浪漫主义特征的折中主义建筑在哈尔滨相继出现。

近代哈尔滨城市居民中有大量的回族和犹太人，这些民族都力求在建筑上体现自己民族的艺术特征。因此，体现地方少数民族特色的建筑装饰形态也是哈尔滨近代建筑装饰审美意象中不可或缺的艺术特色。因此，体现地方少数民族特色的建筑装饰形态也是哈尔滨近代建筑装饰审美意象中不可或缺的艺术特色。

5.1.1.2　中式院落统像

哈尔滨近代城市受到西方建筑艺术潮流的强烈冲击，在这个过程中本土建筑艺术文化也仍占有一席之地，并且这些建筑在装饰上突出反映了中国民族传统建筑的审美意象。审美意象均借助于"象"来表"意"，它不同于抽象的概念，无论是通过物质材料显现出来的艺术形象，还是保留于头脑中的内心图像，都离不开"象"，而一切意象都源于情感力量。我国民族传统建筑为数不多，但是这些独栋或院落组群建筑所呈现的外在境物形态在洋味儿十足的近代哈尔滨城市中是独具特色的，也是近代哈尔滨城市建筑审美意象中不可或缺的重要艺术特色之一。

1917～1931年，这段时间是哈尔滨近代建筑的蓬勃发展期，产生了一股民族文化的复兴浪潮，先后建造了极乐寺、文庙、普育中学（现哈尔滨市第三中学）以及位于比乐街的华严寺等中国传统形式的建筑，它们在艺术风格上传承了中国传统建筑美学的深厚底蕴，营造出独具特色的建筑意象。"中华文明是农业文明。农业文明带来了民族心理的务实精神。实用理性成了中国传统民族精神、文化精神、哲学精神，从而也是中国建筑的美学精神、创作精神的重要特色"。其中"实用理性"是一种经验理性，也是贯穿于现实生活的实践理性，首先表现出中国建筑的"伦理"理性。礼制型建筑的地位，远在实用性建筑之上。祭祀圣贤的庙在中国为数不少，以奉祀孔子的孔庙最为突出。哈尔滨祭祀孔子的文庙，是一处三进式庭院的建筑群落，自南向北依次为照壁、泮池泮桥、棂星

a）极乐寺建筑群　　　　　　　　　b）文庙建筑群

图5-2　中国寺庙建筑组群

门、大成门、大成殿、崇圣祠、尚有左右配殿、东西庑、掖门、牌楼、石碑等
（图5-2）。

　　中国传统建筑群之外，近代时期还建造了衙门府和民居，这些体现本土建筑
文化的近代建筑在装饰上更加突出中国本土建筑文化特色。例如坐落在呼兰县城
南二道街204号，始建于1908年的萧红故居（图5-3）。又如，1907年建成的，位
于哈尔滨道外区北十八道街和北十九道街之间的原傅家甸是当时最高级别的行政
机构滨江关道衙门（俗称道台府），初期它非常小，仅限铁路交涉事宜和督征关
税，没有具体的管辖地域。后期，改为"吉林省西北路分巡兵备道"，管辖四府、
一厅、两县，开始成为清政府最北方的一个权力中心，掌管哈尔滨及周边府、县
的政治设施、财政运作等事宜。道台府是典型的晚清时期中国传统建筑样式，呈
对称布局，左文右武，前衙后寝。滨江关道的大门是最雄伟的一道门，立于两层
三级台阶之上，清墙灰瓦，乌梁朱门（图5-4）。

图5-3　萧红故居

图5-4　原滨江关道衙门

5.1.2　象之形神

朱光潜把意象称之为 "物的形象" 或 "物乙"，并且 "物的形象是 '美' 这一属性的本体，是艺术形态的东西"。这里所说的 "物的形象" 或 "物乙" 就是意象，也说明了意象思维过程始终不脱离 "象"，呈现出直观领悟的思维特色，建筑装饰之美亦然。深入探究建筑外装饰审美意象的生成，并且进一步把握 "象" 的本质和构成，研究以意象生成过程中 "意" 与 "象" 的关系为着眼点，将突出表现装饰形式及其所象征的精神力量的 "象" 分成三类，即表现天然形态的兴象、传达事物生命力的喻象、突显艺术主题神情的抽象。

5.1.2.1　兴象之天然

兴象是艺术家在艺术美创造中与受到现实世界自然物象的触发而自然生成的。它无意识地蕴涵着艺术家感觉世界自我心像的艺术形象，并且很大程度上具有自然物象的摹写和复制性质，并且能够引起审美者盎然兴会的艺术意象。这种意象在哈尔滨民族传统建筑装饰上表现得尤为突出。兴象作为自然物象的触发物和生成物是感性直觉发生作用的产物，它的生成大多数情况下受到自然物象触引，凭借感性直觉形成的。艺术家理性观念的介入通常是无意识的，常常后发而隐蔽地存在于艺术意象之中，大多数情况下依赖审美者的感知和破译而显露。

哈尔滨近代时期建造的民族传统建筑，它们在空间层次上营造出独特的审美意象，在建筑立面装饰上也表现出装饰艺术的生动喻象。这也是哈尔滨近代时期独具中国民族传统建筑艺术的文化特征。在艺术形态上，中国传统建筑最具艺术特色的是体现柔美曲线的屋顶装饰。欧洲古典建筑为了纠正视差而有意将中部檐口略微升起的形式相反，中国传统建筑而是将屋顶两端向上反翘。在屋面的横剖面上也存在着大量通过举折或举架形成的 "反宇" 做法，在诗经中用 "如鸟斯革，如翚斯飞" 来形容中国传统建筑屋顶的艺术形态（图5-5）。

"兴象" 之所以能 "生无穷之情，而情了无寄"，关键在于保持了它的天然本相，使 "兴象" 自身的情感指向不要过于显露。这也就是中国美学所强调的

a)   b)   c)

图5-5 原普育中学屋顶装饰

"平淡"。也就是说，不必要用过于明确的意图和过分分明的情感去拥抱物象，但又不是冷漠地对待物象，同物象保持距离，而是"随物婉转"、"妙契自然"。例如，建于20世纪20年代的哈尔滨大直街墓塔（图5-6），采用砖结构，塔身共四层为六角形。塔身自下而上有明显的收分，各层顶部均有砖砌重檐。墙体、檐口、勒脚、门窗、壁柱、栏杆等部位均为青石，雕刻着精巧丰富的动物故事、龙凤图案等花纹。这些装饰形态以其生动的形象成为建筑艺术中最能引发审美主体形象思维的重要之"象"。因为在兴象中生成现实世界，所以自然物象在其中起着十分重要的作用，甚至构成兴象的主体特征。归根结底，兴象作为艺术意象也就是自然物象。现实世界自然物象的表象往往是兴象的终端显现形式。

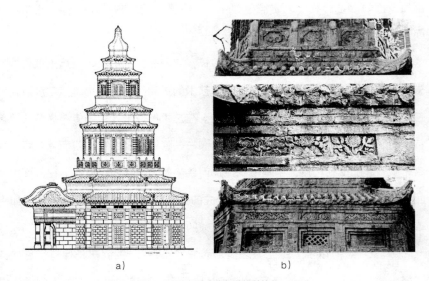

a)   b)

图5-6 哈尔滨大直街墓塔装饰

5.1.2.2　喻象之生动

喻象是艺术家在艺术美创造中有意识地选取现实世界一定自然物象作为艺术家感觉世界自我心象甚至理性观念的载体，从而生成的一种艺术意象。它是艺术家根据"索物以托情"和"写物以附意"的创造方式生成的艺术意象。刘勰认为："何谓为比？盖写物以附意"。"喻象同兴象的区别并不是有关审美意象本质的区别，而仅仅是'自我—世界'关系中，孰体孰用的区别"。其中，兴象是以世界为体，作为审美者的自我沉落到这个世界当中，因此兴象呈现世界的自相；而喻象则以自我为体，世界成为主体精神世界的历程，因此喻象把世界看做心灵的外延，也可以说是根据心灵需求来重组世界。

作为艺术家自我心象乃至理性观念之意在喻象中并不是一种完全无意识的存在，甚至是以一种先验意识的方式存在的。如果说"兴象"的创造一般并不倚重特别的艺术手法，而只是强调诗人艺术家空明无我的直觉，要求意象平淡天真；那么，"喻象"的创造则较多地倚重一些特别的艺术手法，通过这些手法，使"喻象"脱离外部世界，成为某种对应于诗人艺术家主观情意的象征物，"喻象"人工安排痕迹很明显。从理性的需要来看，类比是比较原始的思维方式之一，它通过物与物的比同别异，扩大了对世界的认识。因此，类比这种思维方式也是获得智慧乐趣的形式之一。英国著名文学家、美学家瑞恰慈把比喻所涉及的两个事物分别命名为喻指（tenor）和喻体（vehiche）。他指出比喻是语境之间的一种交易。他说："如果我们要使比喻有力，就需要把非常不同的语境联在一起，用比喻作一个扣针把它们扣在一起。"也就是说，语境彼此之间异质程度越大，比喻所产生的力量就越大。喻体与喻指这二者之间的距离不仅越远越好，而且它们的连接如果完全违反逻辑，那么比喻含义就更丰富。这就是所谓"不相容透视"，意思是说，比喻把不相容置于同一格局中，由此产生的语象的冲突会激发出一种奇迹性的诗歌真理。"中华巴洛克"建筑在装饰上采用比喻性装饰语言，象征福、禄、寿、喜，例如以植物花草为主的装饰形态，通过花卉不仅能给人带来视觉上的美感与享受，同时也被赋予了美好的寓意，这是中国民俗文化的具体表现。在"中华巴洛克"建筑女儿墙上拥有花样繁多的花草装饰，如梅花、兰花、

a）原天丰源杂货店女儿墙　　　　　　　　　b）原义顺成商店女儿墙

图5-7　"中华巴洛克"建筑比喻性装饰语言

竹、菊花等，表达了梅之傲、兰之幽、竹之坚、菊之淡，寄托了人们对美好人格的精神向往。这一系列装饰语象并不是孤立地存在于装饰元素的中心位置上，而是连续地、紧密地出现在建筑外装饰构件上，这种装饰手法反映了巴洛克建筑艺术的特征（图5-7）。

5.1.2.3　抽象之传神

抽象是舍弃现实世界自然物象的具象，从中提取一些诸如点、线、面、体和色彩，甚至声音等符号化的高度单纯的形式因素，进行某种人为组合而生成的具有明显人为符号性的艺术意象。抽象作为意象的一种形态，它并不是指思维形式，它对应的艺术作品并不仅仅指现代的"抽象艺术"，它的外延要广泛得多。抽象作为意象，是指这样一种性质的艺术，它是用人造的符号，这些符号一般都是高度单纯的线、点、面、体和色，按艺术家独特的个人方式组合成的整体。它同自然形象的对应不再是直接而明了的，它可能同自然形象尚有某种对应关系。

建筑装饰介乎于模仿自然的植物形态与完全的几何抽象形式之间的曲线型装饰元素，是比较典型的以抽象手法来表现美。在这种意象中，既充满抽象形式，又能够传达艺术美的神韵。一般具有植物或动物的某些形态特征，如以植物的茎叶加之抽象的表现。近代建筑的外装饰栏杆有的表现为植物细长叶片的形态，在叶片收尾处形态更加蜿蜒曲折。在建筑阳台上也同样存在这种抽象表达，同时也融合了民族传统装饰的艺术情结。如木结构阳台的栏板柱的装饰形态，犹如女子举起双臂，体态丰满，下部裙摆分为两层，同时又是三维交叠的形式，从不同角度观赏而且又成组并置（图5-8）。建筑师在创作过程中以浪漫主义的幻想极力使形体渗透到三度空间的建筑中去，并以抽象的艺术手法表现出建筑妩媚动人的一面。

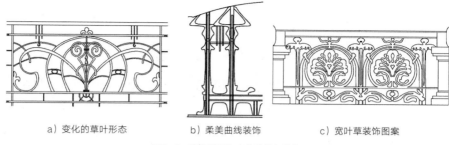

a）变化的草叶形态　　　b）柔美曲线装饰　　　c）宽叶草装饰图案

图5-8　建筑栏杆与立柱的抽象装饰

俄罗斯民族传统建筑装饰突出表现可感知的艺术形象，它也是现实的形象化。如斯大林公园冷饮厅建筑的局部装饰形态，在造型上采用单一图案元素重复排列形成的圆形或者圆弧形的装饰形态，突出整体艺术形象的表现，其整体形象犹如孔雀盛开的羽翼。建筑的栏板柱的装饰符号也是提取孔雀羽翼的表现要素（图5-9）。

抽象与兴象相比，弱化了具象的细节，同自然的联系不再是直接对应，而是经过抽象分解，几乎达到象与概念的临界点，但仍然具有象的时空属性，所以始终保持着具体的感性外观。它与喻象的区别是非象征性，几乎只从空间结构及材料质地的"活力内涵"来寻求这种感觉，而不去刻意探究或赋予它们某种延伸出来的观念。不管是看似随意的铁艺曲线形态还是至为精致的木制雕刻，都不受控于观念，而只受控于感觉。但是，抽象艺术仍然具有精神内涵。欣赏抽象艺术除纯粹的视觉美之外，仍然可以直接体味到生命情趣。

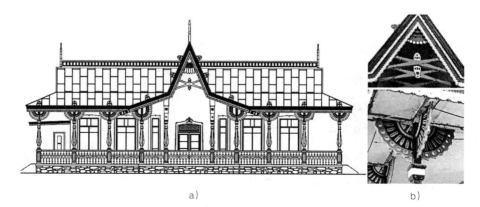

a）　　　　　　　　　　　　　　　　b）

图5-9　斯大林公园餐厅抽象装饰形态

5.1.3　言之关联

建筑装饰的审美意象存在于意之情理、象之形神的艺术语言之中，是通过装饰形态、艺术风格以及造型语言构成了审美意象的世界，从而进一步突出情与景的交融，反映建造装饰语言传播的关联特征。在艺术创造过程中，艺术家的全部活动似乎都是为了创造一件"文本"（text），一个物理的存在物。也可以说，艺术家创造"文本"的活动实际上是一个审美意向过程。对于艺术家而言，本质的东西不是操作，而是感兴，并在心中形成意象。审美意象活动产生"文本"，"文本"成为欣赏活动（也是一种审美意向活动）中的客观东西。而关乎艺术语言的"文本"则成为关联审美主客体之间的必要桥梁。可见审美意象的世界是通过装饰语言建立传播系统，而艺术创造的"文本"也是审美意象产生的过程。为便于研究，我们建立了一个关于装饰语言与审美意象的关联系统。在这个关联系统中，装饰语言审美符号的能指和语义"文本"信息的所指建构了审美意象传播的桥梁。

"人类心智朝高效率方向进化，注意力和认知资源倾向于自动处理那些具有关联的信息"。这就是语言关联，它是从认知心理学角度解读话语。以此发展看，审美信息的处理可以通过关联驱动力，对所掌握的信息进行选择性处理，从而构建出新的话语表征。在这个过程中也就构建了能够表达创作者艺术思维的物理存在的"文本"。哈尔滨近代建筑有其独特的历史文化背景，装饰语言也是在此大背景下产生的，并且引发一系列相应的语言关联效果。在审美活动中，审美主体的注意力和认知心理则更倾向于直观表现艺术流派的装饰信息。因此，那些能够引起或者表征建筑艺术流派和建筑文化属性的装饰语言系统，它在艺术形式语言中的关联特征也相应地成为审美意象产生的源动力。

5.1.3.1　语码间交际

在西方，言语交际理论最早可以追溯到亚里士多德时代。人们认为交际之所以可能，是因为交际者拥有一种共同的语言，交际双方共享一套相同的语码，交际则是通过信息的编码和解码而实现的。文字作为信息载体，它是记录语言的一种符号。文字最初问世的时候，是用来记事的图画，这是所有古代社会文字产生

a) 哭　　　b) 男子，儿子　　　c) 牛，公牛　　　d) 啤酒罐，醉　　　e) 蜜蜂，蜜

a) 雏鸟　　　b) 欢乐　　　c) 扬帆起航　　　d) 女人，寡妇　　　e) 山地，沙漠

图5-10　古埃及文字的辨译

的普遍现象，就像中国古代象形文字的发明一样。埃及文字最初的形式也是小型图画，它是表意符号和表音符号的结合（图5-10）。

符号作为内感外化之桥，在语言表意过程中发挥重要作用。卡西尔说：人类"必须把一些尚未出现的东西置于一构想的'图式'中，以便自此'可能性'过渡到'实在性'，潜在状态过渡到实现中去"。实现这种过渡的工具，卡西尔研究最多的不是生产资料，而是观念上的工具，诸如语言、神话、宗教、艺术、科学等，上述意识形态领域的诸话语形态都是人类意识的物质形式，这种物质形式的典型形式就是"词语代码"。因为交际理论是建立在代码模式的基础上，所以在审美过程中审美主体与审美客体之间的交际活动依靠词语代码来完成。代码理论认为语码是固定不同的，由交际双方或者各方共享。在艺术创作过程中，设计者把突出表现艺术思想的信息形式编码到艺术作用中，观赏者通过对其解读得到设计者所要表达的思想内容。相应地，审美意象的传达与接收也是相同的途径，建立在代码模式的基础上。如古埃及象形文字，用啤酒罐表示液量一词，用一个作欢乐仪态的人表示欢欣，在三条平行短划线上画一对男女表示邻人（图5-11）。

如果从艺术美的本质、艺术美的创造和审美心理过程，这三个方面探讨对装饰艺术的认识，它是一种能够激发美感的动态的纯形式力量。装饰艺术的力量表现在建筑上，就突出强调了建筑艺术的精神皈依。宗教建筑装饰语言就是心灵的

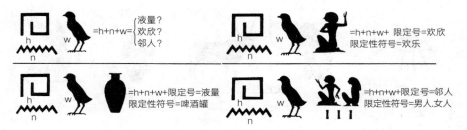

图5-11　古埃及象形字

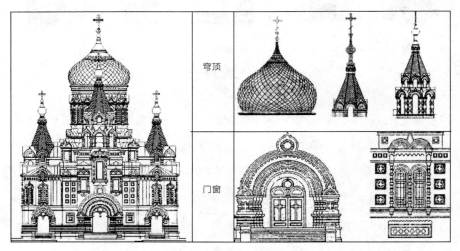

图5-12　圣·索菲亚教堂的艺术符号

能动性的外在反映，它不是由被动的知觉构成的，而是一种知觉化的方式和过程。如哈尔滨圣·索菲亚教堂的装饰形态首先就反映出俄罗斯东正教的语言形态。在造型上突出了洋葱头穹顶造型和帐篷顶，在装饰形态上突出砖构筑外墙面的拱券、砖砌叠涩的线脚以及东正教文化标志的十字符号等（图5-12）。

　　装饰语言作为一种符号与审美活动密切相关，而装饰语言在审美活动中也成为一种代码模式。依据代码模式理论，审美过程就是信息编码和解码的过程。相应地，编码者即设计者，解码者即观赏者。在这个过程中，编码者将审美信息传递给解码者，接收到的信息和发送的信息相匹配就是成功交际。交际是建立在规则基础上的符号运作过程，设计者依据规则将思想融入艺术符号之中，即编码；观赏者依据同样的规则解译出设计者的思想，即解码。这是一个逆向同构的

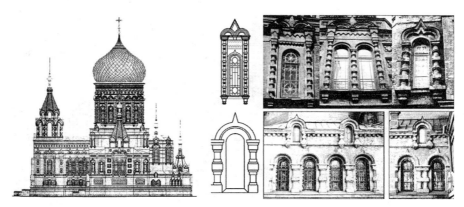

图5-13　圣·索菲亚教堂窗饰语码

过程。例如哈尔滨圣·索菲亚教堂的窗饰形态（图5-13），在装饰语言中存在着两种语言代码，通过复制、抽象、变异的处理形成教堂整体统一的窗饰语言的关联系统。在审美过程中依据代码模式理论，一系列的审美符号与信息，二者需要代码才能建立起审美主客体之间的关联。在审美活动中，符号突出表现为艺术话语，而审美信息就是设计者所传递的艺术思想。因此，艺术的话语形式与其意义之间的联系可能是任意的，审美过程也便是一个非智能的、机械的解码过程。

5.1.3.2　意向性关联

在近现代哲学中最早探讨意图（intention）和意向性（intentionality）问题的是德国哲学家、心理学家以及意动心理学创始人布伦塔诺。意向性表示的是意识和物理现象之间的关系，也就是意象活动与其内容之间的联系。所有的意识都包含有某种东西作为自己的对象，尽管包含的方式各不相同。不指向任何对象的意识是不存在的，也不可能存在；同样，不指向任何对象的意图也是不存在的。

艺术创作的意图和审美意向性的心理活动是审美主体在艺术作品欣赏和解读过程中的重要联系方式。新艺术运动追求新、奇、异，在哈尔滨新艺术独立式住宅的外装饰上表现得尤为强烈。建筑门饰、窗饰突出表现了曲线形和直线形两种形态类别，在装饰形态组合中，存在圆形、扁圆形、体形与矩形的组合形式。这些不规则曲线形式突出表现新艺术建筑外装饰活泼生动、婉转浪漫的艺术特征，同时也表现建筑外装饰元素之间艺术语言的关联特征。哈尔滨新艺术建筑具有复

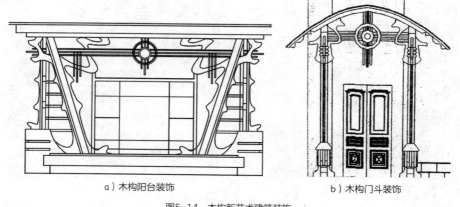

a）木构阳台装饰   b）木构门斗装饰

图5-14　木构新艺术建筑装饰

杂的风格类型，这与其复杂的风格类型演进与较长的散布时间也存在关联。

　　哈尔滨新艺术建筑在发展初期主要借鉴俄罗斯新艺术精神与装饰手法进行创作探索。首先受到俄罗斯地方新艺术的影响。表现在墙面装饰、檐口以及檐下砖砌叠涩的墙面装饰手法，在建筑木构架基础上外覆薄钢板的小帐篷顶等，这些艺术处理手法体现出俄罗斯民族传统建筑的浪漫主义倾向。其次受到"木构新艺术"的影响。哈尔滨新艺术建筑将俄罗斯传统手工艺与建筑细部装饰结合起来，例如建筑檐下模仿鱼骨造型的木构托檐板，柔美多姿的阳台立柱、凉廊优美的弧线形马车顶棚以及圆润装饰线条的曲线窗棂等，这些发挥木工雕琢工艺的装饰元素是哈尔滨新艺术建筑装饰区别于欧洲新艺术的装饰特征（图5-14）。最后，俄罗斯新艺术表现出帝国新艺术或古典新艺术的特色。这种艺术特征也影响到哈尔滨新艺术建筑，以中东铁路管理局、莫斯科商场以及马迭尔宾馆为代表的大型旅馆建筑、商业及行政办公建筑。

5.2　境物之美的艺术化境

　　"意境"的内涵大于"意象"，"意境"的外延小于"意象"。正如叶朗所说，审美过程中意境"实际上就是超越了具体的、有限的物象、事件、场景，进入无限的时间和空间……这种带有哲理性的人生感、历史感、宇宙感，就是'意境'的意蕴。因此，'意境'可以说是'意象'中最富有形而上意味的一种类型"。同时，意境是以审美意象为载体，并且继承了审美意象一系列先天的特性。我们研究哈尔滨近代建筑外装饰之美 "境"，也正是探求建筑外装饰系统中超越具体的、有限的物象、事件、场景，进入无限时间和空间并带有哲理性的美学意蕴。基于此，本章节的主要研究则从意象思维逻辑、意象构景机制、境物语言顺应三个层面来深入阐释建筑外装饰境物之美的艺术化境。

5.2.1　意象思维逻辑维系

5.2.1.1　基形意象的形象性

任何一个具体事物的完整形态，都是由其各个部分的最小单位即最基础的局部形态组成的。这个最小单位，反映到人们的头脑中来，由感觉、知觉和表象进而形成一种被明确地认识到了的、具体鲜明个性特征的、最基础的局部映像，即基形意象。审美意象生成的问题也离不开审美过程中艺术想象的发展。科学想象是以逻辑符号为思想基础来展开的。审美想象则是围绕审美想象的心象来展开。审美想象过程中的心象有知觉心象、记忆心象和想象心象。想象心象是知觉心象和记忆心象经过变异、组合、加工，并且渗透了主体的情感而构成的新的心象。它带有不同程度的创造性，体现出审美意象的形象性。以建筑外装饰为例，是由建筑屋顶、檐部、门、窗、阳台、墙面等组成的。这些就是组成完整建筑外立面装饰形态的最基础的单位。这些最基础的单位反映到观赏者头脑中来，形成局部表象，经过加工后便形成了明确而深刻的基形意象。

哈尔滨新艺术风格的独立式住宅，其外立面的木装饰突出表现在建筑门斗、阳台的装饰上。由于木材具有易于雕琢造型的材料特性，使其应用在近代建筑局部装饰的栏板柱上体现了艺术形象丰富的装饰特征。如哈尔滨近代时期独立式小住宅出挑阳台的栏板柱的装饰形态，宛如托起手臂的少女形象，而建筑檐口部位的木结构托檐其形如鱼骨，生动逼真（图5-15）。新艺术木装饰所表现出的少女的手臂形态、鱼骨装饰形态等，这些都是在创作者头脑中的装饰意象，通过艺术加工呈现在观赏者面前。在审美过程中，基形意象既是客观事物最基础的装饰形态在审美主体头脑中的反映，又是意象思维逻辑最基础的思维形式。例如，俄罗斯东正教堂的外装饰，突显民族文化特征的"洋葱头"穹顶是教堂外立面的基形意象，它是组成完形意象的最小单位，不仅正确地反映和表述东正教堂的局部形态特征，而且也反映俄罗斯宗教建筑的艺术形态。俄罗斯首都莫斯科的华西里·伯拉仁诺教堂（图5-16），这座教堂由9个墩式教堂组成，中央一个墩子冠戴着帐篷顶形成垂直轴线，统领周围8座小墩子，这8座小墩子排成方形，都高高举起洋葱头穹顶。正因如此，也就突出了俄罗斯建筑给人留下的印象——充满着"洋葱头"的城市形象。

a）门斗立柱装饰   b）木构阳台立柱装饰

图5-15 新艺术木构装饰的形象性

图5-16 莫斯科的华西里·伯拉仁诺教堂

圣·索菲亚教堂

俄罗斯华西里·柏拉仁诺教堂　　　　　　　　　　　　原中东铁路职员竞技会馆

图5-17　俄罗斯宗教建筑装饰的基形意象

哈尔滨在建城初期便导入了俄罗斯建筑体系。圣·索菲亚教堂突出的"洋葱头"穹顶造型，砖砌筑层叠拱券的入口和窗饰等，这些具有强烈俄罗斯民族传统建筑特征的装饰元素是近代哈尔滨建筑装饰艺术突出的基形形象。它不仅出现在俄罗斯传统建筑上，同时也被同时期折中主义建筑所吸纳，如原中东铁路职员竞技会馆（现哈尔滨市第十三高级职业中学），建筑虽然是具有浪漫主义特征的折中主义建筑，但是在局部装饰上也吸纳了俄罗斯民族传统建筑的基形。如建筑的双拱券圆额窗饰，其顶部又饰以半圆形尖券，与圣·索菲亚教堂的窗饰具有相同的基础形象（图5-17）。这两座建筑在装饰形态上的相似性也反映出浪漫主义与现实主义的结合。在这个过程中，建筑装饰审美意象对于装饰元素的限定和影响所产生的形象性装饰形态，是引发建筑不同艺术流派之间审美意境的重要因素。

5.2.1.2　完形意象的主体性

凡是由两个或者两个以上的基形意象相组合，构成一个单一而完整的意象，就叫完形意象。完形意象在意象思维中是第二位重要的具有普遍意义的思维形式。在建筑创作过程中，完形意象可以是单一而完整的建筑作品。它也可以是复杂群体中的一个组成部分。任何一种客体都是一种多面体，放在不同的感知参照系内就会有不同的意义，成为不同的对象，如哈尔滨不同民族的宗教建筑的发展所呈现的意象形态。其中俄罗斯的东正教、中国寺庙以及伊斯兰清真寺，这些建筑装饰的完形意象体现出主体性的审美差异。

　　审美意象活动中表现建筑外装饰的完形意象，它是通过建筑主体"意"的渗入，并且引发情景内在的交融，从而使一切审美意象都渗透着装饰艺术审美内涵的意念和意愿。因为，审美对象是一种价值现象，它只能相对于人这一审美主体才有意义。所以，我们不能把审美对象当做在人存在之前就已存在的客观实在。例如，俄罗斯东正教堂装饰形式主要突出"洋葱头"、帐篷顶、十字架、拱券、火焰券等形式特征，渗透着东正教信徒主体对神明的崇尚之情。教堂平面采用希腊十字，十字中央及端头都设置穹顶造型。中国佛教建筑的装饰形式主要突出下部的台基、中间的房屋本身和上部的翼状伸展的屋顶（图5-18）。屋顶在中国建筑中素来占有极其重要的位置，弯曲的瓦面和翘起的四角发挥了巨大的装饰性。大胆地运用朱红作为大建筑物屋身的主要颜色，用在柱、门窗和墙壁上，并且用彩色绘画图案来装饰木构架的上部结构，如额枋、梁架、柱头和斗栱，无论外部内部都如此。

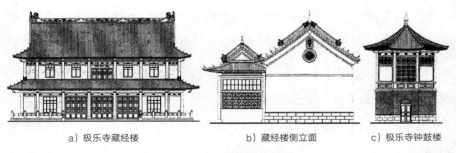

　　　a）极乐寺藏经楼　　　　　b）藏经楼侧立面　　　　　c）极乐寺钟鼓楼

图5-18　中国传统建筑艺术文化

　　伊斯兰建筑的外装饰是一种受宗教影响很大的艺术形式。清真寺建筑的宣礼塔、穹顶上方的圣星标志以及极具抽象形式特征的装饰图案，这些都从不同侧面反映了伊斯兰教本身是犹太教与基督教的混合物，渗透着犹太民族文化以及具有浓厚的宗教气氛的文化意象（图5-19）。

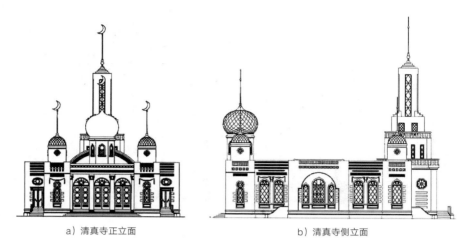

a）清真寺正立面　　　　　　　　　　　b）清真寺侧立面

图5-19　伊斯兰建筑艺术文化

5.2.1.3　群形意象的多义性

在意象思维中，由两个或两个以上完形意象组合，形成一个比较复杂的意象，就是群形意象。群形就是在一个画面上具有两个以上的单一的完整的形象。这些形象可以是任何一个单一的具体而完整的形象。群形意象中存在多个完形意象，它们依据艺术初衷和形式规律把各自独立存在的完形意象合理地安排和组合起来，使它们成为一个有机的、和谐的整体。这种思维形式也体现出群形意象的多义性。

在建筑装饰系统中，群形意象的多义性表现在艺术形式以符号代码为基础的表意形式，群形整体的艺术倾向也取决于审美意象中符号化程度的高低。这也存在于艺术语言及其符号语义的多样化表现形式之中，是个体心理意识集体化，或个体意识被社会意识整合的过程。在这个过程中，审美意象的建构并不停留在表达意义；意象只是意义表现内容的一部分，而另一半则需要依靠审美符号来进一步塑造。

意象的语符化过程是语言的文化选择过程，也是一个以意象意识理解符号含义的过程。人类语言包含着最原始的情感因素，由于语言的高度符号化使原本鲜活的情感流失，随之而来的是逐渐带有社会功利性。而语言符号传达确定社会意识的基本功能也逐渐影响内部语言的性质与范式。建筑装饰语言作为一种约定俗

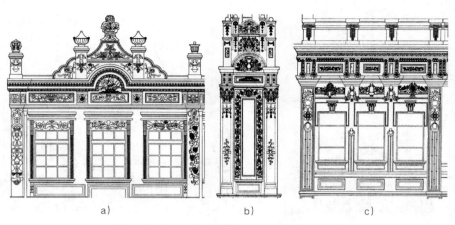

图5-20　原同义庆百货商店"中华巴洛克"装饰语言

成的艺术表现形式，是社会意识与民族情感相结合的特殊的语言表意形式。如在
中国传统民俗文化里，"石榴"代表多子多孙、"蝙蝠"代表福到来、"鲤鱼"代
表连年有余等。也就是说，在装饰上的石榴、蝙蝠、鲤鱼的社会规约性使人们想
到的只能是多子多孙、福到来和连年有余，而这些关乎人们的经济生活，也关乎
精神领域的生活（图5-20）。

　　意象也不完全受到语言支配，因为审美意象变成装饰语言、审美符号并不
是简单的转译过程，它是一个反复地理解和被理解的审美过程。在这个审美过
程中，内部语言依靠外部语言来表达其意义内含，个人意识也同样依靠艺术语
言符号来完成其表意作用。虽然审美意象源于符号作用，但其自身也反映了艺
术语言逻辑性与审美符号的规律性。例如，哈尔滨原新哈尔滨旅馆（现国际饭
店），这座装饰艺术风格的近代建筑，建筑平面形态模仿手风琴造型，在建筑立
面装饰上以连续的多层阳台模拟手风琴的琴键，以流畅的塑造线脚模拟风箱，
这是源于具体事物的意象表现，同时其装饰形式也符合装饰艺术风格的审美需
求（图5-21）。手风琴是来自西方的乐器，在这座建筑上它却成为建筑形式的
审美意象符号。在这里，审美意象的语符化过程不仅表现出文化选择或者被符
号化的文化含义的审美过程，同时也是一个审美意象对文化含义的再理解、再
解释的过程。

a) 原新世界旅馆平面图　　　　b) 原新世界旅馆立面图　　　　c) 原新世界旅馆墙面装饰

图5-21　原新哈尔滨旅馆

5.2.2　意象构景机制催发

"境生象外"是"意境"这个审美范畴的基本规定。"境"当然也是"象"，但它是在时间和空间上都趋向于无限的"象"，也就是中国古代美学家常说的"象外之象"、"景外之景"。"意境"和任何"意象"一样，当然也不能脱离审美感兴活动。依据景观构成原理，从建筑装饰、装饰要素和观赏主体三者的相互关系上深入分析哈尔滨近代建筑外装饰境物之美的构景机制。

5.2.2.1　组景：装饰艺术的多样化

组景是起着组织景观空间环境作用的组构方式。这种构成方式可以抽象为连接型模式（图5-22），主要产生于建筑装饰艺术的多样化表现形式之中。建筑是承载意境空间的基本框架，建筑外装饰的主要构成要素也以建筑空间为依托，成为建筑艺术内涵的外在表现形式。以哈尔滨原中国大街（现中央大街）为例，全长1400米的街道两侧，虽然近代建筑的装饰风格呈现多元化走向，但是在整体上以完美的空间序列和优美的天际线而统一协调。在这里，建筑外装饰元素，如建筑穹顶、阳台、墙面装饰等对于近代建筑之间的整体协调统一发挥重要作用。在街道的南入口，新艺术风格的原哈尔滨一等邮局，在建筑转角处采用红色的皇冠式穹顶，成为街道轮廓线的起点。在街道的中段，具有代表性的近代建筑，如原协和银行、马迭尔宾馆、原松浦洋行等不同艺术风格的建筑通过穹顶、墙面装饰以及建筑转角阳台的装饰处理塑造了

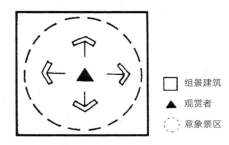

□　组景建筑

▲　观赏者

◌　意象景区

图5-22　组景式构成

a) 从教育书店俯瞰街景　　　　　　　b) 马迭尔宾馆与松浦洋行的组景构成

图5-23　原中国大街街景

多样化而整体协调的街道空间环境，这也突出了组景式构成手法在城市街区与建筑之间的构景方式（图5-23）。

　　组景式构成手法类似于电影镜头的"蒙太奇"组接。蒙太奇组接是按事物的发展规律以及进展顺序，并且运用事物之间的相互呼应、比喻、对比，将事物最有特点的镜头连接起来，叙述一件事。苏联电影大师爱森斯坦曾表述："两个蒙太奇镜头的对列不是二数之和。"因为"对列的结果在质上永远有别于各个单独的组成因素"，对列所产生的是"一种新的表象，新的概念，新的形象"。这种蒙太奇组接，通过建筑意象与装饰意象在人们头脑中的审美整合、装饰片段的剪辑，塑造了连贯、呼应、对比、联想等艺术效果，经由以实生虚在建筑街区环境组合体中强化原有意象的审美效能，派生出建筑本身所没有的、远远大于它们相加之和的审美意象。例如哈尔滨形式各异的折中主义建筑的装饰形式：以模仿古典式为主的建筑主要的装饰元素是古典柱式；以模仿中世纪风格为主的折中主义建筑，其主要的装饰元素是模仿欧洲中世纪寨堡的样式，用碉楼、圆锥式穹顶构成独特的形体；以模仿文艺复兴为主的折中主义建筑，其整体三段式构图关系突出表现了贯通三层的爱奥尼克巨柱；以模仿巴洛克为主的折中主义建筑，其装饰元素突出巨大悬空的科林斯壁柱、柱顶断裂的山花、窗上部独特的雕饰等。这些装饰元素作为独立的画面，它们之间相互呼应、对比，并通过不同的方式组接起来。在此过程中，审美意象"蒙太奇"组接的手法各有不同。古典式折中主义建筑表现为传统装饰元素的平行式组接，文艺复兴式折中主义则表现为交叉式组接，而巴洛克折中主义的审美意象则更倾向于积累式组接。这些不同的蒙太奇镜头组接之后派生出的整体审美意象，便是人们头脑中形成的城市建筑装饰的审美感受。

5.2.2.2　点景：景观构成的多元化

点景构成可以抽象为独立型模式（图5-24），建筑装饰的景物元素以建筑整体为主，突出表现建筑艺术主题的装饰元素主要起"点景"作用，建筑外装饰的意象融入建筑艺术整体之中，构成整体与局部的有机结合。

哈尔滨地处丘陵地带，规划者巧妙地利用地形，随坡就势，自由格局，创造了富有个性的城市广场。如哈尔滨喇嘛台广场（现博物馆广场），地处区域的最高点，是一个以教堂为中心，具有灵活、自由、开敞性格的不规则放射形广场。在广场北侧，即原车站街（现红军街）汇集了多种不同艺术流派的近代建筑。这些建筑的外装饰反映出不同艺术流派的装饰主题和艺术特征。例如，街道起点广场上的东正教木结构圣·尼古拉教堂体现俄罗斯民族建筑艺术的装饰传统，原莫斯科商场体现新艺术运动的装饰特征，原英国驻哈尔滨总领事馆是具有古典主义建筑艺术特征的折中主义建筑，原华俄道胜银行是具有文艺复兴特征的折中主义建筑，原南满铁路驻哈办事处是具有巴洛克艺术特征的折中主义建筑，原契斯恰科夫茶庄、原中东铁路公司旅馆以及街道尽头的原哈尔滨火车站都是新艺术代表建筑。这些反映不同艺术流派的建筑，集中出现在同一条街道两侧，形成独特的、多元的城市景观。巴洛克、文艺复兴、古典主义建筑以突出的艺术特征塑造了环境景观意象，而位于街道两端的新艺术建筑也突出表现了这一时期建筑艺术的主体性。

5.2.2.3　观景：群结构形态的协调

观景式审美意境的构成方式可以抽象表示为放射型模式（图5-25）。观赏主

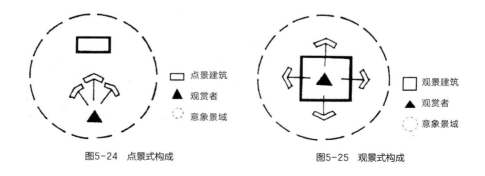

图5-24　点景式构成　　　　　　　图5-25　观景式构成

体（即审美主体）处于建筑艺术环境之内，通过观景建筑的敞开面或门窗口，观赏和浏览其外面的整体艺术环境。建筑外装饰的景观意象主要由周围环境的建筑景观和人文景观组成。观景建筑在整体环境中处于观赏点位置，其自身也起到视觉中心的作用。如哈尔滨原圣·尼古拉教堂广场（图5-26），整个街区以圣·尼古拉大教堂为中心呈放射状构图，教堂与周边建筑共同形成景观构成模式上的多元组合。而在装饰形式上，圣·尼古拉教堂与周边建筑的装饰手法以及竖向高度上体现出主从关系，以及点状和线状平面构成的装饰手法（图5-27）。圣·尼古拉教堂帐篷顶成为区域的视觉核心，教堂广场周围的近代建筑有原莫斯科商场、中东铁路理事住宅、秋林公司俱乐部等，这些建筑艺术风格各异，但整体上协调统一，相互之间遥相呼应。

图5-26　原圣·尼古拉教堂广场

图5-27　原圣·尼古拉教堂广场观景效果

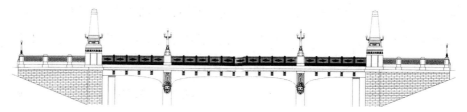

图5-28　霁虹桥立面装饰

例如，近代时期的哈尔滨霁虹桥交通广场，它不是以建筑物围合而成的，但是它却巧妙地结合地形，自由而成功地解决了南岗、道里、道外的分区点和公路与铁路的立体交叉交通问题。桥头东端是圆形环路交通广场，广场中心设置草坪喷水池，视野开阔通透。桥栏设计别具匠心，采用了古埃及方尖碑形式桥头堡和坚固有力的钢铁栏杆，并镶以中东铁路的"飞轮"路徽（图5-28）。霁虹桥本身构成了独具一格的城市景观，同时它又是观赏周边建筑的观景点，站在桥头，道里、道外尽收眼帘。广场南侧有中国传统建筑的原普育中学（现哈尔滨第三中学），以古典复兴为主的折中主义建筑原东省特区区立图书馆（现东北烈士纪念馆），原世界红十字会馆哈尔滨分馆（现哈尔滨艺术博物馆）；广场北侧邻近原哈尔滨弘报会馆（现黑龙江省日报社）；广场西侧邻近原哈尔滨火车站。

5.2.3　境物美的语言顺应

被人们称之为美的建筑，其外装饰的表现形式必然符合建筑设计的普遍规律。建筑设计基于模式语言和形式语言这两种不同语言，因此，建筑外装饰也必然从形式层面表现艺术语言的深层内涵。其中，模式语言对人类与环境之间的相互作用进行编码，并且决定了我们生活中的很多习惯性问题。它是一套依靠继承获得并行之有效的解决方案，能够使建筑环境最大限度地改善人类生活、增进人类的幸福感。它将几何构型与社会行为模式相结合，总结出建筑形式如何同人类活动相融合的一套非常有用的关系。与之不同，形式语言在形态表现和构成方面煞费苦心。对于建筑外装饰来讲，它是由建筑穹顶、女儿墙、檐部、窗、门、柱式、墙面等装饰要素以及所有建筑构件或建筑连接等形式要素构成的，这些要素共同构成了一种独特的建筑形式和建筑风格。传统建筑都有其自身的形式语言，它的演变又受到生活方式、传统以及实际利益等因素的影响，在这些因素的共同作用下，确定了建筑装饰采用的几何形式是特定文化中最自然的视觉表现。

前文美"意"中详细阐明了装饰对于我们以积极的方式来体验建筑形式具有重要的作用，并且论证了建筑装饰中形式化数学结构。大到整体建筑体量，小到装饰要素的细部，有系统理论确定的复杂形态的视觉一致性，要求在所有尺度上具有有序结构。对于建筑装饰系统来说，这种有序结构是境物之美存在的基础，装饰作为艺术语言的存在也是依附于这种有序结构的结果。因此，建筑外装饰之美"境"的形成与发展也必然是装饰艺术语言的顺应过程。

5.2.3.1　装饰语境因素的顺应

"顺应"是皮亚杰的认知发展理论中的心理发展结构，即图式、同化、顺应、平衡之中的一个概念。比利时语用学家维索尔伦在进化认识论的基础上提出了顺应论。他认为，"顺应"与生物意义上的自然选择似乎联系密切，"顺应论可以看作是'一个正在显现的范式'，即进化认识论的一个例证"。哲学上认为空间是运动的存在和表现形式，建筑装饰是物质实体，它所存在的审美环境由运动的、能够产生审美物象的情景环境构成。因此，建筑装饰作为艺术语言的物质环境，与语言发生过程中的动态顺应有着相似的阶段，表现为审美物象与艺术情景之间动态的顺应过程（图5-29）。

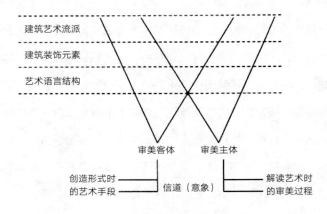

图5-29　装饰语言的动态顺应

　　新艺术建筑是哈尔滨近代建筑的艺术流派风格中最为纯正的一个装饰体系。这类建筑最具表现特征的装饰形式在当时大规模兴建的大型公共建筑上表现得尤为突出。例如原哈尔滨老火车站、原中东铁路管理局（现哈尔滨铁路局办公楼）以及莫斯科商场（现黑龙江省博物馆），这三座建成年代接近的建筑，在装饰上体现出典型新艺术装饰语言。通过提取其独立的装饰单元，我们可以发现，它们之间存在着结构上的相似，而装饰形态上却表现出明显的动态变化（图5-30）。这说明在相同语言结构中，不同建筑的艺术语言有各自的"顺应"表现。同时，这些装饰形态共同营造了建筑装饰艺术所独具的审美意境。然而，建筑装饰的语言符号具有一个与时间相关的基本线性属性，并体现审美顺应过程中的层次性。随着建筑艺术的发展，在新艺术建筑之后出现的装饰艺术建筑。装饰艺术旨在强调建筑的垂直感、流线型的圆润体量以及窗堵墙的浮雕装饰。而哈尔滨装饰艺术建筑更接近于新艺术而不是世界范围内的装饰艺术主流风格。它在装饰形式上仍然继续着新艺术的装饰语言，这也体现出装饰语言在建筑历史中的动态顺应化发展。在所运用的朴素材料、灰色调、含蓄的建筑色彩、自然及抽象的装饰主题及其手法、建筑尺度、室内设计以及檐口细部处理等方面都更接近于新艺术建筑。

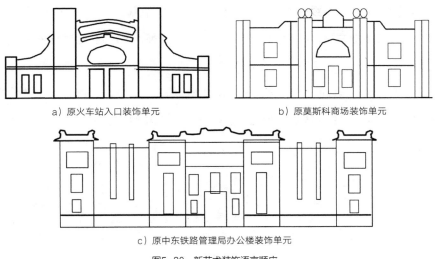

a）原火车站入口装饰单元　　　　　　　b）原莫斯科商场装饰单元

c）原中东铁路管理局办公楼装饰单元

图5-30　新艺术装饰语言顺应

5.2.3.2　语言结构选择的顺应

依据语用学顺应论理论观点来审视建筑装饰语言，我们发现，建筑装饰语言的使用过程也就是不断选择装饰艺术走向的过程，这种选择过程有时是建筑师有意识的创造行为，也可以是无意识的选择行为。无论是创造还是选择，其原因都来自不同艺术流派装饰语言的内部，即结构性的语言要素。这些创造与选择发生在建筑外装饰的各个层次，如建筑装饰元素、装饰单元之中，也可以发生在同一变体内部，或者发生在不同社会、地域变体之间。任何语用理论都应该能够对这些选择作出必要的解释。

选择发生在语言结构任何一个可能的层面上。从建筑元素、风格语码、装饰语体等这些层面，从大到小依次排列，使用装饰语言时也就会依次在这些层面上同时作出选择。

首先，建筑性格的表达有时完全可以依靠能够塑造建筑比例的元素，如石造的大型庙宇的典型形制是围廊式，柱子、额枋和檐部的艺术处理基本上决定了庙宇的面貌。希腊建筑艺术的种种改进，都集中在这些构件的形式、比例和相互结合上。近代以古典复兴为主的折中主义建筑，柱式基本上作为重要的装饰元素出现，柱式的比例形制也决定了建筑立面的尺度和建筑性格。

其次，风格语码在建筑装饰上突出表征了建筑装饰的艺术走向。由于社会文化因素存在差异，多数语言在使用中会呈现为不同的语码。表现在建筑装饰上，突出体现在民族文化传统对于建筑艺术的影响。此外，表现同一艺术走向的建筑艺术在装饰上也突出不同的风格语码。

最后，装饰语体的差异主要反映了建筑类型的差异。如新艺术的公共建筑、商业建筑、住宅等，在建筑装饰语体上就体现出各自的艺术特征（图5-31～图5-33）。

图5-31　原中东铁路办公楼的公共建筑装饰语体

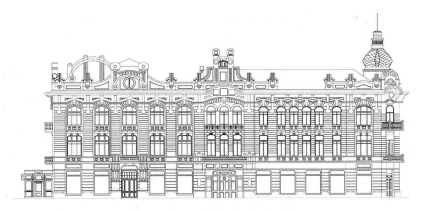

图5-32　马迭尔宾馆的商业建筑的装饰语体

图5-33　独立式小住宅装饰语体

5.3 渲染美"境"的装饰模因

建筑外装饰是一种形式语言，它能够存留下来是因为它们通常具有非建筑含义，于是它们可以忽略要适应人类需求的这种需要，转而偏向于审美方面的精神需求。形式语言不再是表达一种适应性的构造文化，而成为道德原则乔装之下的一套视觉符号。因为形式语言一旦与相互补的模式语言发生分离，且容易被复制，继而会在人们心理当中进行传播。将语用学的模因论引入建筑外装饰之美"境"影响因素的研究之中，以建筑外装饰实例为主要研究对象，结合语用学与传播学的相关理论模型，进而推论出成功的建筑装饰形式语言的特征以及快速传播的形式语言。

模因是人类文化进化的基本单位，也是文化遗传单位。我们通过模仿获得并加以传播的任何东西都可以算做是模因。道金斯曾断言："我们生来是基因机器，后来被文化驯化成模因机器。"创造该词的目的是为了说明文化进化的规律。这个词表示任何具有持续性并且能够进行繁殖的思想、图像、曲调或广告词。模因如想法、曲调或图像等，相当于"感染"记忆的媒介。英国生物学家和行为生态学家道金斯在《自私的基因》里首次提出模因（Meme）一词。道金斯创造该词的目的主要是为了说明文化进化的规律。他阐述："模因是一个文化信息单位，那些不断得到复制和传播的语言、文化习俗、观念或社会行为等都属于模因。模因可以看做是复制因子（replicator），也可以看做是文化进化单位。"此外，模因概念也阐述人们心理之间的信息片段。模因在社会集体心理中进行传播。模因传播并不是因为它们能对我们有任何好处或利益，而是因为它们具有吸引力，能够让它们驻留在人们心理。模因的形成通过两个阶段：前期是文化模仿单位，表现为对艺术潮流、设计思潮、时髦形式、制造工艺等模式；后期是存留于人们大脑里的信息单位，也就是存在于大脑中的复制因子。在建筑装饰中，任何一个信息因子，只要它能够广义上被称为模仿的过程而被复制，它就可以称为模因。它是特定建筑风格的视觉要素，是形态、几何构型、表面等的一种再现。艺术源于模仿，这是柏拉图对文艺和现实世界关系的看法。在这个模仿过程中，必然有某种东西被复制或拷贝了，这就是模因。

建筑装饰之美"境"的构成通常都是艺术流派的装饰意象和人文艺术的装饰物象的融合体。从中国传统观点的角度来看，意象即"意中之象"，用苏珊·朗格的话说就是一种完全存在于人的意识中的幻想，是虚幻的对象。它的意义在于："我们并不用它作为我们索求某种有形的、实际的东西的向导，而是当做仅有直观属性与关联的统一整体。"在这种虚幻的对象中，装饰模因是意境召唤的重要因素。因为模因不仅是一种有生命的结构，而且还是一种思维病毒，能够将信息传播或感染到他人大脑，所以在建筑装饰之美的艺术环境中，模因的传递、表现与传播作为渲染艺"境"的强因子发挥重要作用。

5.3.1　直观感相的模写

建筑模因是特定建筑风格的视觉要素。它是形态、几何构型、表面等一种再现。建筑装饰的语言模因是文化艺术以及思想观念通过建筑形体广泛传播并且能够被审美主体普遍接受的媒介，也是营造建筑艺术之"境"的重要形式因素。

建筑装饰的境物与主体情感交融便引发了审美意象，而境物艺术通过意象组合与构景便产生了审美意境。因此，在建筑装饰艺术之中"象"与"境"之间的对立统一需要能够被审美主体接受并广泛传播的艺术语言来维系，进而渲染了彰显传统的、潮流的、民族文化的建筑装饰艺术之美"境"。装饰模因的传播程度由它们在建筑艺术整体中建立的基本信仰的深刻程度来衡量。当一组语言模因成了装饰秩序的一部分时，也就是制度化了，它们便取得了最大的成功。首先最为突出的是那些促进模因传播，有利于它们达到最终制度化的因素。因为，建筑装饰之美的"境"从某种程度上看也是一种"象"，它表现为一种直观感相的模仿。依据英国生物学家和行为生态学家道金斯的理论观点，模因复制主要依靠模仿。西方美学奠基人亚里士多德也曾阐述过模仿的艺术对现实的关系。他把模仿看做诗歌、音乐、图画、雕塑等的共同功能。可见基于模仿而产生的模因对于建筑装饰艺术语言的传播发挥强力作用，而语言模因在建筑装饰上的表现形式也体现出模因的多种特性。

模因在传播过程中具有诸多表现，这并不是因为它们能对我们有任何好处或利益，而是因为它们具有吸引力，能够让它们驻留在人们心里。模因具有诱人的特点，这是它们在人类中得以繁殖的原因。模因定义分为两个阶段：前期被认为是文化模仿单位，其表现型为曲调旋律、想法思潮、时髦用语、时尚服饰、搭屋建房、器具制造等模式；后期的模因被看做是大脑里的信息单位，是存在于大脑中的一个复制因子。模因可以看做是一些思想，它本身没有明确的目标或意图，就像基因只是一种化学物质，并没有接管整个世界的计划一样。它们的共同点是，基因和模因都来自复制，而且将不断地被复制。在现实世界里，模因的表现型可以是语词、音乐、图像、服饰格调，甚至手势或脸部表情等。

5.3.1.1　艺术传统的长寿性

长寿模因是指模因在模因库内存留很久，也就是模因能在人们头脑中流传很长时间，如古典主义建筑的传统构图法则是延续流传数百年。

建筑史上相当成功的古典主义风格也取决于非常精细的形式法则，并且不论文脉如何，形式法则都可以用到各种情况中去。在诸多建筑装饰元素中，柱式是受规则制约的重要元素，它的形制反映西方古典建筑的艺术传统。在古希腊的神殿中，柱子、梁与屋顶的细部形状及其比例渐渐形成标准模式，于是柱式作为一种基本法则且广为人知。在古希腊，随着时间的推移，依次出现了多立克式、爱奥尼式、科林斯式；而在古罗马时代又加上了塔斯干柱式和复合柱式。在每一种类型中，以柱子的底部直径为基准而确定其他各部分的尺寸，比例在其中发挥了重要的作用。维特鲁威在《建筑十书》中将这些称为柱式，给出多立克柱式和爱奥尼柱式的图解，并严格规定了各部分尺寸的比例大小。到了古罗马时期，建筑物的规模增加而且层叠化，与此同时，柱子称为非结构部分而作为装饰部分的情况增多。正因如此，建筑柱式作为建筑语言，在传播过程中突出表现了长寿模因的特点。在哈尔滨近代建筑中，柱式通常作为装饰构件而出现在复古思潮的建筑上。古典柱式随着在不同类型建筑以及装饰单元中呈现不同的表现形式。柱子、额枋和檐部的艺术处理决定了建筑立面或者装饰单元的基础形制。如多立克柱子比例粗壮、檐部重、柱头简单而刚挺体现男性的体态和性格；爱奥尼柱子比例修

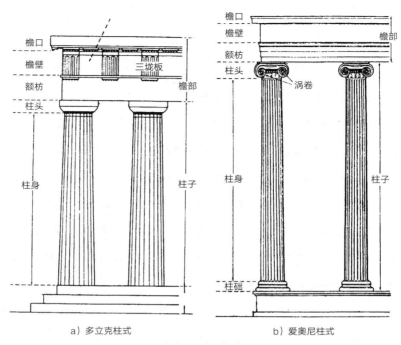

a) 多立克柱式　　　　　　　　　　　　　b) 爱奥尼柱式

图5-34　古典柱式的比例形制

长、檐部比较轻、柱头表现为精巧柔和的涡卷体现女性的体态和性格。这两种柱式在哈尔滨近代建筑都有体现，塑造了建筑不同的性格（图5-34）。

5.3.1.2　潮流形式的多产性

相对于长寿性模因，多产性在模因传播过程中显得更为重要。道金斯用"表现型"（phenotype）这个术语来表示基因在身体上的表现，即基因在与它的等位基因竞争之后，经由发育过程，在身体上所产生的影响。

理查德·道金斯以实际例子说明模因的长寿性与多产性。如果某个科学观点是模因，它的传播能力在于不同科学家对它的接受程度，它的生存价值可以通过计算此后几年该观点在科学期刊中被引用的次数而获得一个粗略的估计。如果某种艺术形式流行开来成为模因，它在模因库中的传播能力，可由同时期突出表现这种艺术潮流的建筑物统计出来。因此，对于建筑外装饰而言，某种装饰元素或者装饰语言得到普遍的传播和应用，如流行潮流一般，越是突出体现时尚潮流的因素，它作为一种模因形式，越容易得到传播。在审美过程中，突出艺术流派的装饰形式最易被观赏者注意，并且其数量在所有建筑艺术形式中居多，被复制的几率最大。

首先，新艺术风格的信息含量很大。卷积、曲线、复杂的色彩等这些建筑风格要素的繁殖速度其实并不快，实际上也正是这样。而且新颖性是相当短命的。尽管新艺术建筑物现在看来也不算是新颖的了，但它们可以使人联想到有机植物形态。新艺术装饰形式是这一时期最受欢迎的艺术，也是对哈尔滨城市建筑审美意境影响力比较大的装饰模因。新艺术是现代建筑简化与净化过程中出现的一个重要步骤，它真正改变了欧洲建筑形式信号。新艺术建筑极力抵抗历史样式，趋向于一种前所未有的，能适应工业时代精神的简化装饰。新艺术装饰主题是模仿自然界生长繁盛的草木形状的曲线，这种装饰形态在建筑装饰上大量出现。因此，新艺术作为一种符合时代精神的艺术潮流，其装饰形式是艺术美"境"中的多产语言模因。在哈尔滨近代建筑中，具有新艺术特征的装饰语言作为成功模因典型得到大量复制与传播。其曲线的、多变的流线形态，以及反映植物花朵生长规律的装饰主题成为建筑艺术形式语言的主流。这些突出艺术流派装饰特征的语言模因，出现在建筑立面装饰的各个部位，如女儿墙、檐部、窗间墙、阳台、楼梯栏杆。灵活生动的新艺术装饰栏杆也广被其他艺术流派的建筑所应用（图5-35）。

其次，装饰艺术风格抛弃了新艺术和表现主义的曲线，采用了矩形几何构型。它不像古典主义那般讲求型制和规范，也不似新艺术求新立异、变化多端，装饰艺术通过降低装饰形式的信息含量，从而获得了更强的存活能力。虽然从地

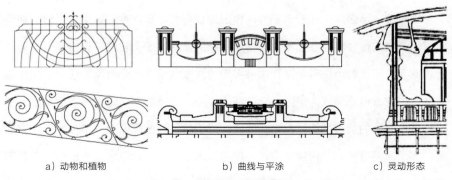

a）动物和植物   b）曲线与平涂   c）灵动形态

图5-35　新艺术建筑的语言模因

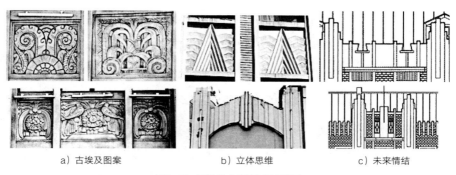

a）古埃及图案　　　　b）立体思维　　　　c）未来情结

图5-36　装饰艺术建筑的语言模因

域上来说，装饰艺术运动主要是欧美地区的艺术潮流，但是它的来源并不限于欧美地区。它不是一种单一的艺术风格，而是一种混合的艺术风潮。它的出现不仅仅是时代特征的反映，也是历史上多种多样艺术类型的集中汇合。除了受其在时间上最为切近的工艺美术运动和新艺术运动的重要影响之外，装饰艺术运动在内在结构上还受到印度、拉美、东亚、非洲等地区艺术传统的影响。哈尔滨装饰艺术建筑的外装饰语言模因突出体现采用了古埃及图案、立体思维图案、未来情结等方面（图5-36）。

最后，极简现代主义摆脱了装饰派的视觉丰富度，把它的信息削减到绝对极小值；它击败了所有的竞争者，在世界范围内广泛传播，存活至今。这些建筑历史中的事件印证了建筑风格模因理论，选择过程主要趋向于潮流形式的进阶。

5.3.1.3　法则的复制忠实性

复制过程中，模因复制越忠实，原版就越能得到保留。成功模因的长寿性、多产性和复制忠实性这三个特点之间经常相互交叉、相互制约。同时，模因的成功传递还与人的认知取向与偏好、注意焦点、情感状态与行为愿望等密切相关。复制忠实性模因的传播过程促使传统艺术语言得到继承和延续，也保证了原始艺术的原汁原味。

首先，数理形式是塑造建筑艺术的基本形式要素，也是模因传递过程中的突出体现复制忠实性特质的成功模因。在建筑外装饰之美"因"的论述中，我们探讨过形式因的重要作用，其中，"数的泛化"突出表现出建筑外装饰形式的泛化。在哈尔滨近代建筑中，以古典主义为主的建筑外部装饰通常采用一定比例型制的柱式来塑造独立的建筑元素。例如，建筑入口装饰单元和窗饰元素是建筑外立面上表现得相对突出的装饰元素。多里克柱式、爱奥尼柱式不同的比例形制对于建筑入口、窗饰单元的比例型制发挥重要的限定作用。

其次，基于数理基础的和谐比例作为建筑模因在传播过程中同样限定了建筑装饰的比例和谐。这也就体现了复制忠实性模因具有典型的型制法则的特征。例如，毕达哥拉斯学派提出的"黄金分割"定律，提供了一定的数量比例关系，这种比例关系和谐才能产生美的效果，引起人的美感。这同时也促使美的建筑拥有固定的复制忠实性模因来表现艺术美的精髓。黄金矩形作为一个美妙的图形使得建筑家们心驰神往。例如，在文艺复兴时期伯拉孟特设计的坦比哀多，为了调整二层的三维形体，就在一层和二层使用了黄金矩形（图5-37）。建筑物的整体是由局部组成的，整体的尺度固然和建筑物的真实大小有着直接的联系，但从建筑处理的角度看，装饰单元或建筑局部对建筑尺度产生很大的影响。哈尔滨体现复古思潮的折中主义建筑体现古典美，这与建筑整体或装饰单元都存在着和谐的比例是密不可分的。

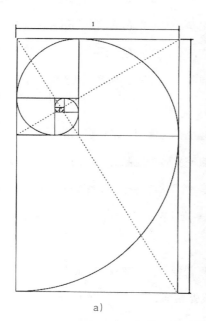

a)

b)

图5-37　黄金分割与坦比哀多立面比例

a）维琴察巴西利卡　　　　　　　　　　b）哈尔滨原东省特区区立图书馆

图5-38　帕拉第奥母题

　　最后，独立的、以多种综合元素构成的装饰母题，它也是装饰系统中复制了原有构图单元的装饰模因。例如，帕拉第奥母题，它以独特的拱券结构结合圆窗的形式出现，成为建筑立面上相对突出的构图单元。古典柱式提供了一整套比例模数，也成为塑造美的建筑的基本要素。随着拱券技术的发展，产生了券柱式的组合。大型柱式与复合柱式相叠合的手法，也将柱式的表现力发挥到极致。意大利维琴察的巴西利卡建筑上的券柱式结构单元被称为"帕拉第奥母题"。这个经典的构图单元作为装饰模因在哈尔滨近代建筑装饰中也有延续。如哈尔滨原东省特区区立图书馆（现东北烈士纪念馆），它是以古典复兴为主的折中主义建筑，在建筑局部装饰单元上采用了"帕拉第奥"装饰母题，这是近代建筑装饰模因所表现的复制忠实性特征（图5-38）。装饰模因的成功传递还与审美主体的认知取向与偏好、注意焦点、情感状态与行为愿望等密切相关。因此，建筑装饰模因的产生和传播与时代发展和当时人们的审美倾向密切相关。

5.3.2　意象显现的过程

　　复制是意象显现过程中的一个重要因素，通过复制得以延续各种意象的形态特征。建筑设计的过程与自然科学中生物的生成过程是平行的。尽管有机体需要利用环境中的片段作原材料，对自己进行复制，但是复制过程与新陈代谢过程完全不同。复制过程直接依赖于按照模板将有机体的结构进行编码，这便使复制过程在理论上与信息的储存过程连接起来，而不是与周围环境的相互作用进行联系。任何特定的艺术风格包含了一组从这种风格中复制的视觉模因，而且只要人们喜欢，这种复制就会一直延续下去。达尔文选择也同样解释了为什么适应性具有表现力的形态能够迅速成功地进行增殖。原因在于它们和病毒这样的简单生物体一样，复制速度要比复杂的生物形态快很多。因此，审美意象显现的过程，也是装饰模因不断复制的过程，并且这些模因寄生于建筑外装饰系统的有序复杂性之中。

　　人类交流伊始，由交流的人类心理所决定的信息世界便产生了模因，随后以模因人工器物为媒介进入到物质世界中，然后再度转化成可传播的图像或思想。模因现象几乎无处不在。概括而言，有三样东西可以成为模因——想法、说法、做法，即思想、言语、行为。与仅代表建筑艺术风格的一般思想模因相比，建筑装饰模因通过其物质性，更类似于物理复制实体，如病毒。原因在于物理复制实体蕴含在实际结构当中。只有复制过程需要模因传播来进行，在这种情况下，人工器物在人类心理之外具有了物质存在形式。于是建筑艺术风格能够以两种完全不同的形态存在：第一种，作为一种蕴含在书本中并在学习过程中传授的意识形态，这样就在人们的大脑中永远保存下来一套模因；第二种，建筑外装饰系统中突出表现的装饰图像。同时，这两个方面相互加强。在突出审美意象的视觉模因作用下，建筑环境就成了一个不断进行再次感染的感染源。装饰图像—建筑实体—装饰图像，这个循环可以自给自足，而且可以产生指数速率的感染效果。建筑外装饰的语言模因在复制和传递过程中，也同样经历模因传播的四个重要阶段，并且在这个过程中突出成功模因的艺术特质。

5.3.2.1　模因复制的四个重要阶段

（1）艺术观念同化

　　成功的模因应该能"传染"它的宿主（审美主体），进入审美主体的记忆里。比如，某个装饰模因呈现在审美主体面前。这里的"呈现"意味着个体遇见了模因的载体，或者说该个体通过观察外部现象或思考，即重新整合现有认知因素，从而独立发现了成功的装饰模因。

（2）集体重复记忆

模因复制的第二个阶段是指模因在记忆中的保留时间。这也就是前文阐述的装饰模因的长寿性特质。与模因复制初期的艺术观念同化阶段一样，审美主体的记忆是有选择的，在主体的影响下，只有少数的装饰模因能够存活下来。也就是说，体现艺术文化传统的长寿模因是人类集体重复记忆的一部分。除此之外，一些阶段性流传的多产性模因也是同时期集体重复记忆的模因复制过程。在审美过程中，建筑外部装饰上所欣赏到的、能够引起注意的所有艺术内容只能在我们的记忆中保留一段时间。而突显艺术宗旨的装饰要素相对于其他装饰要素的保留时间要更长。因此，在集体重复记忆阶段，装饰模因保留时间的长短则依赖于某个模因是否长寿，以及装饰的重复频率和多产性等。

（3）主题思想表达

装饰模因传递除作用于主体建筑师头脑中之外，若想传递给更多的其他个体，必须由主体建筑师记忆模式转化为宿主（即审美主体）能够感知的有形体。影响建筑装饰之美的因素，如质料因素、形式因素、动力因素、目的因素等都可以影响到装饰模因的复制。一方面，有些装饰模因不会直观地表现出来被审美主体发现，如比例型制和构图法则等。它们体现装饰模因的复制忠实性特质，并且在使用与传播过程中不能直观表达，或者是建筑师在设计过程中下意识地使用，在人们所看到的艺术形式中不能直观地看到模因形式。另一方面，认为能够表达艺术宗旨的、重要的表达艺术主题的装饰模因成为一种流行趋势。在建筑创作中不断地应用与发展，被很多建筑师学习与推广，并且普遍应用成为一种潮流风尚，那么该装饰模因就处于多产且不断表达的阶段。

（4）文化现象传播

艺术表达若想传递给其他个体，需要具备看得见的载体或媒介，并且它们应有一定的稳定性，以免表达内容在传递过程中失真或者发生形变。在艺术传播阶段，装饰模因的载体选择可以通过对某些装饰模因的删除来实现，也可以通过多种不同手段的扩散来实现传播。在艺术传播过程中，突出文化传播现象的成功模因与失败模因在传播阶段中的反差是最大的，同时文化选择对装饰模因的影响也最大。外来文化与本土文化在传播过程中就存在语言模因的选择，这种选择也体现成功模因与失败模因的反差。从"中国本位"、"全盘西化"到"现代化"，在这个发展过程中建筑装饰的发展与演变在装饰上表现得更加直接，如中国传统民居的屋顶与青砖墙面装饰、西方古典主义建筑的山花与柱式、现代主义建筑的简洁造型等，是建筑装饰文化的传播也出现不断选择与更替的重要模因复制阶段。

5.3.2.2　模因复制的三个必要条件

模仿是有选择的，科学或艺术当中所发生的一切都是选择性模仿。容易被模仿的行为可能构成成功的模因，而难以模仿的行为则较难成为成功的模因。作为复制因子，模因必须具有以下三个必要条件。

（1）文化基因遗传

行为方式和细节得到拷贝。俄罗斯民族建造房屋普遍采用砖结构、木结构或者砖木混合结构，在建筑外装饰上则表现出砖砌筑的构造特征和木装饰的多样性。这种建筑传统作为模因，促使哈尔滨俄罗斯民族传统建筑也遗传了这种装饰特征。红砖砌筑的建筑外装饰表现出多种造型特征，在建筑檐部、墙面、窗口、门口等部位有不同的造型特征。木装饰的灵活多样性也突出表现了俄罗斯民族的艺术文化传统。可见，模因复制的遗传因素主要突出了艺术语言的文化属性和民族传统。

（2）原始复制变异

在模因复制的过程中并不是一成不变的，同时也伴随产生了错误、修改或其他变化。这种变异也是艺术信息在传递过程中经过建筑师再度加工和处理的过程，这其中有建筑师主体的多种因素发挥作用，并且这种变异存在于建筑整体艺术走向之中。例如，20世纪初期欧美盛行的新艺术运动，通过留学于欧洲的俄罗斯建筑师创作实践在莫斯科发展起来，同时也传播到由沙俄统治和规划的哈尔滨。新艺术建筑从欧洲传到俄罗斯以后在艺术形式上发生了变化，融入了俄罗斯民族的帝国主义情结，而在同时期的哈尔滨，经过俄罗斯建筑师的创作实践新艺术建筑再度发生变化，融入俄罗斯民族传统木构建筑的装饰特征。装饰语言在原始复制过程中所发生的形式变异，突出装饰艺术作为一种语言模因在流通过程中的复制变异现象。

（3）附加元素选择

在装饰模因复制过程中，并不是所有要素都一一进行复制，只有一些元素能成功地得到拷贝，而另一些元素则呈现不同的发展方向。这种选择变化与复制变异有本质区别，前者存在于建筑艺术整体之中，而后者则是建筑的附加性装饰元素发生语言选择上的变化。哈尔滨虽然是一座洋味很浓的近代新兴城市，但是在外来文化相继涌入的同时，在一定阶段也发生了本土文化的复兴。在这个变化过程中，外来文化仍然继续传入，就存在本民族的艺术传统与外来文化碰撞的现象。因此，建筑装饰作为一种语言模因，在传递过程中附加性的艺术语言，是最容易发生变化的。中国民间传统的福禄寿喜、多子多福、吉祥富贵等寓意经过工匠的加工处理出现在西方传统建筑构件上，反映出建筑装饰语言模因在传播过程中的选择变化。

5.3.2.3　模因复制的两种基本途径

对模因学说发展作出积极贡献的是道金斯的学生布莱克摩尔（Susan Black-more），他出版的《模因机器》一书在很大程度上充实和完善了道金斯的观点，初步确立了模因论的理论框架。同时模仿也是有选择的，"科学或艺术当中所发生的一切都是选择性模仿"。他还强调在模因传递过程中模仿的重要意义，并且指出容易被模仿的模因是较为成功的模因。从而提出的"对指令的拷贝"（copy-the-instructions）与"对结果的拷贝"（copy-the-product）概念，他认为两个概念有利于认识模因的传递模式。在意境形成过程中，装饰模因也同样是一种复制或拷贝行为，正是模仿才决定了模因是一种复制因子，并赋之以复制力量。

（1）"对结果的拷贝"（copy-the-product）

"任何文化或文明的主要因素都是语言和宗教。一种普遍的文明出现，那就会产生一种普遍语言和普遍宗教的趋势"。正如著名的语言学家乔舒亚·菲什曼所观察到的，如果人们认为一种语言不与某一特殊的种族群体、宗教或意识形态相一致，那它就更可能被当做共同语言或更广泛交流的语言来接受。在世界历史发展过程中，语言的使用范围反映出世界权力的分配。语言使用最为广泛的都是或者曾经是帝国语言，这些帝国积极促进其他民族使用自己的语言。在苏联的全盛时期，俄语是从布拉格到河内的通用语言。哈尔滨城市受到俄罗斯文化的影响相对于国内其他城市更为强烈，渗透到日常生活以及生活环境之中。宗教作为一种文化现象，在近代哈尔滨的迅猛发展突出表现了语言模因传播过程中对结果的拷贝。早在哈尔滨建城初期，西方宗教便传入哈尔滨各类教堂，也逐渐分布在城市的政治中心和商业中心。这些宗教建筑与其他类型的建筑一起构成哈尔滨独特的城市风貌。这些宗教建筑的形制拥有固定模式，建筑装饰语言相应地也突出表现为艺术的复制因子，在传播的过程中，原始语言的再现构成是对艺术结果的直接拷贝方式。

哈尔滨的东正教堂是在特殊的文化背景下形成的，东正教文化也是哈尔滨特有的文化。东正教堂突出的艺术语言体现俄罗斯民族文化特色。东正教堂平面为希腊十字、拉丁十字或方形平面。在这样简洁的平面上构造出"洋葱头"式穹顶、源于俄罗斯民间的"帐篷顶"以及拜占庭式穹顶等。

哈尔滨基督教堂的数量不多，规模也比较小。如位于东大直街50号的尼埃拉伊教堂，是至今保存完好的一座基督教堂。教堂突出了哥特建筑装饰特色，采用六坡帐篷尖顶和高坡尖拱高窗，挺拔有力。在教堂入口钟楼顶部还设有俄罗斯建筑常见的六坡帐篷尖顶，更突出了主体的高耸效果。

哈尔滨伊斯兰教堂有两座教堂建筑表现出很高的艺术水平，又具有鲜明的地方特色——阿拉伯清真寺、鞑靼清真寺。阿拉伯清真寺立面装饰丰富，少有凹凸变化的各种几何形组合图案和植物花纹图案自动波动，富有变化，充满生机（图5-39）。入口前设有科林斯柱廊，主体造型呈方形，四角端各冠戴一小圆穹顶为宣礼塔；入口顶端中央冠戴以较大的洋葱头式穹顶，坐落在六角形鼓座上；在建筑轴线的西端顶部设叠落三层高耸的望月楼。鞑靼清真寺建筑规模不大，但建筑特征突出，在方形主体上突起一个高高的宣礼塔，塔顶冠戴一个不大的尖圆穹顶，红白相间的墙面，尖券拱形高窗，突出体现了伊斯兰建筑的特征。

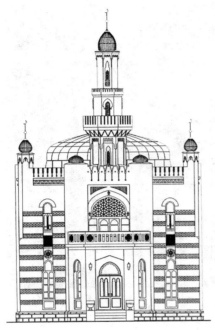

图5-39　清真寺的装饰形式

（2）"对指令的拷贝"（copy-the-in-structions）

20世纪初，在莫斯科和圣彼得堡正处于新艺术运动的传播高峰期，新艺术正在俄国包括远东城市在内的广大地区传播。哈尔滨作为由沙俄一手规划并兴建的中东铁路附属地城市，新艺术建筑也在此迅速发展起来，并且奠定了以其为主要艺术特色的早期哈尔滨城市风貌。

1898～1905年，"这一阶段俄罗斯新艺术充当哈尔滨新艺术的意见领袖，新艺术创新信息的单向性传播是这一阶段的主要特点"。同时，这一时期也是哈尔滨新艺术建筑高度俄罗斯化的阶段，在建筑装饰上主要突出表现为新艺术装饰语言在不同类型建筑装饰上的有效传播，而且这种传播是直接拷贝俄罗斯新艺术建筑装饰的结果，并且形成新艺术建筑装饰模因（图5-40）。虽然西欧是新艺术的发源地，但是俄罗斯新艺术体现出与同时代西欧艺术潮流明显的联系，又具有显而易见的俄罗斯建筑的民族性。因此，哈尔滨近代时期的新艺术建筑实际上是延续了俄罗斯新艺术建筑的发展轨迹。

1905～1917年，这段时间城市转型之初奠定的俄罗斯化城市风貌趋向多元化，在这一阶段受众的反馈日益增强，新艺术散布出现折中化的倾向。例如，建筑装饰兼具一种或者两种初期的新艺术表征，或者将新艺术传播要素与其他古典风格要素相融合，成为以新艺术装饰语言为主要特征的折中主义建筑。新艺术是以装饰为重点和主要特点的浪漫主义艺术，在哈尔滨新艺术折中化过程中，新艺术模因表现了对艺术指令的拷贝。例如，新艺术装饰在建筑上最大的特点在于其对自然形式的模仿，弯曲而优美的曲线是人们最喜欢用的一种表现形式。而这些

　a）尼柯尔斯基海军教堂　　　　　　　　　　　　　　b）圣彼得堡大宫殿

图5-40　俄罗斯帝国"新艺术"

的表达在很大程度上都得益于金属装饰材料的特性。随着工业化生产的发展，手工艺装饰也在建筑装饰中广泛应用。在此影响之下，多样化的铁艺装饰构件在建筑外装饰上也得到了普遍的应用，突出体现在哈尔滨近代时期折中化新艺术建筑上，这也是对艺术指令拷贝的重要语言模因。

5.3.3　象外之象的虚境

　　模因表示任何具有持续性并且能够进行繁殖的思想、图像、曲调或广告词，它相当于"感染"记忆的媒介。如果一个图像封装在有意义的结构当中，它就会保留在我们的记忆中。模因是概念化的实体，它们在人类大脑中进行增殖。如果图像便于记忆，那么它就更容易传播给其他人。模因与较复杂的实体的区别在于，模因的信息含量很低，其简洁性有利于它的繁殖。本课题将模因理论应用到建筑外装饰审美领域。我们重点要讨论两点问题：其一，模因理论对探究建筑外装饰语言具有重要意义；其二，近代建筑的外装饰作为一种语言形态，其模因的复制与传播对于塑造独特的近代建筑装饰之美"境"发挥重要的影响作用。建筑师的头脑创造了能够适应人类需求和情感的设计，也可以对环境施加任意的形态。在这个过程中，语言模因的选择过程发生在建筑师心理中相互竞争的想法之间（图5-41）。

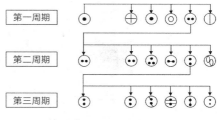

图5-41　装饰模因的周期选择

"境生于象外，可以看做是对于'意境'这个范畴的最基本的规定。'境'是对于在时间和空间上有限的'象'的突破。……境是'象'和'象'外虚空的统一"。因此，在象外之象的虚境之中，模因的存在在一定程度上突出了建筑艺术流派的重要形式语言，同时模因的有效传播也成为召唤建筑装饰之美"境"的强效因子。

5.3.3.1　模因信息的艺术封装

在建筑装饰系统中，那些寿命有限的装饰信息，只有当选择力量青睐于它们的时候，才能够繁殖它们的信息并长久地存活下去。利用富有吸引力的艺术解释来作为模因封装外壳使它具有了意义结构，从而有利于它的传播。一旦成功的装饰模因进入审美主体的大脑，它就失去了想象边界，因为它为了一个更大的意义结构——人体的物理分组神经而弱化了自己。人的大脑显示模因信息是一个多连通的网络，其中人们的思想、见解、事实性以及偏见都是相通的，可以称做一个人的"意识"。这样，模因就可以影响个人的想法和行为。例如，得到人们认可的风格模因在建筑教学中得到传授，成为人们思考模式的固定部分。这些模因被封装在意义结构之中。神经元回路集群记录着这些图像，它们的封装以及内部连接决定了一个人的部分意识领域。

（1）形象的心理封装

封装是影响模因繁殖的因素。模因通过让自己与其他诱人的模因相连来提高自己的毒性，并保护其原始的模因（图5-42）。不论模因是好是坏，还是有用没用，我们都会按部就班地自动对它们进行复制。因为它们是一个人内在信仰系统的一部分。这同时也解释了为什么视觉图标很少能够被科学论据驱逐出去。其实即使是一种简单而非理性的信仰也可以取代人们对世界更为精确但是却较为难懂

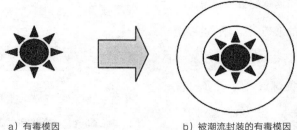

a) 有毒模因　　　　　　　　b) 被潮流封装的有毒模因

图5-42　有毒装饰模因的封装

的描述。封装的改变是由社会的不连续性问题决定的，这种因素就像引入新的建筑材料和创新性建筑方法那样会对建筑产生重要影响。一旦这种封装被识别出来，而且当它意识到无法产生既定利益的时候，这个外壳就会变成一个新的。而它的核心部分——包含能够降低环境信息和有组织复杂度的图像则保持不变。在建筑外装饰之美"因"一章中总结出影响建筑外装饰之美的四种因素——质料因、形式因、动力因和最终因。建筑外装饰之美的"四因"之中，质料、形式和动力都是影响有毒模因产生的必要条件，经过不同的封装形式便产生了哈尔滨近代建筑外装饰独特的病毒模因。以下列出八种哈尔滨近代建筑外装饰模因的封装，在这里每一种封装本身也是模因（表5-1）。

哈尔滨近代建筑外装饰模因的封装　　　　　表5-1

序号	有毒模因	封装形式	封装的病毒模因
1	青砖	中国传统建筑材料	中国传统民居墙面装饰
2	红砖	俄罗斯传统建筑材料	东正教堂墙面装饰
3	铁艺	建筑装饰构件	新艺术建筑装饰形态
4	古典柱式	协调建筑外装饰形态	突出表现建筑入口装饰单元
5	黄金分割	建筑装饰单元	建筑外装饰的独立艺术形象
6	工商业发展	古典复兴	古典主义建筑突显阶级观念
7	俄罗斯建筑师	新艺术运动	融合了俄罗斯民族建筑装饰传统
8	本土文化复兴	中国民俗文化传统	反映中国民俗文化的装饰图案

当装饰模因成为建筑审美意义结构的一部分时，就能够得到它的封装形式的保护。尝试修改模因会对整个模因复合体产生影响，这个过程从属于审美心理对

概念的联想系统。从表5-1中可以看出，青砖、红砖、铁艺作为有毒装饰模因，它们都是建筑装饰的质料因；古典柱式、黄金分割作为有毒装饰模因，它们是建筑装饰的形式因；工商业发展、俄罗斯建筑师、本土文化复兴作为有毒装饰模因，它们是建筑装饰的动力因。这些装饰模因，从属于建筑外装饰之美 "因" 的不同层面，同时在艺术传播过程中也自动依附于一种封装形式，这是艺术语言发展的一部分，也是模因感染过程中对于精神理念的追求。

（2）封装处理的双面性

在封装的过程中也存在对传统艺术的消解，使它突出表现某种价值形式，并且趋向于某种精神追求。这时的装饰模因可以说是一种消极联想，并且不论这种联想是否正确，它都可以独立地进行传播。最为典型的是包豪斯风格，它就遭遇了这种情况。包豪斯风格促使人们联想到第一次世界大战前西欧社会的 "衰败" 景象。由于它的出现，存活了两千年的古典主义风格地位也发生了动摇。随后，新古典主义建筑在第二次世界大战期间的德国、意大利以及俄罗斯等国逐步地发展起来。不同时期的公共建筑物加上了一层带有经典要素的外部饰面。这样，人们会自然而然地将政治统治与 "稳定性"、"智慧"、"平衡" 等这些古典主义建筑传统信息中的积极品质联系到一起。传统建筑外装饰带有强烈的形式感，这些外在形式成为传统建筑的外壳，埋藏了建筑设计的实质。与此同时，这种外壳也非常有效地运用封装来推动艺术思潮的进程，不同时期的公共建筑物都加上了一层带有经典要素的外部饰面。

由于新颖性的标准，一些带有较强的时代性的模因语言具有最强的传染性。表现这种语言模因的独特的封装，与那些传统的建筑装饰形式形成了对立面。20世纪最成功的一个模因是奥地利建筑师阿道夫·路斯在1908年所创造的 "装饰就是罪恶"。这个说法让人很难忘记，路斯也被尊为现代主义运动的先锋人物。不论是否被普遍认可，它可以直接进入到人们的记忆中，可谓是最成功的广告语。这种模因的传染一直持续到今天。哈尔滨近代建筑外装饰也受到不同程度的现代主义思想影响，在模因封装的外包装下也表现出相互对立的艺术诉求。有毒模因在不同审美需求下表现出对模因封装的两种不同艺术走向的表现形式。其一，铁艺栏杆装饰形态是哈尔滨近代建筑比较常见的装饰元素，它出现在纯粹的新艺术建筑外装饰上，同时也应用在为数众多的复古思潮建筑的外装饰上；其二，现代主义建筑转角处的檐部装饰与古典主义建筑檐部的三角形山花造型，虽然简与繁相互对立，但是其视觉效果和造型手法是异曲同工的；最后，现代主义建筑外装饰中既体现机械化大生产的线性装饰形态，同时也采用古埃及的图腾作为墙面的局部装饰图案（表5-2）。由此可以看出，作为同一时期流行的装饰模因，无论是两座不同艺术走向的建筑装饰，还是同一座建筑外装饰的不同装饰要素，它们作为流行模因通过不同的艺术思想封装之后产生了现代与古典两种艺术效果。

哈尔滨近代建筑外装饰模因封装的双面性特征   表5-2

有毒模因	封装形式	
	现代性	复古性
铁艺栏杆装饰形态	打破传统构图，创造出灵活、自由的装饰形态	装饰形式依附于古典主义建筑外壳，虽然装饰图案灵活，但中心对称构图仍具艺术传统
建筑转角处檐部装饰	采用阶梯状转折直线	与古典主义建筑山花造型的视觉效果一致
现代主义建筑墙面装饰	体现机械化生产的线性装饰形态	墙面局部采用古埃及的图腾装饰

5.3.3.2　装饰模因的传递模式

如同销售商品并不是生产完成之后直接进行销售的，而是进行包装并且分流输送到不同的商业渠道完成最后的零售环节一样，装饰模因作为一种批量生成的商品，它经过艺术思想的封装保存之后成为独立的艺术元素。这些艺术元素凝结了建筑装饰的文化信息和艺术信息。因此，它们通过不同的传递模式塑造了建筑外装饰独特的美"境"。

模式语言对建筑要素与艺术主旨的相互作用进行编码，并且决定了建筑装饰系统中很多协调性问题。形式语言在艺术表现方面更为突出，它服务于不同艺术走向的建筑装饰。两种语言共同构成了独特的建筑装饰模因（图5-43）。

建筑风格对人类文明的影响很大。最基本而原始的形式语言在社会中的传播是最快的。只是因为它们编码所携带的信息量最少。作为一个信息单元，风格

可以在一定数量的人类心理中进行传
播，这种风格越简单，也就最容易携
带。模因的传播是因为它从接受它是
生物体上找到了"受体"或"附属物"
的位置。每一个模因都从其他模因那
里进行复制，不论某个特定模因是有
害的还是无害的。模因与病毒有很相
似的一点，即模因繁殖的很多特点可

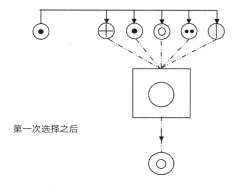

第一次选择之后

图5-43　视觉对图像的选择过程

以通过生物病毒和电脑病毒的行为来进行解释。模因传播并不是因为它们能对我
们有任何好处或利益，而是因为它们具有吸引力，能够让它们驻留在人们心理。
布莱克摩尔说过，"我们还不能详细地了解模因是如何被储存和传递的，但我们
已掌握足够的线索，知道如何着手这方面的研究"。

（1）内容相同形式各异——模因基因型传播

"思想或信息模式得到普遍的传播和仿制，它就可以被称为模因"。在建筑
外装饰系统中，传达相同信息的模因在复制和传播的过程中的表现有所差别，但
其艺术宗旨却始终同一。其一是相同的信息直接传递。如宗教建筑的艺术形式，
并不因时间和地点发生变化而有所改变。宗教建筑外装饰艺术的语言模因如同被
引用、转述的话语，当遇到与原语相似或相近的语境，模因就往往以这种直接的
方式来自我复制和传播。与此类似，体现装饰模因长寿性特质西方古典主义建筑
的艺术基因，它以固定不变的比例和艺术形式直接传递。

其二是相同的信息以异形传递。当新潮建筑如雨后春笋般出现的时候，以
植物花草为主题的新艺术建筑虽然作为标准的语言形式出现在建筑栏杆造型
上，但它也表现了多种植物花草的装饰主题的变异形式，这就表现了模因传播
过程中相同信息的异形传递。所有这些异形传递的模因，其原始信息的内容也
都是不变的。例如，体现建筑装饰模因特质的多产模因，在新潮艺术影响下，
某种被艺术封装的模因表现为多种不同变体形态，但是它们都具有相同的艺术
思想。

（2）形式相同内容各异——模因表现型传播

根据前人的研究成果，我们可以将复制和传播模因过程的行为表现看做是模因的表现型。这种类型的模因采用同一的表现形式，但根据需要分别表达不同艺术内容。这种"旧瓶新酒"或"移花接木"方式出现的就是横向并联传播的装饰模因，它按需而发、形式近似、内容迥异，是装饰模因的表现型。根据语用学的研究方法，研究建筑外装饰语言表现型传播，将形式相同内容各异的模因分为以下三种类型。

其一，同音异义横向嫁接。横向嫁接的装饰模因在建筑外装饰上突出表现是不改变建筑装饰手法，而采用不同的艺术形态和艺术语言。例如，哈尔滨"中华巴洛克"建筑的外装饰形态，它延续了巴洛克建筑外形自由、色彩强烈、装饰富丽与雕刻细致的特点，常用穿插的曲面和椭圆形空间，但是建筑立面上的装饰又以蝙蝠、石榴、盘长、金蟾、牡丹等具有吉祥意义图案为其语言特色（图5-44）。这里将"巴洛克"建筑流派的风格融汇在民族传统之中，创造了极具价值、独具特色的中西合璧建筑。这种传播方式体现了形式相同内容各异的模因传播方式。

其二，同形联想嫁接。在这种模因传递模式中，语言形式没有变化，但嫁接于不同场合导致产生不同的意义联想。例如某歌星演唱会采用"菲"比寻常的宣传语，它一语双关，既带有歌星的名字还有广告的特殊含义。这样故意使用可能产生联想的宣传词来渲染，为的是吸引大众的注意力。在建筑装饰语言系统

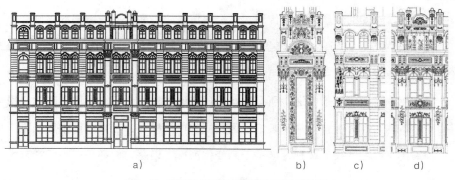

a)   b)   c)   d)

图5-44　原同义庆百货商店建筑结构与装饰形态

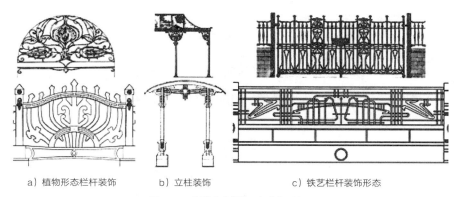

a）植物形态栏杆装饰　　　　b）立柱装饰　　　　c）铁艺栏杆装饰形态

图5-45　新艺术建筑的局部装饰形态

中，同形联想的发展比较直观地表现在装饰形态的艺术生命力上。如19世纪末欧美盛行的新艺术建筑，在拥有"东方小巴黎"的哈尔滨近代建筑装饰上也普遍流行，在装饰语言形式上虽然与欧美相比显得有地方特色，但是其表现形式依旧沿袭了原有的艺术主旨。例如，出现在栏杆上的花卉形态，出现在门斗或立柱上的植物根茎形态，出现在铁艺栏杆上的规则变化的几何形态等。这些新艺术装饰语言模因，通过不同的艺术封装处理表现同形联想的艺术表现型发展过程（图5-45）。

　　其三，同构异义横向嫁接。前文阐述过，在装饰模因传播过程中艺术封装处理具有双面性。这种双面性体现在封装形式具有现代性与复古性两种性质。未经封装的建筑元素在结构上是相同的，通过两种不同的封装，具有了明显的语言选择。例如，哈尔滨近代时期的现代主义建筑，因为建造时间短、适应大生产需求而在全球范围流行起来。建筑装饰信息含量较低，它作为一种语言模因传播较快。但是现代主义建筑并没有摒弃建筑艺术传统，而是以一种全新的、简化的方式来表达基本诉求。而现代主义建筑的外装饰也是以一种同构异义的装饰形式来进行装饰语言模因的传播。装饰模因作为一种图像，也可以是决定一种建筑风格的法则。我们仍然从简单性、新颖性、实用性和形式性这四个因素来进行研究，它们与解释现代主义最初的传播有关。

5.4　本章小结

美"境"的产生是一个复杂的审美过程。"境"虽是中国文论、画论、诗论及戏剧理论中一个独特的美学范畴，创造美"境"，却是古今中外人类艺术创造中的一个有规律性的普遍现象。

美"境"的营造表现在"意"与"象"的关系上。意与象的统一生成审美意象，意与象的组合生成审美意境。审美意象与审美意境的生成体现了意象思维的逻辑和规律。首先是和谐律，要求思维形式的高度统一。即意之情理、象之形神、言之关联，这三个意象的表现特征与其思维形式保持高度统一。其次是融合律，要求客观景物和主观思想感情要高度统一起来，即所谓触景生情、融情入景、情景交融。这也是意与象的组合关系中通过审美意象元件有机组合所表现出来的意境。最后是理想律，意象思维的语言特性——模因，装饰模因要鲜明、突出，富有个性、共性和理想性，这就是理想律所以成立的根据。

美"境"的传播受到装饰语言因素的强烈影响。本章引入"模因论"来讨论建筑装饰审美传播过程的作用及效果。模因论是西方最新语言学中关于语言与交际的重要理论，模因是一个解释力很强的概念，可以用它来分析、解释很多社会文化现象，将其应用于建筑美学领域作为研究建筑装饰语言传播的影响因子，体现出本课题研究的理论创新。通过研究发现，语言模因在美"境"的渲染方面表现出艺术传统的长寿性、潮流形式的多产性、构图法则的复制忠实性。装饰模因的复制突出了审美意象的显现过程，装饰模因的传播过程是模因信息经过封装处理之后表现为基因型和表现型两种传播方式。

第6章　　　　CHAPTER SIX

哈尔滨近代建筑外装饰之美"感"

6.1　美感经验形态的感知

6.2　美感功能形式的感染

6.3　美感信息符号的传达

6.4　美感文化领域的渗透

6.5　本章小结

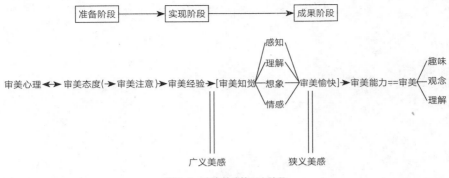

图6-1 产生美感的三个阶段

美感同"美"的概念一样，具有非常复杂的意义。它作为一种体验和特殊的认识，为我们研究哈尔滨近代建筑装饰开拓了新的领域。人们一般将美感分成狭义的美感和广义的美感。狭义的美感指对于美的感觉，如感知或者情感等。广义的美感则指出美的感觉之外的这个审美心理结构，包括感知、想象、理解、意志和情感等要素（图6-1）。从审美主体的角度分析建筑装饰的审美感受，但是不局限于狭义的引发美的感觉的现象，而是拓展到广义的美感层面研究感觉之外的审美心理结构，并且进一步深入到哲学意义层面。在哲学意义层面，美感则是指审美意识、审美理想、审美理论和审美文化等，这不仅是关于美的感觉的心理学，也是关于美的思想的认识论。

朱光潜先生曾说："美感的世界纯粹是意象世界，超乎利害关系而独立。"在审美活动中，美感是客观事物的外部形态特征使人产生出的一种快乐感觉，是审美主体与审美客体之间相互作用的结果。美感的存在主要以审美客观的存在为前提，同时也决定于审美主体自身条件。美感作为一种感觉是发生在感觉主体——人的感觉结构之中。对审美主体来说，如果没有可感知的客观事物，即审美客体，那么其审美感受和审美体验都会失去意义。建筑装饰作为一种特定的艺术语言能够给人以美感，其产生过程是建筑装饰将其美因信息作用于审美主体的结果。建筑装饰之美的信息发送在于其客体自身，但建筑装饰之美的信息接收，即美感，则有赖于主体的建筑审美能力。

对于美"感"的研究首先从广义的美感开始，即审美经验中的知觉现象，从认知形态和视觉思维两个层面对建筑装饰形态的感知、理解、想象等方面进行分析。其次，进一步深入到审美感受或审美判断，即"狭义"审美感受。从人类感官对外界事物刺激的反映状态来分析美感结构，即非理性成分的自然性、合理性，理性成分的必要性、表现形态以及审美的欣赏中情感活动三个方面。再次，进一步分析了美感意识传达的信息效应，即引发美感的信息要素在传播过程中的结构系统与功效。最后，在哲学意义层面探究建筑装饰与审美文化之间的渗透表现，并根据传播学以及审美心理学分析建筑装饰在美感文化领域的传播与渗透。

6.1　美感经验形态的感知

美感是审美活动发生时所产生的一种经验状态，美感经验是审美活动的唯一标志。但是，对于审美客体来说，应该是先有审美活动，然后产生美感经验。但是，对于审美主体来说，美感经验却反过来成为审美活动的标准和见证。根据认知心理学的观点，人的认识活动是人对外界信息进行积极加工的过程。在审美过程中，审美主体更容易被具有突出特征的表现形态所吸引。这些表现形态在整体中相对突出，表现为一种片段化的装饰形态。它与整体之间依靠相互吸引和排斥而形成视觉中心，也就是装饰形态整体的内在结构。

6.1.1　空间感雕琢

审美知觉是对事物"外观"的一种知觉，不是对事物"实在"的一种知觉。在审美过程中，知觉形态能从背景中突显出来。就像我们欣赏古典建筑时注意力集中于古典柱式的比例和形制，及其对建筑整体构图的影响一样。因此，审美知觉具有单纯性，它也就更敏感、更尖锐，是知觉和感觉经验的统一。这种感觉经验在审美过程中表现为审美主体受到客体的质料形式影响、形态结构的原型以及色彩感觉的强烈影响，进而产生不同的审美感受。主要表现出对建筑装饰形状的抽象认知。

6.1.1.1　勾勒边缘轮廓

一条线或是几条线结合起来，包围了某一区域的时候，它变成了一个两度平面的边界线。它与自己围绕起来的那个面的关系，是从属的关系，而与边线之外的那个面的关系，又是相互独立的关系。上述现象不是由物理对象本身造成的，而是来自于观察者的心理反应，这也是观察者对事物的最初感知。例如，a图看上去就像是位于连续的基底面b上部空间中的一个面，这是一种特殊的心理经验。我们看到a之内的任意一个点，看上去都比b之内的点离我们近一些。这种在深度上的距离差异，并不是由物体本身决定的，而是由圆形轮廓线的控制或感应造成的。不仅这种距离差异是感应出来的，轮廓线之内的区域与基底面分离出来的经验也是感应出来的。既然轮廓线内部面是通过轮廓线的存在而感应出来的，那么这个面上的任意一点受到感应力的大小都取决于这一点离轮廓线距离的远近。图中两个六边形共用一条边界线，这条边界线也就是两个图形的公共轮廓线（图6-2）。作为一条公共轮廓线，它必然要在不同的时刻属于两个不同的式样，此一刻它看上去属于甲，另一刻它看上去又属于乙。随着归属的改变，这一公共轮廓线本身的形状也就不断地变化。

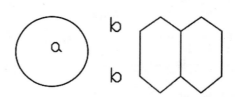

图6-2　边缘轮廓的空间效果

我们把对象的表面看成是由大量的紧密相连线条组成的外壳，建筑装饰构件也同样表现出线条组成的外部轮廓。从这个前提出发，直线和圆弧线及其各种不同的组合和变化，可以界定和描绘出无限多样的形式。这是建筑师最初通过线条形态勾勒出地平线上的建筑艺术形象。建筑主体形象通过直线和曲线的交替变化塑造了能够突出建筑主体形象的穹顶形态。一切直线只是在长度上有所不同，因而装饰性相对弱；而曲线由于相互之间在曲度和长度上都可以不同，因此装饰性相对强。直线与曲线结合形成复杂的线条，比单纯的曲线更多样，因此也更富有装饰性。在建筑立面装饰上，穹顶造型突出地刻画了建筑整体的轮廓线。反映不同文化属性的穹顶也是建筑艺术的重要装饰表征。如体现复古思潮的穹顶造型与俄罗斯东正教堂帐篷顶，首先突出表现了曲线与直线装饰在塑造建筑轮廓时产生

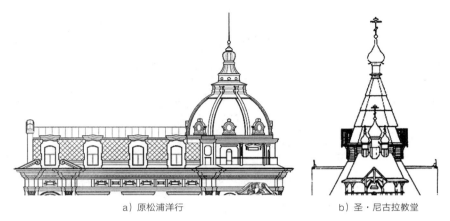

a）原松浦洋行　　　　　　　　　b）圣·尼古拉教堂

图6-3　穹顶塑造建筑轮廓线

的形式差异，同时也表现出不同艺术流派建筑的外形轮廓的视觉差异（图6-3）。

　　建筑立面装饰是通过线条的界定划分以此来强化装饰单元与建筑整体的艺术效果。面与面的转折便突出界定了装饰单元的轮廓，同时也强化了建筑立面竖向线条，这是建筑立面装饰单元对建筑形象以及竖向轮廓线的一种细致刻画。这些突出装饰效果的线条分为横向和竖向两种方向感。横向线条划分了建筑立面三段式构图，即划分了建筑檐部、墙体、底座三个部分的分界线。如原华俄道胜银行（现黑龙江省工商联合会），突出文艺复兴横三竖五的立面构图关系，其中横向的装饰线条划分了建筑檐部、墙体与底座之间的分界线（图6-4）。

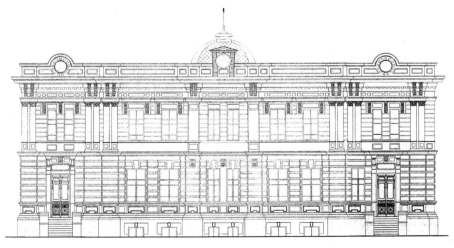

图6-4　原华俄道胜银行建筑立面装饰

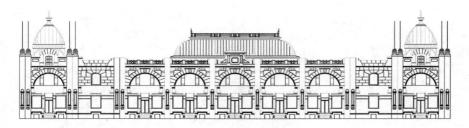

图6-5　原莫斯科商场建筑立面装饰单元

此外，建筑立面上的竖向线条突出表现建筑装饰单元的构成以及建筑体块转折变化。如原莫斯科商场（现黑龙江省博物馆），建筑立面由连续排列的橱窗组成独立的装饰单元，建筑屋顶采用不同形状的方底穹顶，不仅体现装饰单元的差异，同时也丰富了建筑外部轮廓线的变化形式（图6-5）。

6.1.1.2　建构双重图形

如果一个图形位于另一个图形之上，表明了同一种轮廓图形怎样由内部线条来制成，以至于看上去既像单一组织，又像双重组织，或者最终成为双重组织（图6-6）。良好的形状和连续性解释了这一现象。在特定的条件下，面积较小的面总是被看做"图"，而面积较大的面总是被看成"底"。"图"与"底"之间的关系实际上是一个封闭式样与另一个和它同质的非封闭式样背景之间的关系。被封闭的面容易被看成"图"，而另一个面则总是被看成"底"。较窄一些的条纹看上去总是位于宽条纹的上部；那些面积小一些的单位看上去反倒形成了一个连续的基底，而那些面积大一些的单位，则上升到了这些小单位的上方（图6-7）。按照一般的透视规律，凡是大一些的物体看上去总是离观看者近一些。在图中由于轮廓线的双重职能，位置相似规律就发挥作用。按照这个规律，位置相近的线条将被组成同一图形。这种转换规律在建筑局部装饰上是比较突出的，如建筑栏

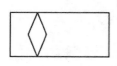 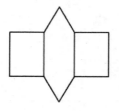 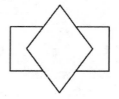

图6-6　双重图形

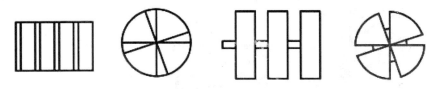

图6-7　"图"与"底"的变换图形

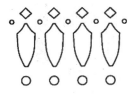

图6-8　俄罗斯民族传统建筑栏杆装饰形态

杆与木门板装饰形态（图6-8）。这些装饰图形相对突出的重要因素是由图形与背景之间的清晰度决定的。

　　不仅表现在局部装饰图案上，建筑立面独立的装饰单元以及装饰元素自身也存在着图形与背景的对应关系。这种"图"与"底"的关系，相对于装饰图案来说，界限并没有装饰图案明确，主要突出装饰元素与结构单元之间"部分"与"整体"的形式规律。所谓"部分"，就是整体的一个特殊的"段落"，其特殊性就在于，它在特定条件下，能显示出与背景的性质和排列，也能确定这个"段落"能不能成为一个"部分"，或者说，也能确定其"部分性"的程度。完形心理美学是运用从现代物理学和心理学中产生的"有机整体"的观点研究心理现象，认为"整体大于部分之和"。

　　完形心理学的基本公式是这样表述的："整体行为不是由个别元素的行为来决定的，而部分本身则是由整体的内在性质决定的。"由此可见，在建筑装饰的知觉领域当中，"有机整体"的形式已不同于客体自身的形象，而是经过了视知觉进行积极组织和活动的结果，是一种具有高度组织水平的知觉整体。视知觉在对建筑装饰形式的选择和注意过程中，是把一定的"图形"从一定的背景（"底"）中分辨剥离出来，实现了"图—底"的生成转换功能。此外，知觉中对象和背景也是相对

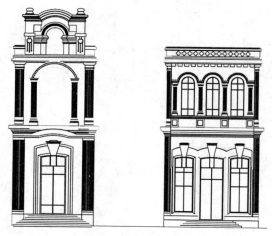
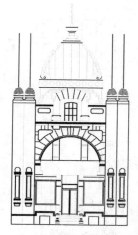

a）原格罗斯基药店转角单元　　　　b）原格罗斯基药店窗饰单元　　　　c）原莫斯科商场装饰单元

图6-9　装饰单元的图底表现

的，是可以变换的。例如在建筑装饰栏杆上体现视觉对象和背景的转换，同时图底
对比明显则界限分明也更容易被感知，如建筑立面装饰单元券柱式、三联窗以及建
筑入口与装饰单元之间、图形与背景之间轮廓线变化所体现的图底关系（图6-9）。

　　如果两个不同形态的体块重叠或相交，在立体形态上便产生了"图形"与
"基底"之间纵深度上的重叠效果。它是引发视觉概念上偏离的主要艺术手法。
有时发生在建筑装饰单元之内，有时发生在多个装饰单元的排列之中。审美知觉
是对事物"外观"的一种知觉，不是对事物"实在"的一种知觉。在审美过程中，
知觉形态能从背景中突显出来。就像我们欣赏古典建筑时注意力集中于古典柱式
的比例和形制，及其对建筑整体构图的影响一样。有时发生在建筑装饰单元之
内，有时发生在多个装饰单元的排列之中。最为简单的重叠装饰效果表现在建筑
的装饰线脚上，如柱础线脚的单位形状，它们之间的差别越是明显，知觉到的重
叠效果就越清楚。最为简单的重叠装饰效果表现在建筑的装饰线脚上，如柱础线
脚的单位形状，它们之间的差别越是明显，知觉到的重叠效果就越清楚。重叠装
饰手法造成装饰局部层次变化比较常见于砖砌筑外立面装饰，如砖构建筑外立面
的局部装饰图案是采用罗列的砖块构成的。而砖块之间在空间处理上形成的局部
线脚和装饰形态也突出强化了建筑立体的层次感（图6-10）。在这种不停变幻之

中，我们能够体验到由各种知觉因素所
产生的活跃作用。图底理论运用到立体
之中，更为突出的是雕塑艺术的运用。
在雕塑艺术中能够看到带有凹进式样的
结构，尤其是在希腊、中世纪、巴洛克
以及美洲黑人的雕塑艺术中，这种带有
凹进外廓的结构就更为普遍。而在建筑
装饰元素中，这种凹进形态虽然没有雕
塑艺术那么明显，但是仍然有凹进手法
的应用，其最终的表现效果也同样促使

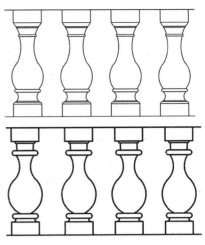

图6-10　宝瓶柱栏杆

形态更立体，图底关系更突出。在建筑局部装饰上，女儿墙的变化曲线形态突出
强化了建筑檐部凹入与凸起变化的形态变化（图6-11），而在大型建筑体量上也
同样存在凹入体块的变化（图6-12）。

　　除此之外，如果两个不同形态的体块重叠或相交，在立体形态上便产生了
"图形"与"基底"之间纵深度上的重叠效果。它是引发视觉概念上偏离的主要
艺术手法。有时发生在建筑装饰单元之内，有时发生在多个装饰单元的排列之
中。审美知觉是对事物"外观"的一种知觉，不是对事物"实在"的一种知觉。
在审美过程中，知觉形态能从背景中突显出来。就像我们欣赏古典建筑时注意力
集中于古典柱式的比例和形制，及其对建筑整体构图的影响一样。有时发生在建
筑装饰单元之内，有时发生在多个装饰单元的排列之中。最为简单的重叠装饰效
果表现在建筑的装饰线脚上，如柱础线脚的单位形状，它们之间的差别越是明

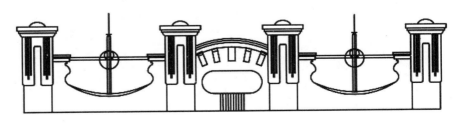

图6-11　马迭尔宾馆女儿墙装饰形态

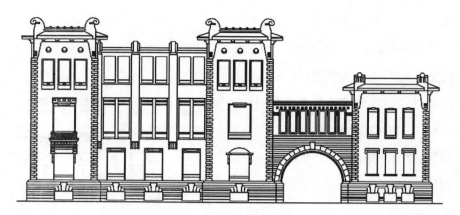

图6-12　原中东铁路管理局立面体块变化

显，知觉到的重叠效果就越清楚。

　　最为简单的重叠装饰效果表现在建筑的装饰线脚上，如柱础线脚的单位形状，它们之间的差别越是明显，知觉到的重叠效果就越清楚（图6-13）。重叠装饰手法造成装饰局部层次变化比较常见于砖砌筑外立面装饰，如砖构建筑外立面的局部装饰图案是采用罗列的砖块构成的。而砖块之间在空间处理上形成的局部线脚和装饰形态也突出强化了建筑立体的层次感（图6-14）。

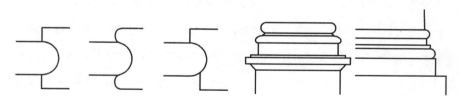

图6-13　重叠效果的装饰线脚

a）阿列克谢耶夫教堂檐口　　　　b）圣索菲亚教堂鼓座　　　　c）圣索菲亚教堂入口

图6-14　砖砌筑产生的空间层次

6.1.2　式样体发展

　　形状样式主要突出装饰形态自身的审美属性，在审美过程中装饰形式的视觉样式所引发的审美感受集中在审美经验上。如装饰形式的形状与视觉经验，装饰元素的分离与联系构成关系，部分与整体的对应关系，以及装饰形态的结构骨架等。只有把握物体主线条的特征，才能够勾勒出其艺术形式。形状样式主要突出装饰形态自身的审美属性，在审美过程中装饰形式的视觉样式所引发的审美感受集中在审美经验上。

6.1.2.1　视觉化"结构骨架"

　　建筑装饰结构与骨架的视觉化表现在一个视觉对象的形状并不仅仅是由它的轮廓线决定的。如一个点沿着图中a所示路线移动，当走完全程后又

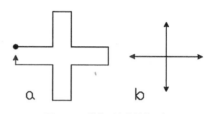

图6-15　装饰形态的结构骨架

回到原来的出发点。虽然走完了图中所示全部轮廓线，但它的经验中未必就会包含着图b所示的那个图案本质。因为这个图案的最典型的特征就在于它是由两个互相交叉的线条组成的，或者说是由从一个共同的中心发出的4条线组成的（图6-15）。只有把握物体主线条的特征，才能够勾勒出其艺术形式。主线条并不是物体的实际轮廓线，而是构成视觉物体之"结构骨架"的线条。不同的三角形就有不同的骨架结构。在三角形的两个顶点不动的情况下，使另一个角的顶点在垂直方向上向下移动中取得。虽然这个角的顶点向下滑动是持续的，但三角形本身发生的变化却不是持续的。在这种滑动中，三角形的变化分成了几个不同的序列（图6-16）。

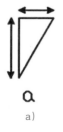  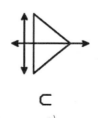  

　　a)　　　　　　　b)　　　　　　　c)　　　　　　　d)　　　　　　　e)

图6-16　结构骨架的变化序列

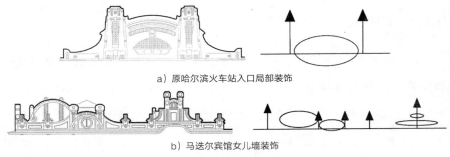

a）原哈尔滨火车站入口局部装饰

b）马迭尔宾馆女儿墙装饰

图6-17　新艺术结构骨架变化

a）原新哈尔滨旅馆窗下墙装饰图案　　　　　　　b）原日满俱乐部山花装饰图案

图6-18　装饰图案的结构骨架

新艺术建筑装饰喜好曲线造型，而曲线自身的轨迹变化与装饰形态的结构骨架也存在形式的对比差异。如原哈尔滨火车站入口檐部的曲线形态突出强调了向上的发展，而中部圆弧曲线变化也将这种向上的形态动势融合在装饰元素整体之中。而马迭尔宾馆檐部装饰的曲线轮廓则更为复杂，但是其结构骨架仍然是新艺术建筑装饰的基本形式结构，即突出圆弧长短直径的对比，同时强调了竖向发展（图6-17）。

建筑局部的装饰图案也在自身结构骨架上突出变化的序列，如原新哈尔滨旅馆（现国际饭店），建筑墙面上的装饰艺术图案，以及原中东铁路公司旅馆（现龙门大厦贵宾楼），建筑檐部的新艺术装饰图案（图6-18）。这些装饰图案是建筑外装饰表象的空间样式。视觉样式是再现某种超出它自身存在之外的东西。所表现的形状是理想内容的艺术形式。然而，内容也不等同于题材，因为在艺术中，题材只能作为形式为内容服务。

6.1.2.2　元素的分离与联系

分离与联系是构图的基本手段之一。在建筑外装饰系统中，分离与联系的构图手段表现在主要装饰元素与构图单元之间。通过这一手段把建筑外装饰分离成不同的层次，这些层次又形成一个等级排列。最基础的分离是把整个装饰系统中突出表现艺术流派的装饰要素确定下来。这些被分离出的较大的装饰单元，自身又进一步分离为较小的装饰元素。艺术创作的目的也就是把这些"分离"和"联系"以一定的方式和程度来表现特定的意义。最基础的分离是把整个装饰系统中突出表现艺术流派的装饰要素确定下来。这些被分离出的较大的装饰单元，自身又进一步分离为较小的装饰元素。因此，在分离和联系中存在着一定的组织原则，也只有当那些将要被分离出来的单位本身的形状相对简化或复杂时最容易被人感知。同时，整个构图界线层次分明，并围绕着某些自我封闭的装饰单元建构，使得它们与周围背景之间形成支配关系，其分离与联系则更为突出。它们能够决定装饰系统中其他部分的表现形式，作为独立的装饰元素却不受其他形式因素的影响。

通过这一手段把建筑外装饰分离成不同的层次，这些层次又形成一个等级排列。在建筑装饰中，最基本的分离是把某个装饰单元或装饰元素从建筑整体中突显出来。而在被分离出来的装饰单元或装饰元素中，又进一步对装饰单元进行第二层次的分离。在这第二层次的分离中，就是结构构件和装饰构件之间的分离。这种分离，进而又导致了以建筑元素与其他建筑元素为一组，以突出表现艺术流派的装饰形态为另一组分离。如原吉黑邮务管理局（现黑龙江省邮政博物馆），建筑主入口装饰单元与建筑两侧次入口在建筑立面上是相对突出的装饰形态。它们是建筑整体中首先被分离出来的装饰层次，即具有突出形式特征的装饰单元，并且装饰单元具有重要的功能性。在第二层次的分离中，建筑装饰主要突出了表现艺术流派的巴洛克断裂山花造型，同时它也与建筑立面上的窗饰造型相协调，体现统一中有变化的形式规律（图6-19）。

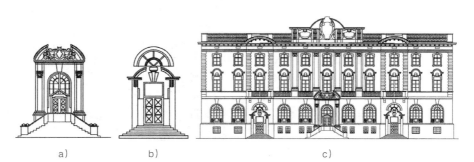

a)   b)   c)

图6-19 原吉黑邮务管理局建筑立面与装饰元素

6.1.2.3　经验与形状的发展

"形状不仅是由刺激物决定的，它是由无数经验发展而来的最新经验"。正因如此，新的图式发展也总是与过去的各种知觉形状相联系。视知觉并不单纯地对某一性质、物体或事件的信息采集，而是对普遍存在的性质的把握。通过能够体现某性质、物体和类事件的意象，便为概念的形成奠定基础。人的意识所达到的范围要超过眼睛直接感受到的东西。

一方面，视觉组织不同方面的相互依存性。从形状、大小以及颜色的恒常性进行审美现象讨论，已经证明了对于知觉的理解具有非常重要的作用。这些影响视觉的诸要素，如形状、大小、颜色、方向、位置等，都是由它们之间的相互依存关系来决定的。例如，在哈尔滨近代建筑墙面上经常出现的用线刻的方式设计的一种不是非常明显的巨柱式，它的形式是传统柱式形式的发展，同时也延续了柱式作为建筑装饰元素的重要构图作用。体现复古思潮的建筑，柱式是基本装饰元素，而隐性柱式则打破了艺术流派的界限，在复古思潮、新思潮建筑上都是比较普遍的墙面装饰元素，促使不同艺术流派的建筑相互协调，具有统一感。如新艺术建筑马迭尔宾馆，巧妙地在建筑二、三层窗间墙上面用线刻的方式设计了一种不十分明显的巨柱式，在墙下设有相对比较明显的一些柱础装饰，檐下还用浅浮雕做成装饰图案，构成了不是柱头的柱头。又如原波尔沃任斯基医院（现哈尔滨市少年宫），位于建筑正立面中心轴线位置的入口单元，其上部分采用三角形山花以及隐性方柱构成，其下部分门顶部是三角形山花，两侧是圆柱，上大下小的艺术处理也同样表达相关单元之间联系的一种典型的图案（图6-20）。

另一方面，存在于结构中的方向运动。建筑外装饰的艺术表现并不是仅是由知觉对象自身性质传递的，而是它们在审美主体神经系统中所唤起的知觉力量来传递的。知觉对象本身

a）马迭尔宾馆　　b）原波尔沃任斯基医院

图6-20　建筑墙面隐性柱式装饰

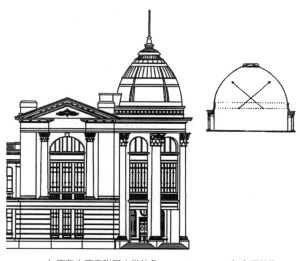

a）原东本愿寺附属小学转角   b）穹顶结构

图6-21 结构骨架的方向运动

无论是静止的，还是运动的，当视觉式样传递出"具有倾向性张力"时，我们就能知觉到它们的表现性。例如，一个简单的圆形具有不变的曲率，而它又是由圆形仅有的圆形轨迹上的所有点离中心点的距离都相等这样一个结构条件决定的。米开朗基罗为圣彼得大教堂设计的穹顶，其表现性效果是由下述条件所决定的：构成圆顶外围的两个组成部分，全都是从圆形中截取下来的。因此，它们都具有圆形曲线所特有的稳定性。但是，这两部分曲线却又是从同一个圆形中截取下来的，所以连接在一起之后就不会形成一个半圆。这就使得右半部圆形曲线的圆心落在了a的位置上，左半部圆形曲线的圆心落在b的位置上。整个拱顶的轮廓线看上去似乎是由同一个半圆偏离之后得到的，又由于这个半圆是向上伸展的，结果就产生出了一种垂直上升的运动感。如原东本愿寺附属小学（现哈尔滨兆麟小学校），建筑转角处顶部采用橄榄状穹顶，挺拔有力，它与建筑一侧断裂的三角形山花装饰单元，在高度上和形状上都形成强烈反差（图6-21）。

6.1.3 平衡化图式

任何艺术上的感受都必须具有统一性，这早已成为一个公认的艺术评论原则。在亚里士多德的《诗学》中，有较大部分理论篇章立足于此观念之上。"一件艺术作品在整体上杂乱无章，其局部也支离破碎并且互相冲突，那就算不上艺术作品。艺术作品的重大价值不仅依靠不同要素的数量，而且还有赖于它们安排得统一，最伟大的艺术就是把最繁杂的多样变成最高度的统一，这也已经成为人们普遍承认的事实了"。建筑学中最主要、最简单的一类统一，是简单几何形状的统一。在建筑装饰中也必然遵循形式美的多样统一规律。多样统一是在统一中求变化，在变化中求统一，或者寓杂多于整一之中。这种造型艺术需要有若干不同的组成部分，这些部分之间按照一定规律，有机地组合成为一个整体，就需要有促使整体统一的约束力。瑞士认知论创始人皮亚杰认为任何一种进化系统都趋于某种平衡。这种平衡是同一结构中不同部分之间的平衡，或是整体和部分之间的平衡。但是在环境的诱因下，这种平衡会趋于一种不平衡，这种不平衡可能是破坏性的，也可能成为建构新的平衡过程中的一种动力。

　　我们观察到的装饰形态总是处于不同的背景中，正因为如此也把这个装饰形态传达出来。相应地，观看活动也就是"视觉判断"。而在观察时，我们不仅仅看到它的位置，还看到它具有一种不安定性。如白色正方形中的黑色圆面，它位于中心位置时是一种相对稳定的状态，而当位置变化时，它就具有一种要离开原来所处位置的趋势、向某一特定方向运动的趋势。

　　这种变化显示出一种相对于周围正方形的内在张力。这种张力具有一定的方向和量度，可以把它称为一种心理"力"。黑色圆面还要受到正方形两条对角线以及由垂直中心轴和水平中心轴相交而成的十字影响（图6-22）。这一图形的中

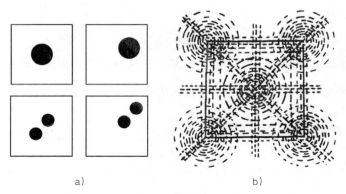

a)　　　　　　　　　　　　　　b)

图6-22　平衡化图式表现

心点，是由上述四条主要轴线相交而得到的。这些轴线上，其他点的力量都不如这个中心点的力量大，然而它们同样也能产生吸引力作用。视觉式样实际上是一个力场，而图形实际上成了吸引力和排斥力的中心。这个内在结构是由我们观看的正方形的边线发射出来的各个力的相遇造成的，而每个视觉样式都是一个力的式样。

平衡之所以是构图中不可缺少的因素，是因为其中包含的每一件事物，都达到了其停顿状态时所特有的一种分布状态。这也突出了平衡的两个重要因素：重力和方向。建筑装饰系统中，各组成要素内部以及不同要素之间也同样存在着视觉式样的力场，并且反映出重力和方向这两个平衡要素对于力场的影响作用。

6.1.3.1　重力作用下平衡

在每一个装饰系统中都存在重力作用，重力平衡也是由构图位置决定的。普遍认为视觉样式的底部相比较于顶部应该"重"一些。在建筑体块变化上表现为：底部加上足够的重力，使整个构图达到平衡；底部达到超重的程度，使底部看上去比顶部更重要。在这样的情况下，人们总是要增加下半部分的长度，作为对这种不平衡的补偿。即建筑物底层的构造是简单的和宽大的，而随着建筑物的逐层上升，它又变得越来越精巧。这一视觉效果能够成立的基础是重力的作用规律。在垂直方向上，上半部和下半部之间的这种不对等，是由重力作用引起的。在平衡化图式作用下，建筑立面窗饰变化具有一定规则。一般情况下，建筑底层窗口较大，建筑上层窗口较小、数量多，因而在独立的装饰单元中形成稳定的重力平衡构图（图6-23）。

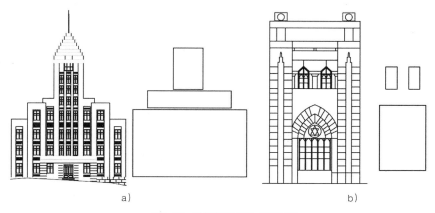

a)　　　　　　　　　　　　　　　　　　b)

图6-23　建筑立面的重力平衡构图

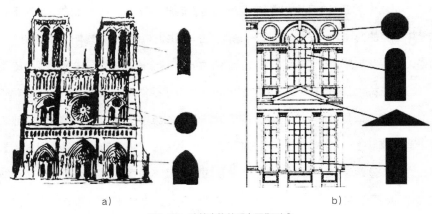

a)   b)

图6-24　建筑窗饰的重力平衡形式

除构图之外，建筑装饰元素的位置也是达到整体平衡的重要因素。如巴黎圣母院正面的玫瑰花形窗口，就是在位置处理方面的一个较为成功的例子。由于窗口建造的比其他窗口相对要小一些，就不至于引起一种飘动感。它就把围绕在自己周围的那些垂直的和水平的结构成分所达到的平衡集中在一起。又如哈尔滨原东省特区区立图书馆（现东北烈士纪念馆）侧立面窗饰，圆窗、圆额窗、三角形山花、长方形窗在垂直方向上集中在一起，但整体达到垂直平衡（图6-24）。

可见窗和阳台作为建筑立面上重要的构图元素，其位置对于平衡建筑立面上的整体构图以及突出表现艺术主题发挥重要的视觉平衡作用。例如哈尔滨东正教堂，建筑顶部巨大的穹顶或者洋葱头造型，是建筑立面上最为突出的视觉元素，也因此加重了建筑竖向平衡中的视觉重力效果（图6-25）。同时，红砖砌筑的东正教堂，在色彩上也突出强化了建筑整体的视觉艺术效果。

除建筑装饰元素的大小之外，其形状和方向也能影响重力。一般情况下，规则形状与相对不规则形状相比，规则形状的重力大一些。此外，体块向中心集聚的程度也能改变重力。在建筑装饰系统中，存在平衡关系的形状对于建筑整体的协调与稳定起到重要的视觉作用。如哈尔滨圣阿列克谢耶夫教堂，装饰元素不同的形状与方向相结合塑造了整体变化有序的装饰系统。其中，装饰形态可以归纳为三种基本形，有圆形、矩形、三角形，这些基本形状虽然同属于不同的装饰单

a）圣母守护教堂　　　　　　　　b）圣索菲亚教堂

图6-25　东正教堂穹顶的重力平衡

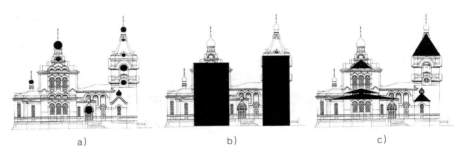

a）　　　　　　　b）　　　　　　　c）

图6-26　圣阿列克谢耶夫教堂立面装饰的重力平衡系统

元或者装饰元素，但是整体上形成具有稳定感的装饰平衡系统。圆形的大小和数量在建筑立面上两个独立装饰单元中形成彼此之间的平衡状态，而矩形在高矮、长宽的变化之间也确立了平衡表现。三角形则是相对比较多变的形状，左侧相对稳定感与右侧不稳定感，像平衡木两端，它们在整体上形成平衡。这三种图形的综合也因此均衡了三种形状各自突出的重力倾向（图6-26）。

6.1.3.2　方向作用下平衡

方向也是影响平衡的重要因素，影响方向最为重要的因素就是位置。在系统中的任何构图成分，它的重力都要吸引周围物体，并对其方向产生影响。在哈尔滨近代建筑外装饰系统中表现出在重力作用下装饰元素与装饰形态之间的平衡。左半部和右半部之间的不对称问题，也是建筑装饰中比较常见的平衡化处理手法。左半部和右半部之间的不对称问题，也是建筑装饰中比较常见的平衡化处理手法。艺术史家乌尔富林曾说过："如果一幅画变成它在镜子中照出来的样子，那么这幅画从外表到意义就全然改变了"。

这是因为一幅画中，位于右半部的那些物体看起来总是比左半部的"重"一些。在建筑立面装饰上，也同样存在左右不对称的构图形式，这种产生方向感与变化的装饰秩序自身也有平衡表现。它体现了上下方面变化以及左右距离差异。如哈尔滨马迭尔宾馆建筑檐部装饰变化丰富，左侧突出的犹如竖琴一般圆弧形的女儿墙造型与右侧穹顶造型形成强烈反差，而整体上却具有统一的平衡感。例如，马迭尔宾馆左侧女儿墙呈两股向上的动力状态，一股向下的平衡状态，而右侧穹顶呈巨大的向上动力，一股面积较左侧略大的向下平衡状态，一股面积较左侧略大的向下平衡状态，而中间位置女儿墙位于建筑主入口上方，突出建筑整体中轴线的垂直方向，女儿墙装饰元素在建筑立面上表现出独立的平衡化装饰系统（图6-27）。

在审美过程中审美主体的知觉体验更倾向于被一种"具有倾向性的张力"所吸引，这种"倾向性的张力"就是平衡化系统中需要通过装饰元素之间的构成关系来约束的东西。一个绝对均匀的平面不能提供任何可感知的东西，也不能呈现任何一种知觉。因为装饰形态在"力"场作用之下强化了视觉认知程度，所以知觉的"某物"总是在其他物体中间，同时它也始终是"场"的一个部分。阿恩海姆曾说："艺术家的目的就是让观赏者体验到'力'的作用式样具有的那类表现

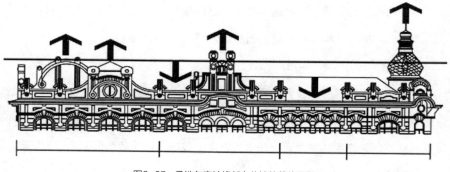

图6-27 马迭尔宾馆檐部女儿墙的整体平衡

图6-28　马迭尔宾馆建筑立面整体的 "力" 场变化

性质。"不对称的建筑装饰往往会向 "场" 的四周发出 "具有倾向性的张力"，从而与其邻近的装饰物或其他物象构成 "力" 的动态平衡，并同样在人的视知觉中相应地唤起 "力" 的均衡的审美意象。不对称的建筑装饰往往会向 "场" 的四周发出 "具有倾向性的张力"，从而与其邻近的装饰物或其他物象构成 "力" 的动态平衡，并同样在人的视知觉中相应地唤起 "力" 的均衡的审美意象。例如，哈尔滨马迭尔宾馆正立面，主入口两侧立面装饰体现出不同的 "力" 场作用，建筑立面装饰系统中左侧表现为均衡 "力" 场，右侧装饰系统中表现为动态 "力" 场，但是 "力" 的呈现和感知在整体视觉系统中具有稳定平衡感，或者体现出不同方向作用下装饰系统的平衡现象（图6-28）。

　　在平衡化约束下的形态必须传达意义，否则这种平衡只是单纯意义上的对称而已，对装饰形态的视觉力场就没有任何作用。建筑装饰中的平衡化逻辑建构了装饰元素、装饰单元以及建筑整体之间的协调系统，使建筑装饰中诸多表现因素达到统一与平衡。平衡的艺术式样是由种种具有方向的力所达到的平衡、秩序和统一。

6.2　美感功能形式的感染

　　美感作为一种感觉是发生在感觉主体（主要指人）的感觉结构中。因此，研究美感也就应该从审美主体，即从人的感觉结构入手，以活动法则为着眼点深入分析引发美感的重要因素。马克思指出："当人在不断的社会劳动实践中逐步认识并掌握了客观对象的规律时，也创造了人类自身，产生了与动物根本不同的人类认识世界和改造世界的主体性……主体在对对象的直观中意识到自己的本质力量，从而获得情感的愉悦，这时审美主体才真正形成。"人类的美感结构是在漫长的历史进化中形成的，而人体的感觉复杂多样，其引发机制、过程各不同，但是总有一个从自然自在的状态向自觉自为状态的发展过程。人的各种不同感觉是在各自相应系统中产生的，其中，感官部产生的审美感觉在建筑艺术中主要取决于视觉，中枢部作为神经系统的高级部分，它是进行精神活动的器官，在体内要求的推动下恰当地处理各种感官所送进来的外界信息。因此，研究建筑装饰艺术的感染力，我们以人体神经中枢对外界信息的直观反应为切入点，深入探究能够引发审美主体审美感受的美感功能形态。

建筑装饰形式之所以具有感染力，是因为其艺术形式具备了能够引发审美主体产生相同思想感情的力量。这种力量客观存在于建筑形式之中，而它们存在的意义是在审美主体中激发出等量价值的审美感受。因为审美主体的感觉复杂多样，而各种不同感觉根据形式思维的不同特征而产生，所以建筑装饰形式的感染力主要体现出非理性、理性以及情感活动三个层次的复杂过程。感染是因语言或动作引发人产生相同的思想感情。建筑装饰作为一种特定的艺术语言能够引发人产生相同的思想感情，其产生过程是建筑装饰将其美因信息作用于审美主体的结果。建筑装饰之美的信息发送在于其客体自身，但建筑装饰之美的信息接收，则有赖于主体的审美能力。在审美过程中，产生美感的心理活动及其所引发的审美情感，是作为一种感觉发生在感觉主体的感觉结构之中。其中，非理性因素的作用是给自动以地位，突出装饰形式的表象积累；理性因素的作用是给自觉以规范，突出审美活动中的意识干涉；情感活动的作用是立典型于情感，是审美过程中的移情表现。

6.2.1　表象积累

审美过程中非理性成分的自然性、合理性体现为艺术形式的表象积累，或者说是有意识和无意识的审美活动。在这种审美活动中，美因信息传递的过程是一种自然的美感传播状态。因为在建筑装饰的传统表现形式中，沿袭建筑艺术规范性的装饰形式也是建筑装饰中相对等级地位较高的重要表现形式，它是内外感知活动造成的表象，体现审美活动继承古典传统和沿袭新潮思想的美学现象。

6.2.1.1　继承古典传统

在表象积累过程中，审美主体（即人）的中枢部对所积累的表象绝不是一视同仁的，它也在按照表象的某一种重要性质对表象进行着挑选分类。这种性质就是这一表象所反映的事物性质和主体生命各种需要的关系密切程度。越是与生命体的各种需要有关的表象，越是被中枢部记得牢固。

建筑艺术的审美过程也是如此，越是与艺术传统相关的表象，越是容易在审美过程中被审美主体的记忆所发觉。建筑的发展与政治、经济、科技以及文学艺术相比，是相对滞后的。实际表现之一就是建筑样式继承古典传统。并且在社会形态发生重大变化之后，仍然会有巨大的存在空间，仍然会再现于新的社会之中。19世纪蓬勃发展的复古思潮就是其最好的例证。近代时期，哈尔滨城市建筑也同样受到其影响。哈尔滨折中主义建筑处于欧美流行期的中晚期，可以看做是欧美折中主义建筑在中国的继续。这一时期折中主义建筑有两种表现形态，一种是根据建筑类型而选择不同的历史风格，另一种是在一座建筑上混用多种历史风格和艺术构件。装饰形态繁多的折中主义建筑在整体上体现古典基调，其中原汁原味体现古典艺术传统的是以古典柱式为主要装饰元素的银行建筑，如道里区地段街原满洲中央银行哈尔滨支行（现中国工商银行哈尔滨分行）、原美国花旗银行（现中国工商银行哈尔滨分行十二道街办事处）、原横滨正金银行哈尔滨分行（现黑龙江省美术馆）、原哈尔滨万国储蓄会（现哈尔滨市教育委员会）等。此外，行政办公以及领事馆建筑也普遍采用巴洛克、文艺复兴等古典主义装饰手法，柱式、山花以及装饰线脚都反映出西方古典时期建筑艺术的精神文化观念。

西方古典建筑沉迷于严格的质量、精确性以及装饰细节，古典柱式作为西方建筑艺术的精华，是建筑形式的基本法则，成为建筑比例形制的美学标尺。维特鲁威认为，柱式规制是根据建筑物各部分的用途来决定它们的尺寸。显然，柱式是受规则制约的建筑元素，用来划定整棵柱子的比例并根据它们的不同比例来确定局部的形状。法式化的古典柱式在建筑装饰形式中是突出刺激审美主体中枢神经的重要形式因素，也是美感活动形态的主要动力涌现形式。因此，也可以说艺术活动中的自动自觉性，是一种与意识活动息息相关的审美活动。在审美形式表象积累中，人脑中枢部对所积累的表象并不是一视同仁的，它也在按照表象的某一种重要性质对表象进行挑选分类。在这个过程中，越是与艺术传统接近的表象，越是被中枢部记得牢固。如突出强化建筑整体比例和艺术形象的古典柱式，它突出建筑艺术形式的主要动力，同时也是刺激审美主体中枢神经系统的主要形式要素，并且还促使古典主义建筑在一个侧面反映社会秩序。而柱式之间的区别也突出了它们的性格趋向。古典时代的多立克和爱奥尼柱式所体现的性格特征完全不同：多立克比例粗壮，檐部较重，是男性的象征；爱奥尼比例修长，檐部较轻，精巧柔和的涡卷，是女性的象征。它们对建筑装饰艺术氛围的塑造起到重要作用。因为，这些越是与古典主义建筑装饰主要特征非常接近的装饰元素，在审美活动中越是容易作为主要的美因信息传递。在建筑装饰形式上的这种表象积累，相应地成为催发审美主体审美感受的主要动力因素。所以，柱式的表象积累在创作过程中是一种非理性成分的自然性、合理性运用，其目的是达到美因信息传递的自然状态。

6.2.1.2 沿袭新潮思想

自19世纪下半叶开始，西方思想文化界发生了一个显著而又重要的变化：叔本华、尼采、克罗齐、弗洛伊德等非理性主义者成为显赫的人物，"意志"、"自我""直觉""潜意识"等感性心理现象成为学术界的热门话题。包括美学和文艺学在内的整个人文科学发生了方向性的转折：多年来被人们所崇尚的思辨理性受到普遍怀疑，而被思辨理性所压抑的直观感性开始重新复活。在建筑艺术领域，也开始新的建筑形式信号，突出表现在极力反对历史样式，主张由经验出发研究艺术的总体意向。从经验出发就是从感性对象出发、从感性事实出发。在这种艺术观念影响下，新的艺术形式便应运而生。

新艺术建筑极力反对历史式样，汲取模仿自然界生长繁茂的草木形状作为主要的形式主题，创造出一种前所未有的、能够适应工业时代精神的简化装饰。它的表现形式是直观感性的，根据生活而再现出来的形象当做真正的事实来利用。这种艺术手法应用在建筑装饰上突出艺术形式与装饰手法的革新，是在形式上反对传统，从一个方面反映了"美是理念的感性显现"。这种显现源自于创作者总结事物表象积累的形式特征，并将其作为艺术主题显现于设计创作中。正如黑格尔所说："艺术作品应该具有意蕴，也是如此，它不只是用线条、曲线、平面、齿纹、石头浮雕、颜色、音调、文字等表现方式，而是要显现出一种内在的生气、情感、灵魂，这就是我们所说的艺术作品的意蕴。"哈尔滨新艺术建筑打破了传统教条的装饰规则，在建筑装饰中采用流动的线条、繁杂的装饰形态。而新艺术建筑传入哈尔滨并不是一成不变的，它体现了进步发展的审美功能。新艺术建筑打破传统的艺术形态，表达了表现自然的艺术宗旨，建筑主要装饰形态喜欢流行曲线，而局部装饰上也采用铸铁构件装饰。新艺术流行趋势也蔓延到这一时期折中主义建筑的局部装饰上。这一时期中东铁路当局的重要公共建筑都是流行采用新艺术风格。如时至今日仍然具有重要交通枢纽作用的霁虹桥，它是典型的新艺术装饰风格（图6-29）。以霁虹桥为中心的交通广场巧妙地结合地形，自由而成功地解决了南岗、道里、道外的分区点和公路与铁路的立体交叉交通问题。广场西侧邻近原哈尔滨火车站，是哈尔滨最具特色的新艺术建筑。

　　在新艺术建筑之后，又出现了装饰艺术建筑，它受到新艺术建筑的影响，同时也体现了审美层面上的进步功能。如果说新艺术是建筑思想最初的解放，装饰艺术则是其精神的延续。装饰艺术建筑多做檐部、中部和底部三段处理，以直通檐部的竖线条装饰入口，顶部饰以各种花饰；窗堵墙则以竖线条装饰及植物装

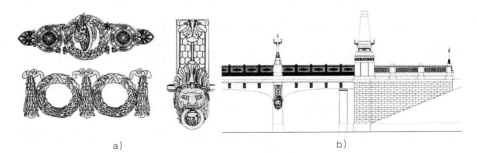

a)　　　　　　　　　　　　　　　　b)

图6-29　霁虹桥装饰形态

a）原新哈尔滨旅馆　　　　　　　　　　　　b）原犹太私人住宅

图6-30　装饰艺术建筑立面装饰

饰，有时代之以新艺术味道的自由曲线铸铁栏杆。最具代表性的是原新哈尔滨旅馆（现国际饭店），这座建筑丝毫没有古典样式的装饰，长方形窗简洁大方，黄色的面砖强调了色彩，贯通四层的竖向线脚、女儿墙上密布的小线脚、浮雕装饰图案以及用圆弧处理建筑立面两端的转角等手法，全面地反映出装饰艺术的风格特征。又如犹太私人医院、住宅的建筑底层处理成大块石砌体，窗堵墙部分雕刻成柔软的丝蔓状曲线，主入口两侧做通天的竖线条处理，檐口处又一浮雕状花饰，好似一把倒插的剪刀（图6-30）。无论是新艺术建筑还是装饰艺术建筑，其装饰形式都突出反映新时代、新潮流的艺术观念，这种突出以全新的形式信号的建筑装饰艺术，所具有的审美功能体现出非理性因素在审美活动中的重要作用。

6.2.2　意识干涉

审美过程中理性成分的必要性和表现形态是一种意识干涉。人在自己不由自主的想象中得到的愉悦情感体验，会促使人开始渐渐有意识地推动自己想象的发展。对于建筑师来说，他是有意识地创造或者推动想象，以得到情感外化后返回的愉悦体验；对于观赏者来说，则是有意识地寻求相应的外化物以得到返回内心的愉悦体验。两者取得愉悦的机制是一样的，建筑师和观赏者的差别仅仅来自对现实事物理解能力的强弱而已。

在审美过程中，审美主体的心理运动的生理机制是极为复杂的，其最终结果就是人所产生的情感的性质。创作者是从欣赏者对作品反应的情感效应来考察自己创作意图实现的程度。艺术家对这种情感效应产生的机制总要清楚得多，因为他毕竟是用有意识的努力来造成这种情感效应的。列夫·托尔斯泰曾说："用动作、线条、色彩、声音以及言词所表达的形象来传达出自己心里唤起的感情，使别人也能体验到同样的感情，这就是艺术活动。"艺术家的情感也不是凭空产生的，而是在大量地感受外界的各种信息刺激中产生的，而且情感产生时往往是不由自主地在不自觉中来到的。艺术家的创造过程其实就是将自身的情感体验用一种可感知的外在形式展示出来。首先是反省和回溯这种情感产生的全过程，把产生这种情感外界刺激物从大量无关的信息中裁剪出，并且汇拢和组织在一起，借助虚构连贯起来创造了独特的带有特殊情感的艺术作品。李泽厚也曾说："主观情感必须客观化，必须与特定的想象、理解相结合统一，才能构成具有一定普遍必然性的艺术作用，产生相应的感染效果。"建筑装饰形式普遍存在一些纯粹审美功能的装饰形态，这些装饰形态受到审美意识的干涉表现一定的规范模式。

6.2.2.1　美的法则制约

美是由高度、宽度、大小或色彩等形式上的特殊关系营造出的艺术效果。而美的感受也是一种直接由表现形式所引发的情绪。柏拉图认为，合乎比例的形式是美的，这些形式联想起或者表明了一种仅仅在理想世界里才存在的"理想形式"。这种美学思想催发了建筑创作中注重比例形制的艺术观念，热衷于在数学关系中寻找建筑艺术美的奥妙。

古今中外的建筑，尽管在形式处理反面有极大的差别，但凡属优秀作品，必然遵循一个共同的准则，即多样统一的形式美法则。这是一切艺术品，特别是造型艺术的形式规则。建筑装饰艺术具有若干不同的组成部分，它们之间既有区别，又有内在联系。如建筑的穹顶、窗饰、阳台、门饰等主要装饰元素，它们都是按照一定的规律有机地组合成为能够表现某种艺术潮流的形式整体。它们之间既有变化，又有秩序，这是一切艺术品，特别是造型艺术形式必须具备的原则。这种统一变化存在于建筑立面装饰系统中，同时也反映在建筑元素的装饰形态上。美的法则的制约突出反映创作主体追求艺术美的过程中有意识的干涉作用，是给自觉以规范进而引发了审美主体的审美感受。

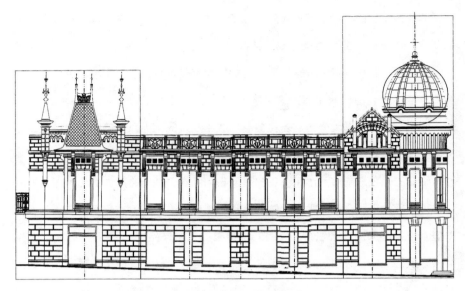

图6-31　哈尔滨铁路分局工程处立面装饰

　　例如，哈尔滨铁路分局工程处，该建筑转角顶部的圆形穹顶以其饱满的造型协调和统一了建筑两侧狭长的体量；建筑一侧在装饰形式上突出以转角装饰单元为主的对比、协调关系，它们之间以整齐排列的窗饰连接了两个装饰单元（图6-31）。这种美学思想催发了建筑创作中注重比例形制的艺术观念，热衷于在数学关系中寻找建筑艺术美的奥妙。

　　除此之外，突出构图中心感的装饰图案，这是设计者有意识创造以完善装饰构图的附加装饰，对于装饰风格并不起到决定性作用，但是对于建筑装饰构图却突出体现统领作用的理性秩序。如原积别洛索高大楼，曾为意大利领事馆（现黑龙江省电力局食堂），建筑立面窗形态变化较多，窗饰形态更为丰富。建筑墙身多处设有浮雕装饰，使整体富丽堂皇，形成强烈的运动感。这些装饰图案强化了建筑构图单元的整体统一，同时也突出装饰元素的中心对称关系的视觉秩序（图6-32）。

6.2.2.2　艺术理想构型

　　突出表现建筑艺术流派的装饰形态，这是设计所要表达的主要形式内容，它对建筑艺术的发展起到推波助澜的作用。再现艺术理想的装饰形态的产生也有其

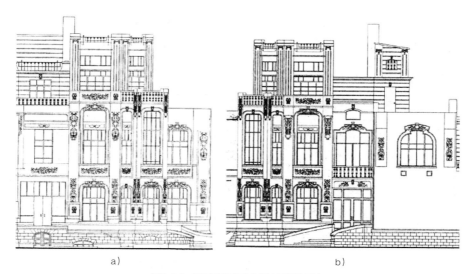

图6-32　原积别洛索高大楼立面装饰图案

因果关系，它是有意识干预的结果，它的出现可以帮助艺术创作中想象发展的定向性实现。想象在无意识中自动趋赴的方向，几乎总是体现着内在兴趣的真实指向，而在这一指向上创造性想象便有获得最大成果的希望。突破传统束缚、积极适应新社会需求的新艺术建筑的装饰形态充分反映出新时期的艺术理想。例如，哈尔滨新艺术建筑的装饰形式，在建筑阳台栏杆、入口门斗以及建筑女儿墙装饰上，突出一种典型的、规范化的装饰倾向，映现出植物花朵生长规律的、优美的变化曲线（图6-33）。新艺术建筑强调艺术要以自然为源泉，其装饰形式趋于简

a）公司街78号住宅阳台　　　　b）红军街38号住宅门斗　　　　c）原密尼阿球尔餐厅

图6-33　新艺术建筑艺术理想构型

洁、活泼、自由，特别是装饰母题模仿自然界生长的繁茂的草木形态曲线，力求
生机勃勃、生动自如的动态效果。在审美活动中，新艺术这种自由自在的想象游
戏变成有一定外力驱策的想象活动，也正是主观意识干涉的结果。黑格尔也十分
肯定理性的有意识的因素对于想象过程的积极意义。他说："只有缺乏鉴赏力的
人才会认为像荷马所写的那样的诗是诗人在睡梦中可以得到的。没有思考和分
辨，艺术家就无法驾驭他所要表现的内容（意蕴）。"其一，外来的影响因素必
须正好和艺术家内心的自在兴趣和情感相投合；其二，艺术家对于外来的要求和
对象物进行了改造或潜在的引导，使它们成为自己内在艺术思想和兴趣外化、发
展的借题发挥之物。有意识的干预对想象过程的技术调节作用不是凭空进行的，
它依据的也是一个知识的逻辑体系，这个逻辑体系就是人们内部和外部对自己心
灵的美感情感运动作出的规律性总结。一个有意识地运用这类法则、规律来调节
自己的创作想象的作家，常常比盲目地不自觉地体现出这类法则、规律的作家，
会取得更卓越的艺术感染力。

6.2.3 审美移情

在审美活动中，审美情感对于引发主体审美感受发挥重要作用。因为主体情
感移植于对象，并突显出审美主体的情感功能。人在观察事物时设身处在事物的
境地，把无生命的东西看成有生命的，即它有感觉、思想、感情和意志活动。同
时，人也受到这种错觉影响发生同情和共鸣。这种现象称为移情作用。移情作用
也被称为"审美的象征作用"，这是移情说先驱费希尔提出的。移情就是在物我
同一状态中将心灵里的感情外射到对象中去，从中找到人的精神寄托，对象形式
体现了人的生命、思想和感情，成为人的精神的象征。因此，审美对象受到审美
主体的生命灌注，这种"对象的物化"体现在建筑装饰上，就表达出一种典型的
寄托于物的情感现象。

6.2.3.1 柔韧线条的活力

直线只是在长度上存在差异，其装饰性较弱。而曲线由于互相之间在曲度和
长度上都可以不同，因此具有装饰性。曲线形态侧重于对现实生活中具体事物表

现形态的抽象提取。一般概念上的曲
线形态多表现出舒展、自然的情感，
在装饰中形成一种自然、浪漫、婉转
的形象。建筑是一种实体艺术，其表
现手法以及表现形式的多样化使建筑
成为理性与非理性的一种交织产物。
在线性要素对形态的编辑之下，曲线
形态表现建筑装饰之美也有着模仿自

图6-34　Eugene Grasset的胸针

然的有机形态，以及纯粹的以曲线形态表达审美情感的抽象形态。罗伯特·舒尔
茨曾经宣称，新艺术风格的重要载体是装饰。卷曲的、生动的新艺术装饰涉及范
围很广，包括建筑、室内设计、家具、平面、金属器具等。用蓝宝石、圆形宝
石、黄宝石和瓷釉制作的胸针，其茂盛生长的花朵与蜿蜒流动的装饰线条以及生
动的女人相结合（图6-34）。提取自有机物的曲线装饰形态是哈尔滨特有的装饰
形态的一种线性表现。曲线种类相对单一方向的直线来说其形态更加多样化，不
同的曲线形态经过设计者的加工表现出各异的抽象主题。其中，模仿植物草叶和
花朵生命状态的曲线形态是比较常见的。这种表现形态是经过设计者的不断探求
和完善最终形成的。不同于其他具有方向性的线性结构，曲线表现形态更富有装
饰性，体现装饰上一种灵动的、自由的艺术美，在建筑装饰元素上是比较常见的
（图6-35）。

　　如果把对象的表面看成是由大量的紧密相连的线条组成的外壳，那么直线与
曲线相结合形成的复杂线条，比单纯的直线或者曲线更具装饰性。"一条线的美

a）原哈尔滨铁路技术学校楼梯栏杆　　　b）原哈尔滨商品陈列馆阳台栏杆　　　c）马迭尔宾馆阳台栏杆

图6-35　新艺术建筑植物艺术主题

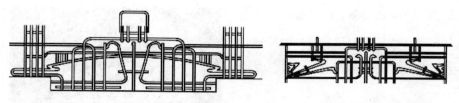

a）原中东铁路管理局女儿墙装饰形态   b）原中东铁路管理局阳台装饰形态

图6-36　新艺术建筑抽象装饰形态

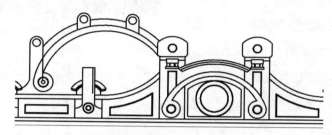

图6-37　马迭尔宾馆女儿墙曲线装饰形态

在于运动，而运动的美在于表情"。直线与曲线结合形成的复杂线条在建筑装饰中是比较常见的。如建筑女儿墙曲线形态延续了直线的方向性，但同时也突出向上升腾的动态感。而局部装饰在栏杆上也表现出直线与曲线相交形成的装饰图案，表现出遒劲而有力的柔韧感（图6-36、图6-37）。

　　灵动的曲线形态往往作为建筑立面上相对突出的艺术主题，而直线与曲线交接形成的装饰形态对于建筑外部轮廓线的刻画发挥着重要的作用。而一些装饰元素局部的线脚，如建筑外装饰中的柱础、檐口、窗口、门口等装饰形态也突出曲线与直线交接形成轮廓线的装饰效果。如果把对象的表面看成是由大量的紧密相连的线条组成的外壳，那么直线与曲线相结合形成的复杂线条，比单纯的直线或者曲线更具装饰性。

6.2.3.2　传神形象的寓乐

　　移情现象也是形象思维的一个基本要素。维柯认为"人心的最崇高的劳力是赋予感觉和情欲于本无感觉的事物"。在审美活动中，创作主体情感移置于对象，使对象仿佛有了创作主体的情感，并显现创作主体情感的心理功能，从而引发审美主体的思想共鸣。形态的线条、色彩不仅成形于外，而且寓形于乐、寓形

a）原泰来仁鞋帽店　　　　　b）原义顺成商店　　　　c）原小世界饭店

图6-38　"中华巴洛克"建筑装饰形态

于思。哈尔滨近代建筑突出体现民族文化传统的装饰形态，在审美情感上不仅表现了民族传统文化的差异，同时也反映出审美移情中传神形象的寓乐。这些体现民族文化的装饰构思，全部都是人们精神生活的各种体验的结果。

首先是建筑装饰突出具体形象表达情感内容。如"中华巴洛克"建筑装饰反映巴洛克建筑的多样化、繁复的装饰情结。这些装饰形态寄托了人们对美好生活的向往之情，同时也是将心灵里的感情赋予装饰形式，并体现思想情感。中国传统文化中的福、寿、财、吉，将这些美好寓意赋予动物、植物等具体事物，而且作为装饰形态出现在西方传统建筑构件上。如蝙蝠倒挂象征福到，盛开的菊花象征万寿长春，莲花鲤鱼象征连年有余，丹凤朝阳象征平安吉祥等（图6-38）。

其次是以抽象概括的装饰形态来表达歌颂赞扬的情感形式。如哈尔滨体现俄罗斯民族传统风格的建筑装饰，最具形式特征的栏板柱的装饰形态犹如禽类羽翼（图6-39）。这种装饰形式汲取动物的突出特征应用在建筑构件的装饰形态上，

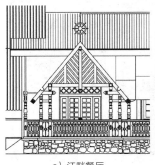

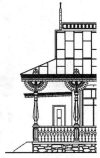

a）江畔餐厅　　　　　b）江畔餐厅侧面连廊　　　　c）江畔餐厅入口局部

图6-39　俄罗斯民族传统建筑装饰构件

从而使建筑艺术形象更加生动，同时也流露出美源于自然的思想情感。这是典型的移情作用在建筑装饰上的表现，它把对自然的热爱之情渗入建筑艺术形象之中。

最后是以具有直观色彩倾向的装饰形式来表现艺术情感内容。如建筑装饰强烈的色彩对比，突出其整体色彩的变化和装饰单元的构图效果，同时突出的装饰色彩也强调了装饰构件的图案化视觉效果。如俄罗斯民族传统建筑装饰经常饰以高纯度、多色彩，这些斑斓的色彩源自自然界运用于艺术创作中，既体现出艺术处理的情趣化，同时也表现装饰艺术的意象化。如哈尔滨斯大林公园冷饮厅，建筑檐部采用黄色、绿色、白色、红色相间的色彩装饰，檐口尽头以黄色、红色以及白色相间的装饰构件做结尾；而建筑栏板柱顶部是建筑上最具装饰情趣的构件，突出蓝色装饰并饰以黑色、黄色以及红色强化整体的装饰效果；建筑窗饰则相对简化，以绿色窗饰配以黄色窗棂与整体相协调（图6-40）。这种以色彩情趣化突出表现装饰艺术的审美意象，是哈尔滨俄罗斯民族传统建筑装饰比较常见的装饰手法。

图6-40　斯大林公园冷饮厅

6.3　美感信息符号的传达

　　"人类智力的一个核心因素是可以建立连接，比如说，设计要素间的连接能够产生艺术进步；因果连接有助于科学发现；思想和应用之间的连接可以实现技术进步"。相应地，美感信息的传达也是依靠装饰语言信息建立审美客体与审美主体之间的连接关系。前文阐述过，由交流中的人类心理所决定的信息世界中便产生了模因，随后以模因人工器物为媒介进入到物质世界中，然后再度转化成为可传播的图像或思想。建筑装饰之美 "境" 的语言模因突出在审美信息传播过程中的表现。在建筑装饰信息传播过程中，信息符号的传达效应也是在建筑模因的推动下发生信息传播，并且表达了艺术创作的原始思想。

　　传播现象非常复杂，研究中不可能兼顾每个关乎传播的因素，我们总是以几个最重要的传播要素为自变量，达到简化研究的目的，传播模式研究的意义也在于此。建筑所传播的信息不是某个具体事件，而是抽象信息，需要受众根据意识中已存储的信息标准加以判断、吸收、理解、加工并输出对此信息的反馈。而传播媒介是指传播符号信息的载体。在建筑外装饰当中，装饰元素既可以为人们提供生存空间和视觉上的审美享受，同时又传播审美信息。因此，建筑装饰的语言符号具有传播学的媒介功能。这种媒介功能属于传播学指出的媒介的隐性功能，所谓的隐性功能是与显性功能相对而言的。建筑装饰语言作为传播媒介所具有的隐性功能，使建筑信息的传播更容易受到受众的曲解。因此，信息符号作为建筑信息传播的重要因素是我们研究建筑外装饰之美 "感" 的重要环节。

　　传播符号的元素物质是构成符号的符素，符素在语言符号系统里是音素（包括音位和音节），在书写符号系统里是字素（笔画、部件和记号），在非语言符号里是物质实体的形素（点、线、面、形、体和质、量），这已经是被高度抽象化的 "元语言" 符号单位。所有传播符号都有形式和内容、能指和所指两重性，能指是符号的物质形象，所指是符号的心理意象的构成意义。符号和符号之间有一定的关系，在非连续系列中的临近二元的搭配是组合关系，组合关系二元中的某一项可以被替换的集是聚合关系。体现在建筑装饰上，这些符号作为建筑装饰表现艺术流派的形式语言，其在审美活动中发挥着强大的传播作用。

"哈尔滨'新艺术'建筑具有鲜明的散布特征，即单向性、阶段性、兼容性以及复杂性。它在建筑类型的多样性、建筑材料的独特性、风格发展的阶段性与完整性以及建筑规模、散布时间等方面取得显著的散布结果"。在短短的十几年间迅速散布至欧美各国，涉及几乎所有的艺术门类，可谓散布面极广；然而它又在同样短短的时间内如鲜花般凋零，被装饰艺术运用以及现代主义所取代。哈尔滨新艺术建筑装饰作为中国近代建筑史上最具代表性的新艺术建筑实例，其传播模式具有显著的、传播学意义的多级传播特点。

多级传播指的是新艺术创新信息从新艺术信源地以大众传播媒介的方式传播至俄罗斯并被其采纳，进而在俄罗斯国内广泛传播，随后因中东铁路的修筑，俄罗斯由新艺术受众摇身一变成为哈尔滨新艺术散布的意见领袖，使这一创新在哈尔滨散布开来。

新艺术运动由西欧传播至俄罗斯莫斯科和圣彼得堡，这个过程是一级传播。新艺术在俄罗斯国内的传播属于二级传播，以俄罗斯地方新艺术为意见领袖的哈尔滨新艺术是三级传播，而直接以俄罗斯新艺术中心为意见领袖则属于二级传播（图6-41）。符号和符号之间有一定的关系，在非连续系列中的临近二元的搭配是组合关系，组合关系二元中的某一项可以被替换的集是聚合关系。哈尔滨的

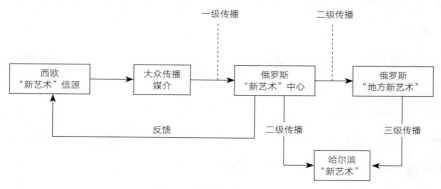

图6-41　哈尔滨新艺术传播特征

新艺术建筑装饰呈现单向性散布特征，从审美主体与客体之间装饰信息的传播效应来看，它是引发美感的重要因素。在审美过程中，建筑装饰的美感信息主要突出装饰语言的信息传播。建筑本身既是看得见的实体，又是抽象信息的载体。因此，可以充当一种特殊形式的传播媒介。它与语言传播有着相同途径。语言作为一种特殊的社会现象，其传播是信息双向流通的过程。建筑装饰之美 "境" 的语言模因突出在审美信息传播过程中的表现。在建筑装饰信息传播过程中，信息符号的传达效应也是在建筑模因的推动下发生信息传播，并且表达了艺术创作的原始思想。

6.3.1　建筑符号的审美关联

6.3.1.1　非连续性信息符号

符号具有非连续性特征，这是符号组合的条件，也是符号切分操作的基础。在语言符号系统中，该特征表现为线性流程上的一个个声音。从言语现象分析，我们已知组合体以 "链接" 的形式呈现，其意义依赖于传播符号的自然分节而显现，在切分能指团（一个组合单位）的同时切分出所指团。对能指的切分就是对所指的理解。从某种意义讲，对言语符号的分解就是对言语符号所反映的现实的分解。

首先表现为动态发展顺序上的符号系统。这类系统的符号组合在运动中实现，它们看起来一点没有链接的痕迹，简单的切分简直不可能，如语言、音乐、舞蹈、电影等。舞蹈和电影的符号能指是立体的，但是其组合方式是沿着时间轴展开运动性联结，所以也归纳为动态连续体符号系统。从整个符号运动状态看，都是动态的连续符号按着时间为间隔来切分的。新艺术在哈尔滨的发展经历了初期、中期和后期三个发展阶段。初期是哈尔滨新艺术建筑高度俄罗斯化的阶段。有居住建筑的 "木构新艺术" 倾向、公共建筑 "帝国新艺术" 倾向、商业和服务业的地方新艺术倾向以及豪华宅邸的浪漫主义新艺术倾向。散布中期呈现折中化的倾向，主要表现为 "古典新艺术"。这一时期文艺复兴、法国古典主义、哥特风格以及大量折中主义建筑或多或少地含有新艺术因素。新艺术在哈尔滨散布后期折中化以及装饰艺术化倾向更加显著，但最后一座新艺术建筑以其纯正的风格呈现于世（图6-42）。

其次是一座建筑上二维的静态连续体符号系统。这类系统的符号是一个平面的组合集，"集"内的每个组合是不清晰的，但下位的子集还是可以看得出来的。如绘画、平面几何图、地图等就是，它们的每个符号元分布在同一个平面的特定位置上，以凝固的静态方式与相邻的其他符号元进行组合。不同时期新艺术建筑在装饰上都有突出表达其艺术主题的信息符号。这一点在具有明显艺术特征的建筑装饰上是最为典型的，因为独立的建筑立面本身就是一个二维的静态连续体符号系统，其窗饰、门饰及其局部装饰形态都体现连续的符号形式和艺术主题（图6-43）。

最后是具有折中化倾向的多维空间发展的符号系统。这类系统的符号是一个立体的架构体，每个构件都可能有多种灵活的组合，其表层组合不是一对一，而是一对多地二二组合，组合后的构件与整体不可分解。建筑装饰元素的每个符号

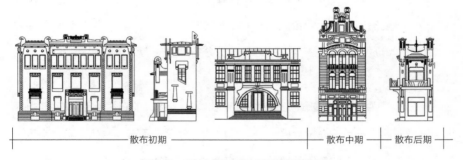

散布初期　　　　　　　　　　　　　　　　　　　散布中期　　散布后期

图6-42　哈尔滨新艺术散布阶段的装饰特征

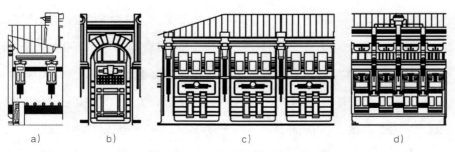

a)　　　　　　b)　　　　　　　　　c)　　　　　　　　　　d)

图6-43　原哈尔滨火车站立面的静态连续装饰符号

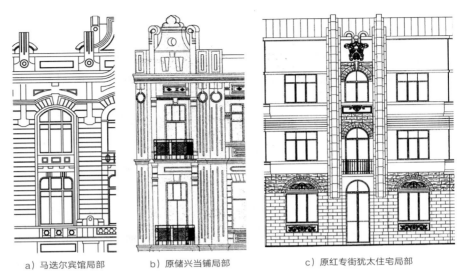

a）马迭尔宾馆局部　　　b）原储兴当铺局部　　　c）原红专街犹太住宅局部

图6-44　新艺术符号的多维发展

元就是整体符号系列的有机构件，它们分别以静态方式显现，一般又都具有可变化的特点，而且各个符号元的组合通常具有不可变异的固定状态。如木构新艺术的门斗装饰、折中化新艺术的墙面装饰以及装饰艺术化新艺术的装饰图案等（图6-44）。无论哪一种系统都存在着组合，既然有组合就有组合的要素，要素具体表现为连续体的"链"上的符号变化。有的组合比较紧密（非连续体里的连续成分），是合型的组合；有的组合比较松散（连续体里的非连续成分），是离合型组合。

6.3.1.2　双重指称装饰符号

"意义"和"关系"是传播符号的两大基本属性。符号的最大特点就是它的双重指称性，它必须既指称自己的表述，同时指称客体事象，它既给人类思维的结果分类，也给客体事物分类，两者都以"词"的符号形式来表达。这里的"词"不是简单的语言学意义上的基本单位，而是传播符号学中用于指称的基本单位。

一个符号链的各个邻近组合关系上的要素，因其具有可替换性而分别形成一个与之对应的集合—聚合关系，也可称做联想场。同构关系下的所有符号的集合，都在两个方面反映出参与组合的需要，同时在另两个方面体现聚合成分的对应。由于参与组合的需要，聚合成分必定得从能指和所指两个方面——通常以意

<table>
<tr><td>a）红军街38号</td><td>b）公司街78号</td><td>c）联发街1号</td><td>d）联发街64号</td></tr>
</table>

图6-45　新艺术建筑装饰的审美关联

指的身份出现，发挥组合的能力。关于"对应"，是指在"类"概念上被替换成相一致的符号。所谓"一致"，是无论在能指层面还是所指层面应有不同，而能够出现于相同位置上。这种"一致"就会造成"类"掩护下的聚合成分的千差万别，不单是指符号个性的差别，更是指与替换符号"对应"关系上的差别。这种理论让我们认识到符号也是一种生命，符号的生命运动是以"人"与"物"的存在为基础，并与之同命运。因此，词在成为符号之前也只是物的属性存在，词本身并没有给出与世界的关系，它以事物表象为基础，当它独立以符号形式存在而运动时，才不断给出不在场事物的表象。从此，人可以凭借"词符"来进行思维和认知活动。"词"作为传播符号才联结不同表象，并表达人与世界的关系。例如，哈尔滨近代时期建造的中东铁路高级官员的独立式住宅，其中红军街38号与公司街78号、联发街1号与联发街64号，它们立面装饰形式统一，而且这四座建筑的布局与功能也完全一致（图6-45）。前两座在新艺术建筑装饰基础上，融入了俄罗斯民族文化特色的帐篷顶做楼梯间上部阁楼的屋顶造型，体现新艺术建筑与俄罗斯民族传统文化之间在装饰符号上的双重指称特性。

6.3.1.3　共性与个性的"类"对应

各种不同的符号都有相同的共性和不同的个性，从共性中寻找差异性和从差异性中寻找共性，是一项研究的两个方面。而符号的"类"就是对应这个研究。符号意指在组合系统中的对应，与语言系统的语法分析有相似之处，表现在建筑装饰系统中，体现为以下两个方面。

一方面，突出建筑装饰系统中的整体对应。对应以是否构成区别为条件，其中一个符号项为原型，一个为变体，两者以同义衍生或功能分化为前提。如果两者是同中有异，则为比例对应；两者若无相同项可类比，即为孤立对应。非比例的对应就是孤立对应，它当然为数最多。语言学中语法的对应都是比例类型的，词汇对应大多数是孤立类型的。在功能符号系统里也有这种对应类型。例如，新艺术以铸铁、玻璃、木材、陶瓷为主，相对而言比较朴素，色调以灰色调为主；而装饰艺术则以黄铜、赤陶片、彩色大理石等为主要材料，色彩绚丽且昂贵。这种颜色、材质以及整体艺术走向差异而建立的对应就属于比例类型。

另一方面，表现为装饰元素之间的等价对应。等价类型对应不能视为是不等价对应的肯定或否定，一个符号与另一个符号的对应，既不是标记的有或无，也不存在标记的缺席或添加。如建筑窗饰中，独立的、具有重要构图作用的艺术形态与立面上重复出现的窗饰形态之间就是等价对应的形式。传播符号系统中 "圆形" 和 "方形" 的对立、"直线" 和 "曲线" 的对立，也是等价对应的艺术形式。但它们在能指层面的相似正是所指层面差异的原因，或者它们在所指层面的对立正是能指层面的差异的理据。所谓 "等价" 是指对比替换符号在功能上的价值是等同的，不涉及它们的意指。这种对应，在传播系统里是最为广泛的。而在不等价对应中，相似和相异是平衡的一对，又可建立起逻辑上的比例序列。在等价对应中，我们明显地看到一组传播符号间的相互对立和相互依存的关系，有的对应甚至难以区分彼此。如建筑局部装饰构件延续了新艺术的装饰手法，将其应用到其他建筑艺术的装饰上，并不影响整体艺术走向，但独立元素自身并不区分彼此，而体现等价对应的艺术关联。

6.3.2　审美符号的传播效能

传播是指信息在时间和空间上的移动和变化，进而达到公共化和社会化以保持人们相互影响、相互作用关系的过程。审美传播是指借助于一定的物质媒介和传播方式，将审美信息传递给接受者，在公共化与个人化的交融中使其得到扩展，实现主体与客体之间审美交往过程。在这个过程中，传播的对象是信息。信息是客观事物的存在形式与运动状态及其间接的反映与表述。审美传播是审美信息的共享行为，是审美信息的公共化过程。信息是由物质载体与语义构成的统一整体，是物质和意识的结合。建筑装饰既具有物理载体又具有语义承载，它是符号和意义、客体和主体、意识和审美、实在和超越的统一体。作为建筑艺术语言的表现形式，建筑装饰在审美传播过程中突出建筑装饰符号语言的传播功效。符号语言的存在有其独特的艺术环境，在此环境中审美符号对于传播的影响，基于乔姆斯基语言观的新认识，具体表现为"触发效果"（tirggering effect）和"成型效果"（shaping effect）。

6.3.2.1　触发效果（tirggering effect）

受到触动而引发的某种效应就是触发效果。哈尔滨在建城初期就引入欧美流行的新艺术建筑思潮，它在哈尔滨城市的蔓延与发展在整体上表现出美感信息在传播过程中的触发效果。19世纪末，艺术领域的传统观念与社会发展之间的矛盾日益尖锐，经过复古思潮之后，艺术家普遍意识到需要一种能够反映时代精神的艺术，新艺术便是在此背景下应运而生的。新艺术运动之前的艺术家已经进行过各自领域的创新探索，但是没有哪种创新像新艺术一样散播速度迅捷，散布面广泛，散布结果如此显著。新艺术装饰作为一种全新的语言形式一触即发，迅速从其始发地蔓延到哈尔滨。最初的新艺术探索率先出现于伦敦、布鲁塞尔及巴黎，其委婉多姿的表现形态以及具有突出表意特征的审美符号，被人们接受和赞赏。新艺术代表建筑师赫克托·吉玛德（Hector Guimard）在巴黎设计建造的地铁车站成为独特的风景（图6-46）。新艺术抛开其复杂多样的外在表现，是对传统的反叛。此外，新艺术建筑的探索倾向于本该着重研究的造型要素，转变为线条及色彩的要素，转变为二维平面的、主要是装饰性的探索。新艺术的触发效果不仅体现在诞生地，同时也影响到其他国家和地区。

新艺术思潮在哈尔滨的传播速度之快，范围之广，突出表现了艺术传

图6-46　吉玛德设计的巴黎地下铁入口

a）红军街64号女儿墙　　　　　　　　　　　b）红军街64号入口雨棚

c）原哈尔滨一等邮局女儿墙　　　　d）马迭尔宾馆阳台　　　e）中东铁路商务学堂窗饰

图6-47　新艺术装饰语言触发效果

播的触发效果。新艺术语言广泛应用于建筑局部装饰上，其多变的、灵活的、动感的、浪漫的曲线形态成为建筑装饰的一触即发的装饰语言。如同装饰语言模因在建筑装饰之美"境"中的突出表现。模因的信息传递并不像基因那样要求数字化的精确，它只求模仿。不过模仿得再像，也始终是赝品，偏差是必然的。每种新的语言表达方式都存在被模仿的可能，因此建筑装饰语言符号传播过程中，突出表现艺术语言特质的装饰模因表现为触发的传播功效。新艺术建筑是以装饰载体突出表现了建筑艺术的浪漫主义倾向。西欧新艺术建筑装饰采用自然而抽象的艺术母题，俄罗斯新艺术建筑采用象征母题。相比而言，哈尔滨新艺术建筑与西欧接近，表现为直观再现自然界的植物形态或者动物装饰形态（图6-47）。

6.3.2.2　成型效果（shaping effect）

成型是工件、产品经过加工，达到所需要的形状。新艺术审美符号在哈尔滨

　a）原马忠骏公馆　　b）联发街1号门斗　　　　　c）公司街78号　　　　　　　d）联发街1号阳台

图6-48　新艺术装饰语言的成型效果

的传播具有突出的艺术特色，表现在装饰语言的经过俄罗斯文化传统加工成型后的艺术效果。从新艺术建筑的散布来看，俄罗斯新艺术是世界性新艺术散布过程中不可或缺的一部分，其独特性在于既体现出与同时代西欧艺术潮流明显的联系，又具有显而易见的俄罗斯建筑的民族性。而哈尔滨新艺术则受到俄罗斯新艺术的直接影响，在审美符号上突出表现了俄罗斯新艺术运动的成型效果。俄罗斯新艺术运动的探索过程与西欧新艺术运动有明显的差异，突出表现俄罗斯强烈的民族化倾向。这一点在哈尔滨新艺术建筑装饰上体现得淋漓尽致。如木构新艺术建筑的审美符号将抽象的自然与流动的线条完美结合，突出了俄罗斯民族的艺术传统（图6-48）。

　　哈尔滨新艺术建筑散布时间较长，从1898年至20世纪30年代，远远超过了西欧及俄罗斯新艺术十年左右的散布时间。哈尔滨新艺术之所以具有如此强大的生命力，而且持续较长的散布时间，一个主要的原因是因为新艺术建筑的逐步折中化倾向，即在其散布中后期，新艺术散布要素融入数量众多的折中主义建筑之中。因此，哈尔滨新艺术建筑具有复杂的风格类型，从新艺术的散布过程来看，可以概括为俄罗斯化倾向、折中化倾向以及装饰艺术化倾向。这些不同倾向也体现了新艺术建筑语言传播过程中的成型效果。如原契斯恰科夫茶庄（现汇丰摄影社），它是折中化新艺术建筑的典型实例（图6-49）。建筑女儿墙栏杆采用具象的甲壳虫作为装饰母题，铸铁阳台栏杆以生动的蝌蚪作为装饰母题，这些装饰手法突出表现了新艺术运动的装饰特征。建筑一侧立面的主要入口以浪漫主义的小尖顶加以强调，尖顶上还有优美的曲线铸铁装饰构件。建筑转角处入口上方的小

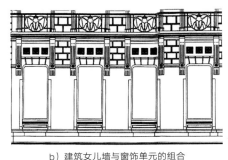

a）独立的窗饰单元　　　　　　　　b）建筑女儿墙与窗饰单元的组合

图6-49　红军街64号新艺术折中化装饰语言

穹顶呈拉长的尖形，结构采用混凝土拱肋与玻璃结合的做法。建筑墙面的哥特细节清晰可辨，小尖塔、雉堞状线脚都体现出浪漫主义的影响。

6.3.3　装饰文化的传播效应

美感信息的传达除建筑符号与审美关联，审美符号的传播效能之外，还突出体现在建筑装饰文化的传播效应。传播与文化是密不可分的，不存在无文化的传播，也不存在无传播的文化，二者互为表里。一方面，传播若要达到预期目的，必须遵循一定的法则，这些法则本身就是文化的一部分。传播所依赖的工具、语言文字等，甚至传播的语境本身都是文化的一部分。建筑外装饰文化的传播体系、传播内容和传播现象都是社会文化的表征和反映。因此，美感信息符号的传播其实不外乎是建筑文化的传播。另一方面，从本质上讲，文化是人类借助符号传达意义的行为，建筑符号与审美符号也自然成为传达意义的美感信息。建筑装饰的文化信息需要借助一定的传播手段才能成为社会文化。那些新潮的观念和思想，正是通过传媒得以播散从而发挥它们巨大的美学作用。

装饰与社会文化环境是一种复杂观念下的一致与互动的关系。首先，建筑装饰文化的传播是一个总体整合的现象，突出表现文化传播能够协调建筑艺术与大众的审美关系，以及文化传播可以强化民族传统与建筑艺术的审美观照；其次，突出表现建筑装饰文化的符号信息依赖于原传介质，即话语"意义"的生产和传播存在"主导的复杂结构"；最后，建筑装饰跨文化传播模式，突出表现在建筑装饰文化现象的"不对称"性和文化冲突两个方面。

6.3.3.1　装饰文化传播的总体整合

文化传播是人类社会最基本、最重要的传播活动。它存在于特定的社会结构之中，并对社会的整合起着积极的促进作用。整合（Integration）原本是生物学和心理学的概念，后来被引入其他学科领域。在建筑学视野中，总体整合指的是建筑的各个部分、各个环节、各种要素通过相互兼容、彼此协调和不断重组，逐步发展成为一个体系完整、结构平衡、功能稳定的有机整体的过程。从整体上看，文化传播在建筑装饰信息总体整合方面的功能主要表现为协调建筑关系、强化审美规范、实现美学控制、形成大众审美认同的重要的组织系统，通过持续有效的建筑装饰的文化传播活动，建筑外装饰有机体能够趋向动态的稳定和平衡，实现装饰系统自身的有机整合。从不同层面来看，建筑外装饰文化的传播功能有着不同的表现形式（图6-50）。

文化传播能够协调建筑装饰艺术与大众的审美关系。审美关系是人与现实的审美关系。人在审美活动中与现实、对象发生的相互依存、相互作用的关系。18世纪法国狄德罗提出"美在关系"说，认为凡是在人的心里引起对关系的知觉的就是美的，这种"关系"已蕴含着"审美关系"这一概念的萌芽。建筑是一个由相互关联的各个部分组成的有机系统，只有实现了构成该系统的各部分之间

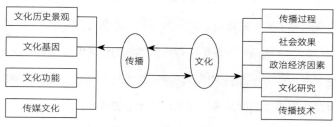

图6-50　文化传播功能示意图

的协调和统一，建筑有机体才能有效地应对周围环境的变化。而文化传播正是进行沟通和协调建筑艺术与大众审美关系的重要途径。一方面，通过文化传播进行了各种社会交往，它促进了不同民族、不同文化相互之间的交流和沟通，这不仅使社会、建筑、艺术、文化之间的关系更加紧密，而且有利于大众审美朝着多元化的方向发展，从而更好地适应不同的审美环境，进而接纳文化之间的差异。另一方面，当社会的内外环境发生变化时，文化传播可以通过建筑装饰信息的独特表现、文化独特魅力、生活方式的沟通等方式，聚合大众审美观念达成最大限度的理解和共识，促进建筑装饰之美"境"的融合，以实现城市建筑不同文化之间能够协调统一的目的。

　　文化传播可以强化民族传统与建筑艺术的审美观照。审美观照不能同周围世界孤立绝缘，需要依靠传播行为作为手段，通过这个手段行使社会控制、分配各种角色、实现对各种努力的协调，表明对未来的期望，促使艺术思潮发展。由文化传统所形成的社会控制，其实是一种心理层面的控制。它是社会文化通过传播和濡化的方式，在其成员的内心世界建立起来的一种控制机制，是深深内化于个体思想之中的信仰和价值观念所产生的内化控制。在实际的社会生活中，文化控制往往能弥补国家权力机构在外化的强制控制方面的缺陷和不足，产生潜移默化的规范和制约效果。社会的风俗、习惯、伦理、道德、宗教、信仰、哲学、艺术等文化要素，不仅塑造了社会成员的思想意识和价值观念，而且约束和控制着个体的各种社会活动。可以说，文化传播的社会控制，归根到底是实现对人的文化行为的控制，使人的思想和行为都纳入稳定的社会规范体系之内，从而维持社会有机体的平衡和稳定。

　　美在一定条件下产生，具有一定的社会内容，并随着社会生活的发展而发展，不同时代、民族产生不尽相同的审美评价，同时又具有美和审美评价的共同性。美具有社会价值。人类需要美、创造美，是因为它对人类具有肯定的价值和广义的功利价值，符合人的精神需要，是人根据自己的需要而发现、创造出来的。美的社会性存在于美的各种形态之中，自然美和形式美只有在人的时间中被"人化"，赋予了一定的社会内容，它对人才是美的，才成为人的审美对象。

社会美、艺术美则更是人的实践创造的产物，体现了人的思想、情感、理想、品格、才能，其本身就具有鲜明的社会性。例如，近代时期俄罗斯民族在哈尔滨外侨中居多数，因而哈尔滨近代建筑较多地反映出俄罗斯建筑的艺术特点。这类建筑在城市建筑艺术中占重要地位，教堂作为建筑艺术载体，也充分反映出俄罗斯民族传统建筑的艺术特征，同时期大量的砖石结构和木结构建筑的外装饰形态，也表现出建筑装饰的艺术风格。俄罗斯民族传统建筑是俄罗斯各个历史时代文化层次和审美需要的一种有形体现。俄罗斯美学徘徊于"生活"与"理念"之间，而且"生活"往往是作为"生命"来理解的。车尔尼雪夫斯基明确地指出"美是生活"，他认为现实生活的美只在内容本质上，而艺术的美则只在形式上，艺术与现实的区别只在形式而不在内容。

6.3.3.2　建筑文化符号的原传介质

美国哲学家C.W.莫里斯认为，"人类文明是依赖于符号和符号系统的，并且人类的心灵是和符号的作用不能分离的——即使我们不可以把心灵和这样的作用等同起来。"可以说，符号是文化传播的基因和代码，是文化传播的媒介和载体，是文化传播的基础。美国符号学先驱皮尔士对符号的解释："一个符号（sign），或者说象征（representation），是某人用来从某一方面或关系上代表某物的某种东西。"与此相似，文化研究学者约翰·费斯克认为："一个符号（sign）具有三个基本特征：它必须有某种物质形式，它必须指自身之外的某种东西，它必须被人们作为某种符号使用与承认。"在这里，符号的构成要素主要体现为三个特征：一是代表食物的形式，二是被符号指涉的对象，三是对符号的意义解释；也可以被表述为媒介关联物、对象关联物和解释关联物（图6-51）。因此，任何事物，只要它独立存在，并和另一种事物有联系，而且可以被解释，那么它的功能就是符号。符号和符号所组成符码或语言的方式，是任何传播研究的基础。

符号 ——————— 形式 ——————— 媒介关联物

对象 ——————— 指称 ——————— 对象关联物

解释 ——————— 意义 ——————— 解释关联物

图6-51　符号的构成特征

在编码者和解码者的背后都有一

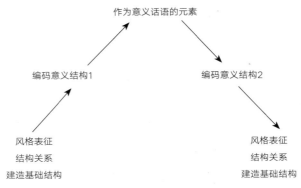

图6-52 装饰话语的意义结构

套完整的审美认识和社会行为系统，真正深刻的传播过程研究，是决不能忽视这种丰富性与复杂性的。霍尔认为传播过程应该看做为一种结构，几个相互联系但各不相同的环节之间的接合。这些环节包括信息的生产、流通、分配、消费和再生产。这些环节保持着它们相对独立的特性，都有自身独特的模式、存在形式和存在条件（图6-52）。

霍尔用编码与解码的术语来暗示生产者、接收者和文本三者之间的关系。在建筑装饰语言传播过程中，一个简单的元素更容易进行复制，并且比那些较为复杂的形态更具有竞争优势；这一标准给我们的认知系统减轻了负担。因此，容易进行编

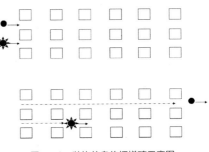

图6-53 装饰信息传播增殖示意图

码的建筑外装饰比难以编码的建筑外装饰更能够进行成功的增殖（图6-53）。现代主义建筑提供了具有巨大复制能力的几何空无性图像。抽象意义上的纯粹性产生了简单性。简单而平淡无奇的模因也向人们作出了情感承诺：它们能够吸引我们的注意力是因为它们具有创新性。如果建筑形体与我们继承思想中对于建筑物所应该具有的样子相反，我们就会感到意外。同时，如果建筑形态能够完全脱离于人类需求，会有助于同人们设想中的创新效果之间缔造一种新的衔接。

6.3.3.3　建筑装饰跨文化传播模式

跨文化传播突出跨文化传播活动的三个基本问题：一是从本质上讲，跨文化传播仍然是信息的传递；二是跨文化传播仍然需要借助一定的物质载体和媒介系统；三是在跨文化传播活动中，不管是信息的传递还是信息系统的运行，至少涉及两个异质文化，必然是发生在不同类型的文化之间。文化的本质属性之一是传播，但是由于政治、经济，有时甚至是文化自身的原因，导致不同文化形式的隔离。这一点可以从文化传播的主要途径和方式体现出来。一般情况下，文化传播强国（地区、民族）与文化传播弱国（地区、民族）之间在文化交流中的不平衡状况，即引进文化要素的数量大于输出文化要素的数量，外来文化对本国、地区和民族的影响大于本国、地区和民族文化对外国（地区、民族）的影响的现象，这也就体现出跨文化传播的"不对称"性。

（1）不对称性

跨文化传播中的"不对称"性，表现在外来文化对本国、地区和民族的影响大于本国、地区和民族文化对外国（地区、民族）影响的范围在不断扩大。在长期的两极格局形式下，跨文化传播中的"不对称"长期以来体现在发达国家、地区和民族与发展中国家、地区和民族之间，有关的争议和斗争也主要发生在发达国家、地区和民族与发展中国家、地区和民族之间。但是，两极格局的终结使长期以来被遮蔽了的跨文化传播中"不对称"现象得以显现。就实际情况来看，跨文化传播中的"不对称"至少可以划分为三个层次：第一是存在于发达国家、地区和民族与发展中国家、地区和民族之间的跨文化传播的"不对称"；第二是存在于发达国家、地区和民族内部的跨文化传播的"不对称"；第三是存在于发展中国家、地区和民族内部的跨文化传播"不对称"。

哈尔滨建筑的发展并不像欧洲那样"循序"，在新艺术运动建筑出现的同时，折中主义也闯了进来，而且势头相当猛烈。哈尔滨是一个各国移民激烈竞争的城市，而人们的审美需求也相对广泛，这就促使了折中主义建筑的蓬勃发展。哈尔滨折中主义建筑特征要比欧美复杂一些，主要是由于时间上的错位而有很大的变化。如何界定它们也是研究近代哈尔滨建筑艺术的一个难点。本文将哈尔滨与欧美的折中主义建筑相比较，从整体轮廓勾勒、建筑元素形式、装饰图案形态、建筑墙面纹样等几个主要方面总结哈尔滨近代体现复古思潮建筑外装饰艺术的形态特征。

（2）文化冲突

文化冲突（cultural conflict，cultural clash）是指两种以上的文化在交流与交往过程中表现出来的矛盾状态和现象。文化冲突的主体是不同的文化，但由于差别表现形式不明显，差别量级不够大，也不太可能发生文化冲突。文化主体不同质是文化冲突产生的根本前提。文化冲突的本质是一种矛盾的现象和状态。当文化冲突用来描述单个、具体的事件、个案等时，它是现象。当文化冲突用来描述整体、概括的同类事件、发展过程和规律时，它更多的是指状态。交流与交往是文化冲突发生的条件。由于文化冲突的主体是不同的文化，这本身也构成了产生文化冲突的差异性条件。跨文化传播既制造认同，也制造差异的结果逐步显现。塞缪尔·亨廷顿在《文明的冲突与世界秩序的重建》中提出："总的来说，人类在文化上正在趋同，全世界各民族正日益接受共同的价值、信仰、实践和体制。"同时，他也提出21世纪，人们文化身份和文化认同的差异将是导致文明间冲突的主要原因。这就是说，跨文化传播本身是一把"双刃剑"。对此，有文化传播学者认为："当前世界文化传播格局和传播模式在促进人类文化交流、加强人类信息传播等方面都发挥了积极作用，但是人们对现有的文化交流、交往模式和文化传播格局产生了诸多疑问，其中一个最大问题是西方发达国家和发展中国家之间文化交流的不平衡、单向度和'不对称'性。"

跨文化传播使不同文化出现了"杂交""混血"和"不对称"现象，甚至有可能导致文化殖民和文化被同化的危险。全球化环境中的文化冲突是多方面的，有主要的几种冲突发生领域。其一是传播文化与现代文化和后现代文化的冲突。所谓传统文化，是指各个国家、地区和民族在长期发展中形成的历史文化；现代文化则是伴随着资本主义工业大发展，成长成熟起来的文化；而后现代文化则是在后现代社会里发展起来的文化。三种文化在时间上表现为依次演进的特点。由于文化特质的显著不同和巨大差异，很容易产生冲突。其二是本土文化与外来文化的冲突。英国著名哲学家罗素在《中西文明比较》中认为："不同文明之间的交流过去已经多次是人类文明发展的里程碑，希腊学习埃及，罗马借鉴希腊，阿拉伯参照罗马帝国，而文艺复兴的欧洲又仿效拜占庭帝国。"文化的交流与交往、传承与演进不可避免，冲突也就难以避免。但是当代本土文化与外来文化的冲突，较多的是指广大发展中国家、地区和民族的民族文化与西方发达国家的文化冲突。其三是"强势"文化与"弱势"文化的冲突。这里所讲的"强势"文化与"弱势"文化主要指的是不同文化的时代性差异。"由于各地域或民族发展的不平衡而产生的处于不同发展水平上的差异，是发展程度上的差异，或者说是先进和落后的差异"。这些差异主要通过在物质领域和制度领域获得体现。由于文化的生命力在于交往，在具体的传播与交流中，"强势"文化对"弱势"文化的输出，必然大于"弱势"文化对"强势"文化的输出，使"弱势"文化受到"强势"文化的影响大于"强势"文化对"弱势"文化的影响。其四是意识形态领域的冲突。这种冲突是跨文化冲突的高级形态。

突出体现民族文化艺术特色的建筑外装饰，其创造性地运用和发展本民族的独特的艺术思维方式、艺术形式、艺术手法来反映现实生活，表现本民族特有的思想感情，使建筑装饰艺术具有民族气派和民族风格。哈尔滨原傅家甸（现道外区）近代时期聚居着大批被中东铁路当局招来的自河北、河南、山东等地的民工而成为哈尔滨最大的中国人居住地。这些工匠对于装饰的认识源自中国传统文化。因此，在他们手里建造出一批带有中西方建筑文化特色的民俗建筑。在西方古典建筑中，墙一般遵循三段式原则，即分成檐壁、墙面、墙裙三部分，这种划分源自以古典柱式为基础的线脚比例。墙面装饰性雕刻元素则采用石膏或者抹灰表现出来。如罗马风格使用雕刻和装饰檐壁的屈曲枝形装饰，以及墙裙带部分、柱础部分也饰有装饰纹样。哈尔滨折中主义建筑的墙面也遵循三段式原则，但墙面装饰集中于檐壁、窗间墙面以及山花上。反映本土文化特色的"中华巴洛克"建筑墙面装饰纹样与西方传统建筑装饰纹样在艺术主题以及图案形式上形成对比，也同时突显了哈尔滨近代建筑装饰的艺术特色。

6.4　美感文化领域的渗透

美感作为一种体验和特殊认识，它的社会根源和性质对于其产生和发展具有特殊的社会功利作用，集中地表现在文化领域的渗透作用。建筑装饰反映一定历史时期人们的文化观念以及审美心理。建筑装饰文化是典型的现代转型过程中通过整合而形成的一种有鲜明特色的文化体系。美感经验形态、美感功能形态以及美感信息符号等，这是在审美活动中引发审美主体感受的物化因素，在此基础之上建筑装饰之美"感"也受到社会文化场所等意识观念的重要影响。因为在文化层面特定历史时期的建筑装饰具有独特的场域特质。以哈尔滨近代建筑装饰的现象场为基础，逐步探究建筑装饰的意义场，进而总结在场域环境中引发人们审美感受的场感信息的活动机制，最后解析哈尔滨近代建筑装饰与审美文化之间交融互渗的美学表现。

6.4.1　建筑装饰现象场

完形心理美学的代表人物之一库尔特·考夫卡援引物理学中关于"场"的各种概念来论证完形理论。"他认为场是与一个物体的行为相关的，因为场决定物体的行为，而这个行为则可用做场的特性的指示者。"与此同时，建筑装饰作为一种特定的艺术语言也传递着建筑装饰的精神文化。哈尔滨近代建筑装饰映射出特殊历史时期的人们的审美观念和价值取向，在这个独特的建筑装饰审美现象场中，不仅体现着独特的装饰文化，也活跃着文化效应、民族语言、艺术形式等场感信息。

6.4.1.1　西方艺术流派

1898～1917年，这段时间是哈尔滨城市格局的基本奠定阶段。这一时期进入哈尔滨的外籍建筑师是俄罗斯人，而同时期的俄罗斯正处于学习西方先进文化的历史阶段，这就使得俄罗斯建筑师将欧洲蓬勃发展的新艺术建筑带入建设初期的哈尔滨。当欧洲新艺术运动走向衰退阶段的时候，哈尔滨新艺术运动却仍在持续地蓬勃发展。在近代哈尔滨城市规划版图上可以看出，新艺术建筑

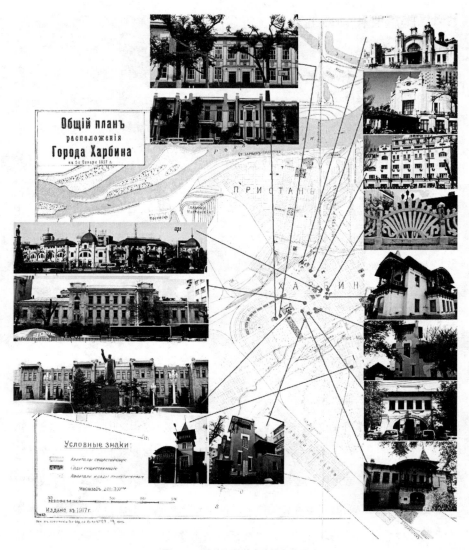

图6-54　南岗区新艺术建筑分布图

相对集中于南岗区西大直街和护军街一带。这些新艺术建筑有原哈尔滨火车站、中东铁路管理局办公楼、铁路高级官员住宅、莫斯科商场等、铁路技术学校等（图6-54）。

　　20世纪初，随着城市人口迅速扩展，外国资本活动的明显增强，推动了一批新建筑的诞生。体现复古思潮的折中主义建筑服务于大型公共建筑。这一时期，折中主义建筑数量逐渐超过了新艺术建筑，成为城市的主流。表现为手法更加多元化的折中主义建筑，大体上分为以古典式为主、文艺复兴式为主、巴洛克式为主、中世纪风格以及集仿多种风格等艺术倾向。装饰形式丰富的折中主义建筑整体上呈现古典风格的共性，为哈尔滨城市建筑增添了多元化艺术面貌。

6.4.1.2 中国传统建筑

1917～1931年，这段时间是哈尔滨近代城市建筑的主要发展期。在振兴民族文化思潮的影响之下，中国民族文化符合时代的呼唤，逐渐在哈尔滨城市中以不可阻挡之势复苏，相继建造了几座中国传统形式的建筑。其中，一部分是佛教寺院建筑，这些建筑比较程式化以院落为单位，如极乐寺和文庙；另一部分以独栋出现，如原普育中学（现哈尔滨第三中学）、比乐街华严寺以及大直街墓塔。这些反映我国民族传统形式的建筑数量不多，但是在城市景观构成中却占有重要地位，也为近代哈尔滨城市增添了强烈的民族色彩（图6-55）。

6.4.1.3 中西合璧装饰

中西合璧成为许多开埠城市的一大建筑景观。近代哈尔滨城市的二元文化的

a）原普育中学

b）极乐寺

c）华严寺

b）文庙

图6-55 中国传统建筑

构成特色不同于国内其他城市，中西合璧也表现出不同的手法。在外来的新体系
建筑"本土化"过程中，由中国工匠所创造的、位于道外区的"中华巴洛克"是
其主要表现形式和代表。在西方建筑传统构件上渗入具有中国民俗文化特色的装
饰形态，这些装饰同时也体现了巴洛克建筑注重装饰、追求新奇、趋向自然的特
征。如原同义庆百货商店（现纯化医院），这座建筑通体充满装饰，而这些装饰
突破了传统的装饰理性，寻求新奇，表现出很强的"非"理性。牡丹、石榴、荷
花、葡萄、海棠等植物装饰形态具有富贵、如意、多子多孙等寓意，同时也体现
了建筑装饰强烈追求自然的情调（图6-56）。哈尔滨由于地处中国东北，远离中
国传统文化的核心地带，但是其发展并没有脱离传统环境。虽然哈尔滨城市整体

图6-56　原同义顺百货商店局部装饰

呈现西洋建筑的艺术氛围，但是在道外区自始至终都渗透着中国民族传统文化的艺术观念。"中华巴洛克"建筑的外装饰就显示出近代中国普遍存在的，中外建筑文化交融的发展态势。

6.4.2　建筑装饰意义场

"审美文化是人类有目的、有意识地创造并享受美的一种特殊社会活动，它指出审美活动是一种能够对社会成员发挥精神教化作用的特殊意识形态方式。"建筑装饰的审美文化则体现了装饰之美的文化本质。广义的建筑之美的本质在于它是"城市"的，又是"建筑"的；是"群体"的，又是"个体"的；是"整体"的，又是"局部"的。哈尔滨近代建筑装饰体现的"城市"的、"建筑"的、"整体"的、"个体"的、"局部"的文化现象，在一个侧面反映了形而上学的审美哲学，另一个侧面透过审美文化分层流变的发展轨迹，反映出生活文化的视觉审美意义。

6.4.2.1　形而上学的转向：生存意义的理性自觉与审美超越

"哲学本质上并非是超验体悟的玄想，而是人类理性的自觉意识……这种理性意识，就会选择高于现实存在的参照系，不会迷失在历史存在甚至异化陷阱中，从而获得并把握自我"。哈尔滨近代建筑的审美文化发展体现为以铁路附属地城市开发价值为内核意义的探索。因此，对建筑装饰审美文化的存在不能单纯地运用知性因果关系来阐释。从当代社会人的现实处境出发，美国学者埃伦·迪萨纳亚克指出"作为审美的人，我们的确需要美和意义"。人们建造房屋最初是为生活提供场所，并且建造适宜自然环境以及具有美感的建筑。早期哈尔滨建造的为数众多的俄罗斯民族传统建筑以及宗教建筑，其建筑形制以及装饰形式都延续了俄罗斯民族的建筑装饰传统。而东正教的帐篷顶和"洋葱头"穹顶造型、中东铁路职工住宅的斜屋顶以及简朴的立面装饰、江上俱乐部返璞归真的装饰主题等则是这种文化观念在建筑装饰上的具体表现。这些体现人文因素的建筑和装饰是在一定历史时期下人们理性的自觉意识的产物。"美学在一定程度上表现源于社会秩序的多余感情，在旧社会秩序里，先验意义与和谐、人类主体的中心性似乎仍旧是相当活跃的。这些形而上学的主张至今仍无法摆脱理性主义的批判力量"。哈尔滨蓬勃发展的新艺术建筑是这种思想文化的直观体现。新艺术的装饰也大多保持于无内容的、不确定的形式中，汲取自然界中动物和植物的形态要素，通过匠人的加工表现这些装饰主题的生命力，同时一些抽象的装饰形态也进一步表现出建筑装饰的浪漫主义情怀。

6.4.2.2　分层流变的发展轨迹：生活化的视觉愉悦

古典时期，美学和艺术都是少数有教养的阶层所拥有的特权。海德格尔曾说："人正是在询问自己和这个世界上其他存在意义的过程中，才真正理解了自己的存在和意义。"近代时期，哈尔滨是一个受到外来文化冲击而发展起来的城市，在建筑装饰上也相应地体现出不同国家和民族的审美文化倾向。但是本土文化在复兴的过程中发生的融合与形变，却体现出两种不同层面上的交融，即在西方建筑体型上加上了中国装饰的文化现象，这也使审美文化分层流变在装饰上的直观体现。傅家甸地区是近代哈尔滨一个比较特殊的行政区，它不在中东铁路附属地的范围内，是中国人集中居住地区和自开商埠区域。傅家甸的建筑是中国工匠自行设计、自行施工建造起来的，工匠们汲取外来文化，在装饰上又有中国传统文化的潜意识（图6-57）。在中国传统文化中，吉祥、富贵、多子多孙等寓意赋予植物和动物，并且将其装饰在建筑上，表达人们对美好生活的向往。而意大利巴洛克建筑的主要特征是注重装饰、追求新奇、趋向自然、气氛热闹，这同时也是哈尔滨"中华巴洛克"建筑所突出表现的审美文化。

a）原泰来仁鞋帽店　　　　　b）原同义庆百货商店　　　　　c）原中央大戏院

图6-57　体现民间传统文化的建筑装饰

6.4.3　场感信息的活动机制

在哈尔滨近代建筑装饰文化现象场中，必然引发审美主客体之间的场感活动。而建筑装饰审美场感的形成一方面依赖于具有某种特征的艺术环境，如建筑外装饰所表征的艺术流派和文化属性等；另一方面，审美主体必须对形式表层的或潜在的信息特质进行感知体验，由此而产生出一种审美心理上的场感。场感信息与人的感知体验构成现象场的表现形态，而信息活动主要体现在民族语言的信息显现、艺术形式的信息知觉、文化效应的获取等方面。

6.4.3.1　文化效应的信息获取

建筑装饰反映民族文化，并且表现了不同文化背景艺术的审美倾向。因为建筑装饰都会展示给人以特定的形式，同时它也是一个受时间、地域、文化、潮流等因素影响的产物。因此，建筑装饰形式是一个由于历史文化延续而在人们头脑中逐渐形成的形象模块。这种模块化的建筑形式感会直接迅速地影响人们对建筑的感知定位。例如，人们看到有大穹顶的建筑时常常会联想到西方教堂，看到飞檐起翘的屋顶就会知觉中国的殿堂庙宇（图6-58）。建筑形式的客观存在，在建

a）俄罗斯民族传统建筑装饰

b）中国民族传统建筑装饰

图6-58　建筑装饰的文化效应

筑装饰现象场中显得尤为重要，因为装饰信息在很多情况下，不只是独立的文化信息，它可能是多样化装饰形式的组合信息，其最终表现为建筑装饰文化效应的信息集合体。

6.4.3.2　民族语言的信息显现

建筑装饰信息的显现体现一定的层次关系，审美主体也会因信息层次而形成一定的感知序列。如哈尔滨圣索菲亚大教堂"洋葱头"式穹顶和帐篷顶造型不仅在整体装饰中突显了建筑的文化属性，同时其装饰秩序也体现了装饰层次的主次之别。"洋葱头"穹顶造型为主要信息，它对知觉的刺激强度相对于帐篷顶的次要信息要大，也表现出次要信息是围绕主要信息周围的信息。建筑装饰的相关信息也是相对于建筑装饰本体信息而言的，构成场感信息的组成部分。如哈尔滨原斯契德鲁斯基犹太教会学校（现哈尔滨朝鲜族第二中学），建筑檐壁蜂窝状钟乳拱装饰、尖券顶窗的六角形圣星标志、檐口及墙面的深色装饰花纹等能够体现民族语言的相关装饰信息，这些也是装饰文化现象场中信息的组成。哈尔滨回族穆斯林的伊斯兰教堂，其建筑装饰也是突出的民族语言的信息显现（图6-59）。教堂顶端中央冠的洋葱头式穹顶坐落在六角形鼓座上；在建筑轴线的西端顶部设叠落三层高耸的望月楼。望月楼和穹顶顶端均高擎象征伊斯兰教历的一轮新月。

a）圣·阿列克谢耶夫教堂　　　　b）原犹太教会学校　　　　　c）清真寺

图6-59　体现民族语言的建筑装饰

6.4.3.3　艺术形式的信息知觉

阿恩海姆这样表述知觉的概念："大量事实证明，有机体的直觉能力是随着能够逐渐把握外部事物的突出结构特征而发展起来的。"知觉活动是建筑装饰信息由人的生理感官传导至大脑神经元发挥作用的过程。在过程中视觉对建筑物对

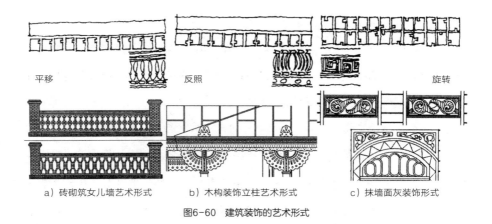

平移	反照	旋转

a）砖砌筑女儿墙艺术形式　　　　b）木构装饰立柱艺术形式　　　　c）抹墙面灰装饰形式

图6-60　建筑装饰的艺术形式

象的扫描过程是主动寻求信息的过程，摄取视域内的所有内容都会成为信息内容，然后再进行信息整合。心理学家将这种信息整合能力总结为一种"概括"能力。因此，知觉是从记录个别事物开始的，比较普遍存在的有规律的、重复的装饰信息形式。这些信息体现在建筑局部装饰上，其处理手法上就有平移、逆转、反照等多种样式，而变化的艺术形式通过重复与差异引发审美主体的审美知觉。在建筑装饰上，具体表现为通过建筑材料的构筑方式或图案化的形式语言得以体现。同时，这些信息形式在刺激的程度上，因建筑装饰的构成要素、构成方式不同，信息刺激的强度也会各有差异（图6-60）。这种具有强烈信息知觉的艺术形式，根据装饰材质差异表现形态各异。例如，哈尔滨原傅家甸传统民居的砖砌女儿墙的艺术形式，俄罗斯民族传统木装饰檐部的艺术形式，以及采用抹灰塑造的装饰形式。这些突出不同表现特征的装饰图案，其形式中重复与差异是引发审美知觉的装饰现象。

6.4.4　整合分离的发展轨迹

建筑装饰的场感信息在现象场和意义场之中表现为一种游离的状态，它所体现的不同美学倾向也是从一定的角度诠释了建筑之美的装饰表现。在现象场中，具有突出表意特征的装饰要素，其动态发展具体表现为建筑装饰场感信息的整合与分离。

6.4.4.1　整合与交融

1860年，中国人就肯定了西方技术和艺术的成就，并兴起了洋务运动。借此，欧洲的科学技术和美术工艺等大量涌入近代中国。与中国近代其他城市发展不同，哈尔滨作为铁路附属地城市，属于被动开发的"约开口岸"城市。在建城初期，俄国的建筑师将欧美流行的建筑潮流引入哈尔滨。而欧美建筑艺术潮流在哈尔滨本土的文化表现，并不是一味照搬照抄，而是体现出文化传播过程中所体现的"中介性效应"。哈尔滨近代建筑装饰也就显示出第三地域的文化特质。这些建筑装饰往往不是简单地模仿和照搬西方原有的样式，而是融合了一些第二地域和第三地域的民族文化后的再加工与再组合构成的，这样所产生的装饰文化既传承于西方，又与西方稍有差别。

在整合过程中，是建筑、装饰、文化、审美四者之间按照合理化的艺术逻辑进行的信息重组。资料显示，"哈尔滨城市现代转型的历史进程，正处于世界历史从近代向现代转化的时期，建筑作为时代的产物也体现着这场社会变革的特点：传统建筑再度复出和新思潮建筑的孕育萌芽"。折中主义是19世纪下半叶、20世纪初盛行于欧美并产生广泛影响的建筑思潮。哈尔滨折中主义建筑在近代建筑中所占比重最大，持续时间最长。它除了模仿西方历史上的各种风格外，还对各种历史式样进行了整合，试图通过片段的拼贴与综合，产生新颖别致的构图与形式。如原波尔沃任斯基医院（现哈尔滨市少年宫），它采取了文艺复兴时期常用的手法，其中又包含古典主义因素。建筑立面遵循横向五段竖向三段的构图法则。建筑物为三层，首层为基座层，以连续的腰线与上部分割。二、三层用两层高的爱奥尼克巨柱联系在一起，构成部分带壁柱的墙身。其余部分全部采用文艺复兴时期建筑常用的仿重块石形式砌筑墙体。三段式构图手法以及墙体砌筑形式突出表现了文艺复兴的装饰手法，爱奥尼克柱式是古典主义元素，这些是装饰与文化在整合过程中所表现的形式。

在交融过程中，出现建筑、文化、装饰、审美四者之间按照审美主体与审美客体的供求关系进行的信息重构。与整合过程相反，装饰信息的分离并不是脱离装饰系统而独立存在，而是在整个艺术体系当中，通过主从对比关系而突出其审美特征。在欧洲意大利文艺复兴之后，出现了巴洛克建筑思潮，同法国的古典主义建筑思潮同时产生同时发展，互相矛盾又互相渗透。在哈尔滨的巴洛克建筑是作为折中主义的一种因素出现。如原松浦洋行（现教育书店）是具有巴洛克特征的折中主义建筑。建筑下两层为基座，上部两层悬挑出科林斯壁柱，以强调光影变幻的装饰效果。墙面窗额均做了高线脚高浮雕，在主入口和尾端部位分别设阳台和断折小山花顶。这些突出体现巴洛克建筑的装饰信息，根据折中主义建筑所表达的审美需求，在整体建筑形式中相对突出，它不仅是从巴洛克建筑中分离出来的，同时也是现有建筑装饰信息分离重构的结果。

6.4.4.2　分离与渗透

在几千年的发展历程中，中国古代建筑装饰一直延续传统。而在这一阶段的建筑装饰也不可避免的留有前一阶段的历史印记。相应地，近代哈尔滨建筑风格"无论哪一种类型都不是由哈尔滨土生土长而发展起来的，而是由外部植入的"。在这一时期，哈尔滨近代建筑装饰也追随历史潮流，在建筑装饰上反映出独特的分离与渗透的发展轨迹。

从建筑本体和装饰关系的角度看，建筑装饰可以分为西方体形与西方装饰的组合形式、西方体形与中国装饰的组合形式以及中国体形与中国装饰的组合形式三种。其一，西方体形与西方装饰的组合。这类建筑的外装饰具有典型的西洋古典建筑装饰的特征。哈尔滨近代时期这种类型建筑占总数的87%。其二，西方体形与中国装饰的组合。这类建筑的外装饰属于布杂的装饰手法。如哈尔滨原傅家甸（现道外区）的建筑在装饰上体现出为西方体形附加中国装饰的手法，而这种中西合璧的装饰特色，同时也是许多开埠城市的一大建筑景观。

分离过程中也表现出建筑文化领域以及装饰艺术形式两个主要方面的渗透。哈尔滨城市是以修筑中东铁路为契机开启了现代城市转型，这一时期的城市建筑也反映出特殊历史背景下文化观念与审美倾向的转变。装饰作为建筑不可分割的主要组成部分，它的表现形式也突出表征了建筑艺术的文化内涵。建筑装饰的审美价值体现在审美知觉对象中，是通过装饰信息表达了其自然性和社会性。在哈尔滨近代建筑现象场中，人与建筑、反映与被反映所构成的某种生动、复杂的交互关系，这种关系催生了建筑审美文化的发展。而建筑装饰的场感信息在此过程中则成为一种催化剂，推动了建筑装饰与审美文化之间的渗透。这种渗透关系，既深刻地表述了历史，也深远地作用于未来，为延续和发展城市历史文脉发挥了重要的作用。

中西交融是中国近代建筑的价值观。侯幼彬教授认为，"中国近代建筑史上的'中西交融'思想渗透着浓厚的传统道器观念和本末观念，渗透着浓重的布杂建筑观念，是国粹主义与折中主义建筑观的交织物，从而导致创作中的'食古不化'，背上沉重的'硬'传统包袱，也推延了中国接受现代主义的时刻表"。产生这种社会文化心理，是受到当时的社会发展环境的直接影响。并且，这种社会文化也直接作用于建筑装饰的直观表现上。近代哈尔滨建筑装饰在美学层面表现了特殊的审美价值和艺术价值，建筑装饰的文化属性也从一个侧面反映出社会发展进程中不同价值体系之下装饰艺术的发展走向。同时，它的形成与发展也同样是在"动力因"的作用下，主要表现为崇尚欧美艺术潮流和驳杂化装饰观念这两个方面的美学表现。

6.5　本章小结

本章研究哈尔滨近代建筑装饰之美"感"，结合知觉理论、审美心理学、美学场论等相关理论，得出以下结论：

第一，在审美过程中，引发审美主体审美感受的重要活动形态是经验形态和功能形态，它们受到审美主体感官结构的重要影响。引发美感的功能形态具体表现为塑造建筑装饰形体空间、元素式样体以及整体系统的平衡；引发美感的经验形式突出强调了建筑艺术活动中非理性、理性与情感因素的决定作用。

第二，在审美过程中，美感信息的传播受到语言效应的影响，具体表现为美感信息符号的传达。首先，建筑符号的审美关联是以构成建筑符号的结构特征为主要切入点，即非连续性信息符号、双重指称装饰符号、共性与个性的"类"对应，从这三个主要方面阐述哈尔滨近代建筑的装饰表象与审美活动中语言符号的关联属性。其次，在主客体审美活动中，建筑外装饰审美符号的独特传播效能。建筑装饰在审美传播过程中突出建筑装饰符号语言的传播功效。基于研究发现，在建筑外装饰审美系统中具体表现为"触发效果"和"成型效果"。最后，哈尔滨近代建筑装饰文化的传播效应。装饰与社会文化环境是一种复杂观念下的一致与互动的关系。建筑装饰文化的传播是一个总体整合的现象，建筑装饰文化的符号信息依赖于原传介质，即话语"意义"的生产和传播存在"主导的复杂结构"。哈尔滨近代建筑装饰文化现象是跨文化的传播模式，通过论文研究发现具体表现出建筑装饰文化的"不对称"性和文化冲突的美学表现。

第三，在审美过程中，存在建筑装饰与审美文化交融互渗的美学现象。这种现象首先存在于具有独特历史文化背景的建筑装饰现象场中，其次引发美感的艺术形态自身也具有独特意义，从而进一步建立了现象场之外的审美意义场。在场域环境之内，建筑艺术与传统文化、新潮思想之间相互整合、分离与渗透的活动产生了独具铁路附属地特色的哈尔滨近代建筑装饰艺术。

结 论

　　建筑外装饰作为一种形式语言通常具有非建筑含义，并且偏向于审美方面的精神需求。本书从审美价值角度，以"因、形、意、境、感"所构成的相互影响、相互制约的结构体系为切入点，对哈尔滨近代建筑外装饰展开研究并且建构了从"因"之表象到"形、意、境"之审美内涵再到"感"之审美经验的理论体系，为解读建筑外装饰美学特征和价值取向作出重要的理论贡献。同时运用现代理性的工具展开研究，在物象表面层面采用"四因说"的分析方法，物象之内在机理分析层面采用五位一体的方法，并且结合形态学、语言学的相关研究成果，论述了哈尔滨近代建筑外装饰的审美价值，得出以下结论：

　　第一，美"因"是建筑外装饰物象表象层面的主要内容。装饰之美取决于质料因素、理式因素、动力因素和实现因素，这"四因"是决定美的事物产生、变化和发展的重要原因。质料是塑造艺术形式的潜能，而艺术形式得以实现同时受到理式、动力、实现因素的影响而呈现不同的潮流走向的审美倾向。美的形式也是在质料与潜能相互作用与转化之间形成的。

　　第二，美"形"体现建筑外装饰审美形态的美质。哈尔滨近代建筑装饰整体上呈现四种艺术特征：社会性、时代性、复古性、民族性。不同艺术特质的建筑装饰，其美的表现或存在都依附于装饰之"形"。美的形式自身的形式特征表现出现实美的属性。即俄罗斯民族传统建筑装饰反映美的实体性，新思潮建筑装饰反映美的自在性，复古思潮建筑装饰反映出美的本原性。

　　第三，美"意"反映建筑外装饰艺术思维的表意逻辑。决定建筑装饰形式构成的美学意匠、形态表象的美学意蕴以及装饰语言的美学意趣，这三个方面共同建立了建筑装饰系统从整体到细部的表意逻辑体系。

　　第四，美"境"反映建筑外装饰在社会经济发展和文化环境影响下的形而上层的艺术形态。在建筑艺术环境中，建筑与建筑之间、装饰元素与建筑以及突出表意作用的语言符号与建筑环境之间营造的艺术氛围就是"境"。本文提出装饰模因催发美"境"的重要因素，对艺术氛围的塑造发挥重要作用。

第五，美"感"受到审美主体感官结构的重要影响，在传播过程中体现语言效应的重要作用，同时也表现出建筑装饰与审美文化交融互渗的审美现象。本文从知觉现象、经验形式以及语言信息等方面建立整体逻辑体系，以此为基础拓展到哲学意义层面的文化领域，并且总结建筑装饰文化的审美效应。

研究建立了由五个影响建筑外装饰之美的重要因素构件的框架体系，即美"因"、美"形"、美"境"、美"意"、美"感"。建筑外装饰的审美价值必然受到这五个方面的影响和制约，或者侧重于其中的某一方面，但同时也不能脱离其他因素的影响和制约。通过五位一体的研究方法建构了立体的、多视角的理论模型，为深入阐释抽象的建筑艺术形式美确立了着眼点，不同艺术流派和文化属性建筑装饰的审美价值在系统中也各有其发展倾向。

图片来源

第1章

图1-1：笔者自绘.

图1-2：汪正章. 建筑美学［M］. 北京：人民出版社，1991：67.

图1-3：笔者自绘.

第2章

图2-1：武国庆. 建筑艺术长廊：中东铁路老建筑寻踪［M］. 哈尔滨：黑龙江人民出版社，2008：6.

图2-2～图2-12：笔者拍摄.

图2-13～图2-14：笔者自绘.

图2-15：笔者拍摄.

图2-16：（法）佩罗. 古典建筑的柱式规制［M］. 包志禹译. 北京：中国建筑工业出版社，2009：46.

图2-17：钱正坤. 世界建筑风格史［M］. 上海：上海交通大学出版社，2005：195.

图2-18：笔者自绘.

图2-19：黑龙江省政协，退休生活杂志社. 话说哈尔滨［M］. 北京：华龄出版社，2002：18.

图2-20～图2-21：笔者拍摄.

图2-22：笔者自绘.

图2-23～图2-24：笔者拍摄.

图2-25：俞滨洋，解国庆. 哈尔滨印象［M］. 北京：中国建筑工业出版社，2005：16.

图2-26：武国庆. 建筑艺术长廊：中东铁路老建筑寻踪［M］. 哈尔滨：黑龙江人民出版社，2008：17.

图2-27：黑龙江省政协，退休生活杂志社. 话说哈尔滨［M］. 北京：华龄出版社，2002：56.

图2-28：俞滨洋，解国庆. 哈尔滨印象［M］. 北京：中国建筑工业出版社，2005：50.

图2-29：俞滨洋，解国庆. 哈尔滨印象［M］. 北京：中国建筑工业出版社，2005：54，56.

图2-30：黑龙江省政协，退休生活杂志社. 话说哈尔滨［M］. 北京：华龄出版社，2002：85.

图2-31：黑龙江省政协，退休生活杂志社. 话说哈尔滨［M］. 北京：华龄出版社，2002：86.

图2-32：笔者拍摄.

图2-33：黑龙江省政协，退休生活杂志社. 话说哈尔滨［M］. 北京：华龄出版社，2002：103.

图2-34：黑龙江省政协，退休生活杂志社. 话说哈尔滨［M］. 北京：华龄出版社，2002：122.

图2-35：黑龙江省政协，退休生活杂志社. 话说哈尔滨［M］. 北京：华龄出版社，2002：45.

图2-36：（俄）克拉金. 哈尔滨：俄罗斯人心中的理想城市［M］. 张琦，陆立新译. 哈尔滨：哈尔滨出版社，2007：162.

图2-37：（俄）克拉金. 哈尔滨：俄罗斯人心中的理想城市［M］. 张琦，陆立新译. 哈尔滨：哈尔滨出版社，2007：163.

图2-38：（俄）克拉金. 哈尔滨：俄罗斯人心中的理想城市［M］. 张琦，陆立新译. 哈尔滨：哈尔滨出版社，2007：173.

图2-39：笔者自绘.

图2-40～图2-43：笔者拍摄.

图2-44：笔者自绘.

第3章

图3-1：俞滨洋，解国庆.哈尔滨印象［M］.北京：中国建筑工业出版社，2005：56.

图3-2~图3-5：笔者自绘.

图3-6~图3-7：笔者拍摄.

图3-8~图3-19：笔者自绘.

图3-20：俞滨洋，解国庆.凝固的乐章：哈尔滨市保护建筑纵览［M］.北京：中国建筑工业出版社，2005：23.

图3-21：俞滨洋，解国庆.凝固的乐章：哈尔滨市保护建筑纵览［M］.北京：中国建筑工业出版社，2005：25.

图3-22：笔者拍摄.

图3-23~图3-25：笔者自绘.

图3-26：笔者拍摄.

图3-27：俞滨洋，解国庆.凝固的乐章：哈尔滨市保护建筑纵览［M］.北京：中国建筑工业出版社，2005：85.

图3-28~图3-31：笔者自绘.

图3-32 a）：笔者自绘.

图3-32 b）：俞滨洋，解国庆.凝固的乐章：哈尔滨市保护建筑纵览［M］.北京：中国建筑工业出版社，2005：57.

图3-33~图3-35：笔者自绘.

图3-36 a）：俞滨洋，解国庆.哈尔滨印象［M］.北京：中国建筑工业出版社，2005：43.

图3-36 b）：笔者自绘.

图3-37~图3-38：笔者自绘.

图3-39：俞滨洋，解国庆.哈尔滨印象［M］.北京：中国建筑工业出版社，2005：75.

图3-40：笔者自绘.

图3-41 a）：俞滨洋，解国庆.凝固的乐章：哈尔滨市保护建筑纵览［M］.北京：中国建筑工业出版社，2005：33.

图3-41 b）：笔者自绘.

图3-41 c）：笔者自绘.

图3-42 a）：笔者自绘.

图3-42 b）：俞滨洋，解国庆.凝固的乐章：哈尔滨市保护建筑纵览［M］.北京：中国建筑工业出版社，2005：79.

图3-43：笔者自绘.

图3-44~图3-55：笔者自绘.

第4章

图4-1~图4-12：笔者自绘.

图4-13：俞滨洋，解国庆.凝固的乐章：哈尔滨市保护建筑纵览［M］.北京：中国建筑工业出版社，2005：71.

图4-14~图4-43：笔者自绘.

图4-44~图4-45：笔者拍摄.

图4-46：笔者自绘.

图4-47 a）：俞滨洋，解国庆.凝固的乐章：哈尔滨市保护建筑纵览［M］.北京：中国建筑工业出版社，2005：62.

图4-47 b）：笔者自绘.

图4-47 c）：笔者自绘.

图4-48 ~ 图4-49：笔者拍摄.

图4-50：笔者自绘.

图4-51 a）：笔者拍摄.

图4-51 b）：笔者拍摄.

图4-51 c）：俞滨洋，解国庆. 凝固的乐章：哈尔滨市保护建筑纵览［M］. 北京：中国建筑工业出版社，2005：79.

图4-52：笔者拍摄.

图4-53 ~ 图4-55：笔者自绘.

图4-56 ~ 图4-57：笔者拍摄.

图4-58：俞滨洋，解国庆. 凝固的乐章：哈尔滨市保护建筑纵览［M］. 北京：中国建筑工业出版社，2005：37.

图4-59：俞滨洋，解国庆. 凝固的乐章：哈尔滨市保护建筑纵览［M］. 北京：中国建筑工业出版社，2005：85.

图4-60：俞滨洋，解国庆. 凝固的乐章：哈尔滨市保护建筑纵览［M］. 北京：中国建筑工业出版社，2005：80.

图4-61 ~ 图4-63：笔者自绘.

图4-64：笔者拍摄.

图4-65：王受之. 世界现代设计史［M］. 北京：中国建筑工业出版社，1999：71.

图4-66 ~ 图4-69：笔者自绘.

图4-70：笔者拍摄.

图4-71：笔者拍摄.

第5章

图5-1：叶朗. 中国美学史大纲［M］. 上海：上海人民出版社，1985：235.

图5-2 ~ 图5-4：笔者拍摄.

图5-5 a）：笔者拍摄.

图5-5 b）：笔者拍摄.

图5-5 c）：笔者自绘.

图5-6 a）：笔者自绘.

图5-6 b）：笔者拍摄.

图5-7 ~ 图5-8：笔者自绘.

图5-9 a）：笔者自绘.

图5-9 b）：笔者拍摄.

图5-10 ~ 图5-11：钱正坤. 世界建筑风格史［M］. 上海：上海交通大学出版社，2005：32.

图5-12 ~ 图5-15：笔者自绘.

图5-16：百度图片https：//baike.baidu.com/item/华西里·柏拉仁诺大教堂/1428979?fr=aladdin.

图5-17：笔者自绘.

图5-18：俞滨洋，解国庆. 凝固的乐章：哈尔滨市保护建筑纵览［M］. 北京：中国建筑工业出版社，2005：252.

图5-19 ~ 图5-20：笔者自绘.

图5-21 a）：笔者自绘.

图5-21 b）：俞滨洋，解国庆. 凝固的乐章：哈尔滨市保护建筑纵览［M］. 北京：中国建筑工业出版社，2005：70.

图5-21 c）：笔者拍摄.

图5-22：笔者自绘.

图5-23: 黑龙江省政协，退休生活杂志社．话说哈尔滨［M］．北京：华龄出版社，2002: 135.

图5-24: 侯幼彬．中国建筑美学［M］．哈尔滨：黑龙江科学技术出版社，1997: 268.

图5-25: 侯幼彬．中国建筑美学［M］．哈尔滨：黑龙江科学技术出版社，1997: 271.

图5-26 ~ 图5-27: 黑龙江省政协，退休生活杂志社．话说哈尔滨［M］．北京：华龄出版社，2002: 64.

图5-28 ~ 图5-33: 笔者自绘.

图5-34: 陈志华．外国建筑史：19世纪末叶以前［M］．北京：中国建筑工业出版社，1997: 34.

图5-35: 笔者自绘.

图5-36 a）: 笔者拍摄.

图5-36 b）: 笔者拍摄.

图5-36 c）: 笔者自绘.

图5-37 a）: 笔者自绘.

图5-37 b）: 笔者拍摄.

图5-38: 笔者拍摄.

图5-39 a）: 钱正坤．世界建筑风格史［M］．上海：上海交通大学出版社，2005: 126.

图5-39 b）: 笔者自绘.

图5-40 a）: 胡建成．俄罗斯艺术［M］．石家庄：河北教育出版社，2003: 61.

图5-40 b）: 胡建成．俄罗斯艺术［M］．石家庄：河北教育出版社，2003: 54.

图5-41 ~ 图5-45: 笔者自绘.

第6章

图6-1 ~ 图6-3: 笔者自绘.

图6-4: 俞滨洋，解国庆．凝固的乐章：哈尔滨市保护建筑纵览［M］．北京：中国建筑工业出版社，2005: 252.

图6-5 ~ 图6-24: 笔者自绘.

图6-25: 俞滨洋，解国庆．凝固的乐章：哈尔滨市保护建筑纵览［M］．北京：中国建筑工业出版社，2005: 80.

图6-26 ~ 图6-29: 笔者自绘.

图6-30: 笔者拍摄.

图6-31: 笔者自绘.

图6-32: 俞滨洋，解国庆．凝固的乐章：哈尔滨市保护建筑纵览［M］．北京：中国建筑工业出版社，2005: 158.

图6-33: 笔者拍摄.

图6-34: （英）尼古拉斯·佩夫斯纳等．反理性主义者与理性主义者［M］，邓敬等译．北京：中国建筑工业出版社，2003: 145.

图6-35 ~ 图6-37: 笔者自绘.

图6-38: 笔者拍摄.

图6-39: 笔者自绘.

图6-40: 笔者拍摄.

图6-41: 梁玮男．哈尔滨"新艺术"建筑的传播学解析［D］．哈尔滨：哈尔滨工业大学，2005: 120.

图6-42 ~ 图6-43: 笔者自绘.

图6-44 a）: 笔者自绘.

图6-44 b）: 俞滨洋，解国庆．凝固的乐章：哈尔滨市保护建筑纵览［M］．北京：中国建筑工业出版社，

2005：205.

图6-44 c）：笔者自绘.

图6-45：笔者自绘.

图6-46：高兵强. 新艺术运动［M］. 上海：上海辞书出版社，2010：119.

图6-47～图6-48：笔者拍摄.

图6-49～图6-54：笔者自绘.

图6-55～图6-57：笔者拍摄.

图6-58：笔者自绘.

图6-59：笔者拍摄.

图6-60：笔者自绘.

附　表

哈尔滨近代时期建造的教堂（1898～1917年）　　附表1

序号	名称	创建年代	地点
1	圣·尼古拉教堂	1898年8月	香坊区军官街（现香政街）
2	圣尼古拉大教堂亦称中央寺院	1900年12月	南岗区中心广场
3	圣母领报教堂亦称圣母报喜教堂	1903年5月	道里区警察街（现友谊路）
4	圣·索菲亚教堂	1907年	道里区水道街（现透笼街）
5	圣伊维尔教堂	1907年	道里区军官街（现霁虹街）
6	圣母安息教堂亦称圣母升天教堂	1908年9月	南岗区大直街1号
7	圣·索菲亚教堂	1908年	王兆屯懒汉屯56号
8	商业学校附属教堂	1910年	商业学校内
9	圣阿列克谢耶夫教堂	1912年	马家沟教堂街（现果戈理大街）
10	主易圣容教堂	1920年	王兆屯木兰街17号
11	圣先知伊利亚教堂	1921年11月	道里区工部街19号
12	圣母守护教堂	1922年11月	南岗区大直街54号
13	圣彼得教堂	1923年1月	新安埠安丰街56号
14	述福音约翰教堂	1923年	马家沟文艺街
15	圣先知约翰教堂	1923年7月	道里区民康街16号
16	圣波里斯教堂	1923年7月	正阳河河清街21号
17	圣·尼古拉教堂	1923年	江北临江街55号
18	圣母—符拉季米尔女子修道院	1924年8月	马家沟邮政街
19	圣母—喀山男子修道院	1924年8月	马家沟十字街
20	圣彼得洛巴夫洛夫教堂	1924年	南岗辽阳街15号
21	阿列克谢耶夫教堂	1925年	南岗区曲线街（现教化街）
22	神学者约翰教堂	1927年	马家沟营部街
23	圣·尼古拉教堂	1928年	道里区监狱内
24	小伊维尔教堂	不详	中央寺院旁
25	圣乌斯宾教堂	不详	沙漫屯段尼谢街26号

哈尔滨新艺术建筑汇总　　　　　　　　附表2

序号	建筑名称	建造年代	建造地点	建筑概况	备注
1	香坊气象站	1899年	今香坊公园内	地上2层，结构不详	第一座新艺术建筑，已毁
2	黑龙江省社会科学联合会	1900年	南岗区跃景街64号	地上2层，地下1层，砖木结构	原中东铁路高级官员住宅
3	哈尔滨铁路分局幼儿园	1900年左右	南岗区联发街1号	地上2层，地下1层，砖木结构	原中东铁路高级官员住宅
4	哈尔滨铁路局	1902年始建	南岗区西大直街51号	地上2层，地下1层，砖混结构	原名中东铁路管理局1906年重建
5	龙门大厦贵宾楼	1902年始建	南岗区红军街85号	地上2层，地下1层，砖木结构	原名中东铁路旅馆
6	哈尔滨市科学宫	1902年	道里区上游街23号	地上2层，砖混结构	哈尔滨商务俱乐部
7	哈尔滨老火车站	1903年	原南岗区车站街	地上2层，砖钢结构	设计师基特维奇
8	哈尔滨铁路卫生学校旧楼	1904年	南岗区西大直街39号	地上2层，地下1层，砖木结构	原外阿穆尔军区司令部
9	哈尔滨游泳馆	1904～1910年	南岗区红军街9号	地上2层，地下1层，砖木结构	原契斯恰科夫住宅
10	哈工大土木楼后楼	1906年	南岗区西大直街66号	地上2层，地下1层，砖木结构	原哈尔滨铁路技术学校
11	哈尔滨工业大学老图书馆	1906年	南岗区西大直街171号	地上2层，砖木结构	原中东铁路商务学堂
12	黑龙江省博物馆	1906年	南岗区红军街44号	地上2层，地下1层，砖混结构	原莫斯科商场
13	原哈市五金公司	1907年	道里区中央大街153号	地上4层，地下1层，砖木结构	原联谊饭店1907年始建
14	红军街商店住宅	1908年	南岗区红军街34号	地上2层，砖木结构	原中东铁路理事事物室兼住宅
15	公司街住宅	1908年	南岗区公司街78号	地上2层，地下1层，砖木结构	原中东铁路会办公馆
16	空军某部住宅	不详	南岗区文昌街空军某部院内	地上2层，砖木结构	
17	原奋斗路饭店	不详	南岗区奋斗路216号	地上2层，地下1层，砖木结构	已毁

序号	建筑名称	建造年代	建造地点	建筑概况	备注
18	原五金交电商店住宅	不详	红军街57号	地上2层，地下1层，砖木结构	原哈尔滨都主教区主教府，已毁
19	大安街住宅	1910年	道里区大安街47号	地上1层，砖木结构	不详
20	哈尔滨铁路分局工程处	1912年	南岗区红军街64号	地上2层，地下1层，砖木结构	原契斯恰科夫茶庄，建筑师日丹诺夫
21	马迭尔宾馆	1913年	道里区中央大街89号	地上3层，地下1层，砖混结构	原马迭尔宾馆
22	秋林百货公司	1919年	道里区中央大街	地上3层，砖混结构	原秋林商行道里分行
23	哈尔滨市文联	1920年前	道里区田地街91号	地上2层，砖混结构	原丹麦领事馆
24	原通江街住宅	1922年	道里区通江街72号	地上3层，砖木结构	原夫连洁利住宅，已毁
25	哈尔滨市纺织局	1923年	道里区地段街80号	地上3层，砖混结构	原国际运输会社
26	原道里区西五道街住宅	1925年	道里区西五道街37号	地上3层，局部4层，砖木结构	原俄侨事务局
27	黑龙江省医药公司	1926年	道里区中医街101号	地上3层，砖混结构	原扶轮育才讲习所
28	原东风街住宅	不详	道里区东风街19号	地上3层，砖混结构	已毁
29	哈尔滨摄影社	1927年	道里区中央大街56号	地上2层，地下1层，砖木结构	原密尼阿球尔咖啡茶室店

参考文献

[1] 杨秉德. 中国近代城市与建筑（1840～1949）[M]. 北京：中国建筑工业出版社，1993.

[2] 梅汉成. 觉醒与繁荣：19世纪下半叶俄罗斯艺术成长史 [M]. 南京：东南大学出版社，2006.

[3] （俄）尼古拉·别尔嘉耶夫. 俄罗斯命运 [M]. 汪剑钊译. 南京：译林出版社，2011.

[4] 胡建成. 俄罗斯艺术 [M]. 石家庄：河北教育出版社，2003.

[5] 张法. 美学导论 [M]. 北京：中国人民大学出版社，1999.

[6] 曾坚，蔡良娃. 建筑美学 [M]. 北京：中国建筑工业出版社，2009.

[7] 冯骥才. 现代都市文化的忧患 [M]. 上海：学林出版社，2000.

[8] 侯幼彬. 系统建筑观初探 [J]. 建筑学报，1985（4）.

[9] （英）贡布里希. 秩序感：装饰艺术的心理学研究 [M]. 范景中，杨思梁，徐一维译. 杭州：浙江摄影出版社，1987.

[10] （意）莱昂·巴蒂斯塔·阿尔伯蒂. 建筑论：阿尔伯蒂建筑十书 [M]. 王贵祥译. 北京：中国建筑工业出版社，2010.

[11] （英）约翰·罗斯金. 建筑的七盏明灯 [M]. 张璘译. 济南：山东画报出版社，2006.

[12] 汪正章. 建筑美学 [M]. 北京：人民出版社，1991.

[13] 牟宗三. 四因说演讲录 [M]. 上海：上海古籍出版社，1998.

[14] 朱光潜. 西方美学史 [M]. 北京：金城出版社，2010.

[15] 赵宪章，张辉，王雄. 西方形式美学：关于形式的美学研究 [M]. 南京：南京大学出版社，2008.

[16] （俄）尤里·谢尔盖耶维奇·里亚布采夫. 千年俄罗斯：10至20世纪的艺术生活与风情习俗 [M]. 张冰，王加兴译. 北京：生活·读书·新知三联书店，2007.

[17] （俄）莫·依·尔集亚宁. 俄罗斯建筑史 [M]. 刘志华译. 北京：中国建筑工业出版社，1955.

[18] 武国庆. 建筑艺术长廊：中东铁路老建筑寻踪 [M]. 哈尔滨：黑龙江人民出版社，2008.

[19] （古罗马）维特鲁威. 建筑十书 [M]. 北京：知识产权出版社，2001.

[20] （古希腊）亚里士多德. 物理学 [M]. 徐开来译. 北京：中国人民大学出版社，1984.

[21] （古希腊）亚里士多德. 形而上学 [M]. 苗力田译. 北京：中国人民大学出版社，1984.

[22] W. SYHER, Four Stages of Renaissance Style [M]. Doubleday/Anchor, 1955: 201.

[23] C. WREN. Inaugural Lecture, Gresham Colege, 1657; quoted in M. Whinney [M]. Wren: Thames&Hudson, 1971: 9.

[24] （法）佩罗. 古典建筑的柱式规制 [M]. 包志禹译. 北京：中国建筑工业出版社，2009.

[25] 钱正坤. 世界建筑风格史 [M]. 上海：上海交通大学出版社，2005.

[26] （德）卡尔·马克思，弗·恩格斯. 马克思恩格斯选集（第2卷）[M]. 中共中央马克思恩格斯列宁斯大林著作编译局. 北京：人民出版社，1995.

[27] 彭一刚. 建筑空间组合论 [M]. 北京：中国建筑工业出版社，2008.

[28] （俄）伊·布·米哈洛弗斯基. 古典建筑形式 [M]. 刘志华译. 北京：中国建筑工业出版社，1955.

[29] 黑龙江省政协，退休生活杂志社. 话说哈尔滨 [M]. 北京：华龄出版社，2002.

[30] （美）托伯特·哈姆林. 建筑形式美的原则 [M]. 邹德侬译. 北京：中国建筑工业出版社，1982.

[31] （美）鲁道夫·阿恩海姆．建筑形式的视觉动力［M］．宁海林译．北京：中国建筑工业出版社，2006.

[32] 俞滨洋，解国庆．哈尔滨印象［M］．北京：中国建筑工业出版社，2005.

[33] 刘松茯．哈尔滨城市建筑的现代转型与模式探析［D］．哈尔滨：哈尔滨工业大学，2003.

[34] 梁玮男．哈尔滨"新艺术"建筑的传播学解析［D］．哈尔滨：哈尔滨工业大学，2005.

[35] （俄）克拉金．哈尔滨：俄罗斯人心中的理想城市［M］．张琦，陆立新译．哈尔滨：哈尔滨出版社，2007.

[36] ROBERT V. Learning fromLas Vegas: the forgotten symbolism of architectural form, Cambridge ［M］．Mass: The MIT Pr., 1977.

[37] 姜娓娓．建筑装饰与社会文化环境：以20世纪以来的中国现代建筑装饰为例［D］．北京：清华大学，2004.

[38] （美）苏珊·朗格．艺术问题［M］．北京：中国社会科学出版社，1983.

[39] （德）康德．判断力批判［M］．邓晓芒译．北京：人民出版社，2002.

[40] 朱立元．美学大辞典［M］．上海：上海辞书出版社，2010.

[41] http://blog.bandao.cn/archive/7225/blogs-837136.aspx.

[42] http://baike.baidu.com/view/324104.htm.

[43] （荷）仲尼斯．古典主义建筑：秩序的美学［M］．何可人译．北京：中国建筑工业出版社，2008.

[44] （古希腊）亚里士多德．诗论［M］．陈中梅译．北京：商务印书馆，2010.

[45] （意）莱昂·巴蒂斯塔·阿尔伯蒂．建筑论：阿尔伯蒂建筑十书［M］．王贵祥译．北京：中国建筑工业出版社，2010.

[46] 刘先觉．现代建筑理论：建筑结合人文科学自然科学与技术科学的新成就．北京：中国建筑工业出版社，2008.

[47] 王受之．世界现代设计史［M］．北京：中国建筑工业出版社，1999.

[48] 叶朗．现代美学体系［M］．北京：北京大学出版社，1999.

[49] 彭吉象．试论悲剧性与喜剧性［J］．北京大学学报（哲学社会科学版），2004.

[50] （瑞）荣格．荣格文集（第七卷）［M］．谢晓健，王勇生，张晓华译．北京：国际文化出版公司，2011.

[51] http://www.qstheory.cn/wh/ly/201108/t20110822_104202.htm.

[52] （美）苏珊·朗格．情感与形式［M］．刘大基，付志强，周发祥译．北京：中国社会科学出版社，1986.

[53] 王受之．世界现代建筑史［M］．北京：中国建筑工业出版社，1999.

[54] 余志鸿．传播符号学［M］．上海：上海交通大学出版社，2007.

[55] 郭鸿．现代西方符号学纲要［M］．上海：复旦大学出版社，2008.

[56] 王铭玉，宋尧．符号语言学［M］．上海：上海外国语教育出版社，2004.

[57] 郭鸿．现代西方符号学纲要［M］．上海：复旦大学出版社，2008.

[58] 吴坚，马健初．理性与非理性的平衡）——西方美术史纵横观［J］．西南民族学院学报，1998.

[59] http://zhidao.baidu.com/question/53898140.

[60] 叶朗．中国美学史大纲［M］．上海：上海人民出版社，1985.

[61] （德）黑格尔．美学［M］．朱光潜译．北京：商务印书馆，2010.

[62] 侯幼彬．中国建筑美学［M］．哈尔滨：黑龙江科学技术出版社，1997.

[63] 朱光潜．朱光潜美学文集（第3卷）［M］．上海：上海文艺出版社，1983.

［64］ 周振甫. 文心雕龙注释［M］. 北京：人民文学出版社，1981.

［65］ （英）艾·阿·瑞恰慈. 文学批评原理［M］. 杨昌伍译. 北京：百花洲文艺出版社，1997.

［66］ 何自然. 语用三论：关联论·顺应论·模因论［M］. 上海：上海教育出版社，2007.

［67］ CASSIRER The Philosophy of Symbolic Forms，Vol1：Language，tr. by Ralph Manhei. New Haven: Yale University Press，1953.

［68］ 叶朗. 美在意象［M］. 北京：北京大学出版社，2010.

［69］ 吕景云，朱丰顺. 艺术心理学新论［M］. 北京：文化艺术出版社，2005.

［70］ 爱森斯坦. 蒙太奇在1938［J］. 电影艺术译丛，1962（1）.

［71］ 理查德·道金斯著. 自私的基因［M］. 卢允中译. 北京：中信出版社，2012.

［72］ （美）苏珊·朗格. 情感与形式［M］. 刘大基，傅志强，周发祥译. 北京：中国社会科学出版社，1986.

［73］ 陈志华. 外国建筑史：19世纪末叶以前［M］. 北京：中国建筑工业出版社，1997.

［74］ （美）塞缪尔·亨廷顿. 文明的冲突与世界秩序的重建［M］. 周琪，刘绯，张立平等译. 北京：新华出版社，1998.

［75］ 胡建成. 俄罗斯艺术［M］. 石家庄：河北教育出版社，2003.

［76］ 朱光潜. 谈美［M］. 北京：北京大学出版社，2008.

［77］ 俞滨洋，解国庆. 凝固的乐章：哈尔滨市保护建筑纵览［M］. 北京：中国建筑工业出版社，2005.

［78］ （美）库尔特·考夫卡. 格式塔心理学原理［M］. 李维译. 北京：北京大学出版社，2010.

［79］ （美）鲁道夫·阿恩海姆. 艺术与视知觉［M］. 滕守尧，朱疆源译. 成都：四川人民出版社，1998.

［80］ （瑞）沃尔夫林. 艺术思想史［M］. 上海：上海人民出版社，2007.

［81］ http：//baike. baidu. com/view/666816. htm.

［82］ （俄）列夫·托尔斯泰. 艺术论［M］. 丰陈宝译. 北京：人民文学出版社，1958.

［83］ 朱光潜. 朱光潜美学文学论文选集［M］. 长沙：湖南人民出版社，1980.

［84］ （英）尼古拉斯·佩夫斯纳等. 反理性主义者与理性主义者［M］，邓敬等译. 北京：中国建筑工业出版社，2003.

［85］ （美）尼科斯·A·萨林加罗斯. 建筑论语［M］，吴秀洁译. 北京：中国建筑工业出版社，2009.

［86］ 高兵强. 新艺术运动［M］. 上海：上海辞书出版社，2010.

［87］ 庄晓东. 文化传播：历史、理论与现实［M］. 北京：人民出版社，2003.

［88］ 袁漱涓. 现代西方著名哲学家评传［M］. 成都：四川人民出版社，1988.

［89］ （美）约翰·费斯克. 关键概念：传播与文化研究辞典［M］，李彬译. 北京：新华出版社，2004.

［90］ 庄晓东. 文化传播：历史、理论与现实［M］. 北京：人民出版社，2003.

［91］ （法）梅洛·庞蒂. 知觉现象学［M］. 姜志辉译. 北京：商务印书馆，2001.

［92］ http：//baike. baidu. com/view/2125560. htm.

［93］ 傅守祥. 审美化生存：消费时代大众文化的审美想象与哲学批判［M］. 北京：中国传媒大学出版社，2008.

［94］ 侯幼彬. 文化碰撞与"中西文化交融"，第二次中国近代建筑研究讨论会论文专辑［C］. 华中建筑，1988（3）.

［95］ （德）黑格尔. 美学［M］. 朱光潜译. 北京：商务印书馆，2010.

［96］ 同济大学，清华大学，南京工学院，天津大学. 外国近现代建筑史［M］. 北京：中国建筑工业出版社，1982.

［97］刘利刚．哈尔滨近代建筑装饰的形态特征及其构成［D］．哈尔滨：哈尔滨工业大学，2002．

［98］戴元光等．传播学原理与应用［M］．兰州：兰州大学出版社，1988．

［99］冯绍雷．20世纪的俄罗斯［M］．北京：生活·读书·新知三联书店，2007．

［100］任光宣．俄罗斯艺术史［M］．北京：北京大学出版社，2000．

［101］刘松茯．哈尔滨的教堂与庙宇［J］．建筑史论文集（第14辑），2001．

［102］（日）西泽泰彦．哈尔滨新艺术运动建筑的历史地位［C］．第三次中国近代建筑史研究讨论会论文集．
　　　北京：中国建筑工业出版社，1991．

［103］（美）库尔特·考夫卡．格式塔心理学原理［M］．李维译．北京：北京大学出版社，2010．

［104］（俄）卡冈．艺术形态学［M］．凌继尧，金亚娜译．上海：学林出版社，2008．

［105］萧默．建筑艺术录［M］．武汉：华中科技大学出版社，2009．

［106］（法）德比奇等．西方艺术史［M］．徐庆平译．海口：海南出版社，2000．

［107］吴焕加．20世纪西方建筑史［M］．郑州：河南科学技术出版社，1998．

［108］常怀生．哈尔滨建筑艺术［M］．哈尔滨：黑龙江人民出版社，1990．

［109］（波）卢卡西维茨．亚里士多德三段论［M］．李真，李先焜译．北京：商务印书馆，2007．

［110］（德）库尔特·勒温著．拓扑心理学原理［M］．高觉敷译．北京：商务印书馆，2005．

［111］（英）理查德·帕多万．比例：科学·哲学·建筑［M］．周玉鹏，刘耀辉译．北京：中国建筑工业出
　　　版社，2004．

［112］（意）曼弗雷多·塔夫里．建筑学的理论和历史［M］．郑时龄译．北京：中国建筑工业出版社，2010．

［113］（美）阿摩斯·拉普卜特．建成环境的意义：非言语表达方法［M］．黄兰谷等译．北京：中国建筑工
　　　业出版社，2003．

［114］（英）罗杰·斯克鲁顿．建筑美学［M］．刘先觉译．北京：中国建筑工业出版社，2003．

［115］（英）威廉·荷加斯著．美的分析［M］．杨成寅译．桂林：广西师范大学出版社，2005．

［116］李泽厚．美学四讲［M］．天津：天津社会科学院出版社，2001．

［117］周宪．审美现代性批判［M］．北京：商务印书馆，2005．

［118］（德）戈特弗里德·森佩尔．建筑四要素［M］．罗德胤等译．北京：中国建筑工业出版社，2009．

［119］郭昭第．审美形态学［M］．北京：人民文学出版社，2003．